高等院校石油天然气类规划教材

信号分析与处理

（第二版）

王云专　王润秋　主编

陈小宏　主审

石油工业出版社

内 容 提 要

本书系统介绍了信号分析与处理的基本理论和基本分析方法。全书共分9章,主要内容包括信号与系统、傅里叶分析与信号频谱、连续信号的离散化与抽样定理、褶积与相关、离散傅里叶变换与快速傅里叶变换、拉普拉斯变换、z 变换、数字滤波器、二维信号分析。

本书可作为勘查技术与工程、地球物理学等大学本科专业的教科书,也可作为在地球物理勘探、通信、图像处理等领域从事信号处理工作的科技工作者的参考书。

图书在版编目(CIP)数据

信号分析与处理/王云专,王润秋主编. —2版.

北京:石油工业出版社,2015.11

(高等院校石油天然气类规划教材)

ISBN 978-7-5183-0909-2

Ⅰ.信⋯

Ⅱ.①王⋯②王⋯

Ⅲ.①信号分析—高等学校—教材 ②信号处理—高等学校
—教材

Ⅳ.TN911

中国版本图书馆 CIP 数据核字(2015)第 235972 号

出版发行:石油工业出版社

　　　　(北京安定门外安华里2区1号　100011)

　　　网　址:www.petropub.com

　　　编辑部:(010)64523693

　　　图书营销中心:(010)64523633　(010)64523731

经　销:全国新华书店

排　版:北京苏冀博达科技有限公司

印　刷:北京中石油彩色印刷有限责任公司

2015年11月第2版　2015年11月第5次印刷

787×1092毫米　开本:1/16　印张:14.75

字数:374千字

定价:30.00元

(如出现印装质量问题,我社图书营销中心负责调换)

版权所有,翻印必究

第二版前言

本书第一版于 2006 年出版，已在多所石油院校的勘查技术与工程、地球物理学等专业连续应用 9 年。这期间，这一学科领域的理论与实践研究迅速发展，分析方法不断更新，技术应用范围日益扩展。然而，通过对国内外许多院校的调查，就本科生"信号分析与处理"课程而言，它的教学要求和基本内容却相对稳定。我们结合教学实践，在广泛听取教师在教学中的体会和经验的基础上，对该教材进行了修订。

在第一版的基础上，删掉了第 10 章拉东变换与 τ-p 变换，对第 1 章到第 9 章进行了一定的补充和修订。各章的主题仍与第一版相同，主要是增加了一些例题及在地震资料分析和处理中的应用。

修订工作的分工是：第 1、2、6 章由东北石油大学的王云专修订；第 3、4 章由西安石油大学的苏海修订；第 5、8 章由西南石油大学的郧世英修订；第 7、9 章由中国石油大学（北京）的王润秋修订。本次修订工作由中国石油大学（北京）的陈小宏教授审阅，在此对陈小宏教授表示衷心的感谢。

在本书的修订过程中，东北石油大学的石颖教授提出很多宝贵意见和建议，在此深表感谢。真诚感谢使用过本书第一版的教师、学生和广大读者，并热诚欢迎继续对本书第二版提出宝贵意见和建议，以便将来进一步修订。

编 者

2015 年 7 月

第一版前言

信号分析与处理是20世纪60年代以来，随着信息技术和计算机技术的高速发展而迅速发展起来的一门新兴学科，它广泛应用于许多科学技术领域。这一学科的内容仍在不断更新与发展，它所涉及的概念和方法十分广泛，而且还在不断扩充。

自1998年勘查技术与工程专业改革以来，各石油高校采用不同的教材，一直没有适合本专业的《信号分析与处理》教材。在这种情况下，由大庆石油学院牵头，集中了大庆石油学院、中国石油大学（北京）、西南石油学院、长江大学与西安石油大学5所石油高校多年从事信号分析与处理教学及科研工作的教师共同编写了这本教材。

本书在写法上力求通俗易懂、深入浅出，使读者易于理解和掌握。本书主要讨论关于连续时间信号和离散时间信号分析与处理的基本数学运算方法的原理及在地球物理勘探中的应用。考虑到信号分析与处理技术应用的广泛性，本书在内容的选取上，力求具有理论性、实用性、系统性，既包含了有代表性的经典内容，如傅里叶变换、拉普拉斯变换、z变换、滤波等内容，又包含了二维信号分析、拉东变换及$\tau-p$变换等应用比较广泛的内容。

该书作为本科专业教材，参考学时为64学时。全书共分10章。第1章从介绍信号与系统的基本概念入手，讨论信号的分类、基本运算、常用的基本信号、线性时不变系统的性质。第2章讨论傅里叶级数与离散频谱、连续信号的傅里叶变换与连续频谱，着重介绍连续信号频谱的概念及基本性质。第3章讨论连续信号的离散化问题、抽样定理以及由于抽样不当而引起的假频现象。第4章讨论连续信号与离散信号的褶积与相关两种基本运算方法。第5章讨论了有限离散傅里叶变换与快速傅里叶变换算法以及循环褶积、希尔伯特变换等问题。第6、7章讨论拉普拉斯变换、z变换的概念及其性质。第8章讨论数字滤波器问题，着重介绍巴特沃思低通滤波器、IIR滤波器的频率变换法、FIR数字滤波器的设计方法。第9章把一维信号处理中的时域和频域技术推广到二维信号，讨论二维信号的离散傅里叶变换及二维滤波问题。第10章讨论拉东变换与$\tau-p$变换以及它们在地球物理勘探中的应用。

本书由大庆石油学院的王云专、中国石油大学（北京）的王润秋主编，西南石油学院的周洁玲、长江大学的段天友与西安石油大学的肖忠祥任副主编。本书第1、2、6章由王云专编写；第3、4章由肖忠祥编写；第5章的5.1、5.2、5.3由周洁玲编写；第7、9、10章由王润秋编写；第8章及第5章的5.4由段天友编写。由于编写人员水平有限，教材中存在的不完善之处敬请读者批评指正。

感谢中国石油大学（北京）的陈小宏教授，他对本书做了精心的主审工作，并提出很多宝贵意见。另外，在本书的编写过程中，还得到大庆石油学院刘洪林副教授、石颖讲师的大力帮助，在此深表感谢。

编 者
2006年6月

目 录

第1章 信号与系统 ··· (1)
　1.1 信号 ··· (1)
　1.2 系统 ··· (15)
　习题 ··· (18)

第2章 傅里叶分析与信号频谱 ··· (21)
　2.1 傅里叶级数与离散频谱 ··· (21)
　2.2 傅里叶积分与连续频谱 ··· (27)
　2.3 频谱的基本性质 ··· (36)
　2.4 基本信号的频谱 ··· (44)
　2.5 连续谱抽样定理 ··· (53)
　2.6 吉布斯现象 ·· (56)
　习题 ··· (59)

第3章 连续信号的离散化与抽样定理 ·· (61)
　3.1 连续信号的离散化 ·· (61)
　3.2 抽样定理 ··· (63)
　习题 ··· (71)

第4章 褶积与相关 ··· (72)
　4.1 褶积 ··· (72)
　4.2 相关 ··· (81)
　习题 ··· (88)

第5章 离散傅里叶变换与快速傅里叶变换 ····································· (89)
　5.1 离散傅里叶变换 ··· (89)
　5.2 循环褶积 ··· (104)
　5.3 快速傅里叶变换 ··· (111)
　5.4 希尔伯特变换 ·· (126)
　习题 ··· (130)

第6章 拉普拉斯变换 ·· (133)
　6.1 拉普拉斯变换的定义及其收敛条件 ···································· (133)
　6.2 基本信号的拉普拉斯变换 ··· (134)
　6.3 拉普拉斯变换的基本性质 ··· (137)
　6.4 拉普拉斯反变换 ··· (143)
　习题 ··· (148)

第7章 z 变换 ··· (149)

7.1 z 变换的定义 ·· (149)
7.2 基本信号的 z 变换 ··· (153)
7.3 z 变换的基本性质 ··· (155)
7.4 z 反变换 ·· (162)
7.5 Chirp-z 变换谱分析压制地震记录单频干扰 ······················· (165)
习题 ··· (167)

第8章 数字滤波器 ··· (170)

8.1 数字滤波器的设计 ·· (170)
8.2 IIR 滤波器的频率变换法 ·· (184)
8.3 FIR 数字滤波器的设计方法 ··· (190)
习题 ··· (204)

第9章 二维信号分析 ·· (206)

9.1 二维信号 ··· (206)
9.2 二维离散变换 ··· (210)
9.3 二维滤波 ··· (218)
习题 ··· (225)

参考文献 ·· (226)

第1章 信号与系统

1.1 信号

1.1.1 信号的定义

"信号"一词在人们的日常生活和社会活动中并不陌生,如时钟报时、汽车喇叭的声音信号,交叉路口的红绿灯、战场上信号灯的光信号,计算机内部及它与外设之间联系的电信号等等。但要严格地给信号下定义,必须搞清它与信息之间的关系。

当今时代是信息时代,信息对每个人来说都具有重要意义。信息指人类社会和自然界中需要传送、交换、存储和提取的抽象内容。由于信息是抽象的,为了传送和交换它,必须用语言、文字、图像和数据将它表达出来。这些表示信息的语言、文字、图像和数据等被称为消息;承载消息的光、声、电等物理量被称为信号。所以,信号就是信息的一种表现形式;信息则是信号的具体内容。

自古以来,人们不断地寻求各种方法,以实现信号的传输:我国古代利用烽火传递边疆警报,这种光信号的传输,构成了最原始的光通信系统;许多古城里的钟鼓楼,是利用击鼓鸣金来报送时刻或传达命令,这是声信号的传输;以后又出现了信鸽、旗语、驿站等传输信息的方法。然而,这些方法无论是在距离、速度还是在可靠性与有效性方面仍然没有得到明显的改善。19世纪初,人们开始研究如何利用电信号传输信息。1837年 F. B. Morse 发明了电报,他用点、划、空适当组合的代码表示字母和数字,通过识别代码传输信息。1876年 A. G. Bell 发明了电话,直接将声信号转变为电信号沿导线传送。19世纪末,人们又致力于研究用电磁波传送无线电信号,实现了无线电通信、电视、电传等。

在地震勘探中,利用震源激发地震波(弹性波)。地震波在地下介质中传播,在地面或井中接收,并转换成电信号记录下来。通过信号处理,了解地下构造及岩性变化,这里所用的是弹性波信号。

信号的类型是多种多样的,但在实际应用中常将各种物理量(如声波动、光强度、机械运动的位移或速度等)转变为电信号,以利于传输,经传输后在接收端再将此信号还原成原始的信息。

信号是信息的载体。为了有效地获取信息以及利用信息,必须对信号进行分析与处理。信号分析最直接的意义在于通过解析法或测试法找出不同信号的特征,从而了解其特性,掌握它随时间或频率变化的规律。信号处理可以理解为对信号进行某种加工或变换,如傅里叶变换、z 变换、拉普拉斯变换、相关运算等。加工或变换的目的是削弱信号中的多余部分,滤除混杂的噪声和干扰,或是将信号变换成易于分析的形式,便于估计和选择它的特征参量。信号的分析与处理是互相关联的两个方面,它们的侧重面不同,采取的手段也不同,但是它们又是密不可分的。只有通过信号的分析,充分了解信号的特征,才能有效地对它进行处理和加工,可见信号分析是信号处理的基础;另一方面,通过对信号的处理,可以突出信号的特征,便于有效地认识信号的特性,因此信号处理又可以认为是信号分析的手段。

1.1.2 信号的描述及其分类

描述信号的基本方法是写出它的数学表达式。表达式是时间函数,此时间函数的图形为信号的波形。在不同研究领域和场合,人们对信号有不同的分类。

1. 连续时间信号与离散时间信号

按照时间函数取值的连续性或离散性,可将信号划分为连续时间信号与离散时间信号(简称连续信号与离散信号)。

连续信号是指在连续时间范围内所定义的信号,即在所讨论的时间间隔内,对于任意时间值(除若干不连续点之外)都给出确定的函数值。图 1.1(a)所示的方波信号和图 1.1(b)所示的正弦波信号是连续信号。

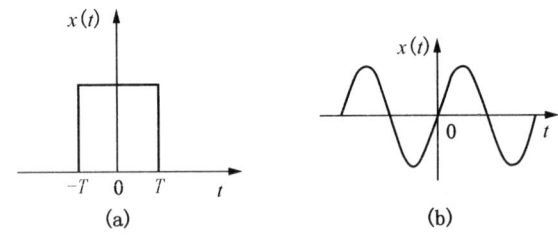

图 1.1 连续信号

离散信号在时间上是离散的,即只在某些不连续的规定瞬时给出函数值,在其他时间没有定义。给出函数值的离散时刻的间隔可以是均匀的,也可以是不均匀的,一般情况都采用均匀间隔。同样,离散信号的振幅值可以是连续值,也可以是离散值。当离散信号的振幅值是连续值时,又称为抽样信号。抽样信号可以理解为在离散时间下对模拟信号的抽样,如图 1.2(a)所示;如果信号在时间上和幅值上都是离散的,即时间与幅值都具有离散性,这种信号称为数字信号,如图 1.2(b)所示。数字信号总是可以用一个序列的数来表示,而每个数是用"0"或"1"的有限个二进制数码来表示。"离散信号"和"数字信号"经常通用,通常"离散信号"多用于理论问题的讨论,而"数字信号"则习惯用于讨论软硬件问题。

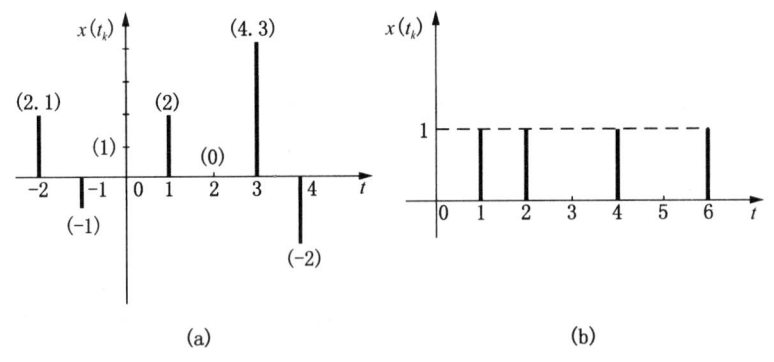

图 1.2 离散信号

2. 确定性信号与随机信号

若信号可以表示为确定的时间函数,即在任意时刻的值都能精确确定,这种信号称为确定性信号或规则信号,如正弦信号、余弦信号等。若信号不能用确定的时间函数来表示,即在任意时刻的取值不能精确确定,或者说取值是随机的,这种信号称为随机信号或不确定的信号。

信号在实际传输过程中,不可避免地要受到各种干扰和噪声的影响,这些干扰和噪声都具有随机特性。由于随机信号的不规则性,对这类信号的分析,就应从概率和统计入手。常用随机信号的能谱分布及其参数的概率分布来表示这类信号的特性。本书只讨论确定性信号的分析。

3. 周期信号、非周期信号与概周期信号

信号按照随时间变化的特点可以分为周期信号、非周期信号与概周期信号,它们都属于确定性信号。

1)周期信号

周期信号就是依一定时间间隔周而复始,而且是无始无终的信号。图 1.3 是几种常见的周期信号。

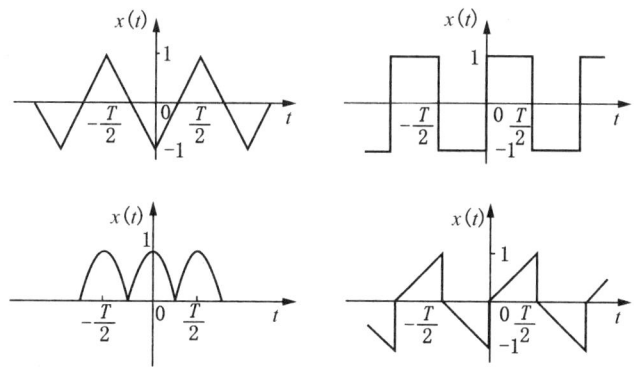

图 1.3 周期信号

周期信号的函数表达式可以写为

$$x(t)=x(t+nT) \quad (n=0,\pm1,\pm2,\cdots,\text{任意整数}) \tag{1.1}$$

满足此关系式的最小 T 值称为信号的周期。由式(1.1)可知,只要给出周期信号在任一周期内的变化过程,便可以确知它在任一时刻的数值。

由于周期信号在全部时间内周而复始地出现,且是无始无终的,因此它对时间的无穷积分是无限大或为不定值,但是它对时间的平均值却是存在的。信号的平均值定义为

$$\bar{x}=\lim_{a\to\infty}\frac{1}{2a}\int_{-a}^{a}x(t)dt \tag{1.2}$$

由于周期信号在一个周期内的平均值应与其在全部时间内的平均值相等,因此其平均值又可以写为

$$\bar{x}=\frac{1}{T}\int_{0}^{T}x(t)dt \tag{1.3}$$

对于周期信号,积分等式

$$\int_{0}^{T}x(t)dt=\int_{t_0}^{t_0+T}x(t)dt \tag{1.4}$$

是成立的。t_0 为任意实数。如果令 $t_0=-\dfrac{T}{2}$,则利用式(1.4)可以把周期信号的平均值写为

$$\bar{x}=\frac{1}{T}\int_{-\frac{T}{2}}^{\frac{T}{2}}x(t)dt \tag{1.5}$$

周期信号的平方在一个周期内积分的平均值,无论是电流信号还是电压信号,都代表在单

位电阻上损耗的平均功率,因此周期信号的平均功率记为

$$P = \frac{1}{T}\int_{-\frac{T}{2}}^{\frac{T}{2}} x^2(t)\mathrm{d}t \tag{1.6}$$

2)非周期信号

非周期信号是指在时间上不具有周而复始及无始无终特性的信号。如果一个信号虽然在一定时间间隔上具有周而复始的性质,但不是无始无终的,这种信号也是非周期信号,如一段正弦信号,所以非周期信号又称为脉冲信号或有限长信号。一个无限长信号,如果不是周而复始的,也是非周期信号,如指数衰减信号。非周期信号平方的积分,无论是电压信号还是电流信号,都代表加到单位电阻上的能量。信号的能量总是大于零的,即

$$0 < \int_{-\infty}^{+\infty} x^2(t)\mathrm{d}t < \infty \tag{1.7}$$

3)概周期信号

有限个周期不成公倍数的周期信号之和,构成了概周期信号。如

$$x(t) = \cos t + \cos\sqrt{2}\,t \tag{1.8}$$

是由两个不同频率的周期信号组成,其频率比不是有理数,不成谐波关系。若取 $\sqrt{2} \approx 1.4$,则 $x(t)$ 可以近似地看作周期为 10π 的周期信号;若取 $\sqrt{2} \approx 1.41$,则 $x(t)$ 的周期从 10π 增加到 200π。逐步提高准确程度,即增加 $\sqrt{2}$ 的近似数的位数,$x(t)$ 的近似周期将随之逐渐趋于无限大。因此,$x(t)$ 的准确周期是不存在的,只有近似周期,所以 $x(t)$ 不能称为周期信号。

概周期信号的特点在于:(1)具有平均功率,这一点与非周期信号不同;(2)不满足周期性,这一点又与周期信号不同。

4. 能量信号与功率信号

1)能量信号

在所分析的区间 $(-\infty, +\infty)$,信号的能量为

$$W = \int_{-\infty}^{+\infty} x^2(t)\mathrm{d}t \tag{1.9}$$

能量 W 为有限值的信号称为能量信号。在实际应用中,一般的非周期的绝对可积信号一定是能量信号。

2)功率信号

有许多信号,如周期信号、随机信号等,它们在区间 $(-\infty, +\infty)$ 内能量不是有限值。在这种情况下,研究信号的平均功率更为实际。在区间 (t_1, t_2) 内,信号的平均功率为

$$P = \frac{1}{t_2 - t_1}\int_{t_1}^{t_2} x^2(t)\mathrm{d}t \tag{1.10}$$

若区间变为无穷大,式(1.10)仍然是一个有限的非零值,即信号具有有限的平均功率,称为功率信号。具体地讲,功率信号满足条件

$$0 < \lim_{T\to\infty}\frac{1}{2T}\int_{-T}^{T} x^2(t)\mathrm{d}t < \infty \tag{1.11}$$

显而易见,一个能量信号具有零平均功率,而一个功率信号具有无限大能量。一个信号可以既不是能量信号也不是功率信号,但不可能既是能量信号又是功率信号。

例 1.1 判断信号 $x(t) = \begin{cases} t^{-\frac{1}{4}}, & t \geq 1 \\ 0, & t < 1 \end{cases}$ 是能量信号还是功率信号,或者都不是。

解:信号的能量为

$$W = \lim_{T \to \infty} \int_{-T}^{T} x^2(t) dt = \lim_{T \to \infty} \int_{1}^{T} t^{-\frac{1}{2}} dt = \lim_{T \to \infty} (2\sqrt{T} - 2) = \infty$$

信号的平均功率为

$$P = \lim_{T \to \infty} \frac{1}{2T} \int_{-T}^{T} x^2(t) dt = \lim_{T \to \infty} \frac{1}{2T} \int_{1}^{T} t^{-\frac{1}{2}} dt = \lim_{T \to \infty} \frac{2\sqrt{T} - 2}{2T} = 0$$

所以该信号既不是能量信号,也不是功率信号。

1.1.3 信号的运算

在信号分析中,经常会遇到信号的一些基本运算:相加、相乘、时移、反转、尺度变换、微分、积分等。其中,信号的相加、相乘大家都已经比较熟悉,本节将对信号时移、反转、尺度变换、微分、积分运算过程中波形的变化进行介绍。

1. 时移

时移也称移位,包括前移(左移)和后移(右移)。当信号 $x(t)$ 表达式中的自变量 t 更换成 $t - t_0$ 时,若常数 $t_0 > 0$,则波形向正 t 轴方向整体移动 t_0,即波形右移;若常数 $t_0 < 0$,则波形向负 t 轴方向整体移动 t_0,即波形左移。信号的时移如图 1.4 所示。

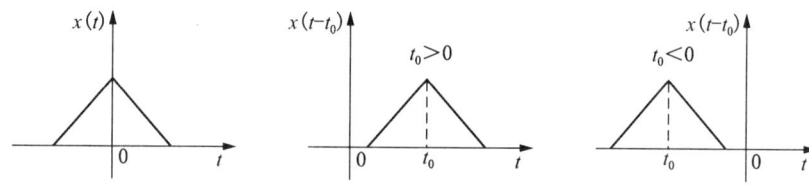

图 1.4 信号的时移

在信号远距离传送时,容易找到信号移位现象的实例。如在地震勘探中,由同一震源引起的反映同一地下反射界面的反射波信号,由于接收点的距离不同造成传播时间上的差别,就导致反射信号之间存在着时移。

2. 反转

如果将信号 $x(t)$ 的自变量 t 更换成 $-t$,则 $x(-t)$ 的波形相当于 $x(t)$ 以纵坐标为轴反转过来,如图 1.5 所示,这种运算就称为时间轴反转。

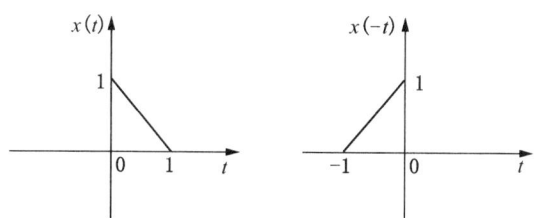

图 1.5 信号的反转

3. 尺度变换

若将信号 $x(t)$ 的自变量 t 乘上一个正的实系数 a,变为 $x(at)$,则当 $a > 1$ 时,信号 $x(t)$ 的波形沿 x 轴压缩 a 倍;当 $a < 1$ 时,信号 $x(t)$ 的波形沿 x 轴扩展 a 倍。这种运算就是时间轴的尺度变换或尺度展缩,波形变化如图 1.6 所示。

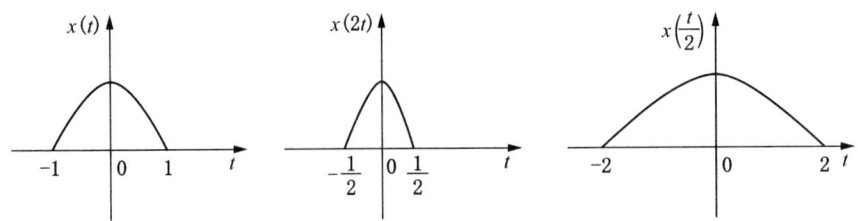

图 1.6 信号的尺度变换

例 1.2 已知信号 $x(t)$ 的波形如图 1.7(a) 所示,试求 $x(2t-1)$ 和 $x(-2t-1)$ 的波形。

解:(1) 先考虑时移运算,求得 $x(t-1)$ 的波形,如图 1.7(b) 所示。

(2) 再将 $x(t-1)$ 作尺度变换,求得 $x(2t-1)$ 的波形,如图 1.7(c) 所示。

(3) 最后将 $x(2t-1)$ 反转,可得 $x(-2t-1)$ 的波形,如图 1.7(d) 所示。

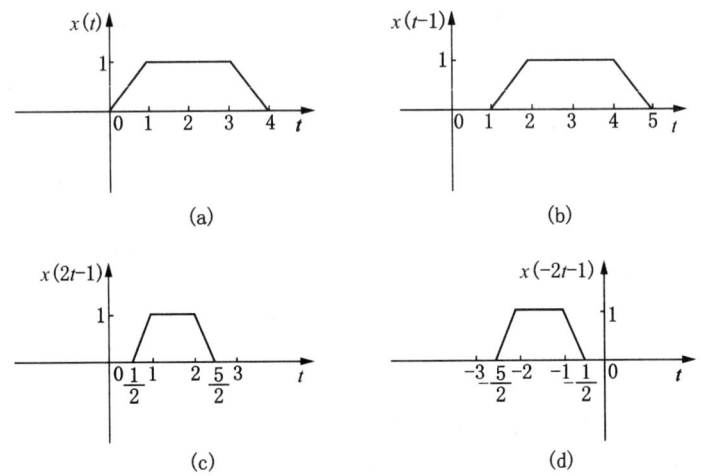

图 1.7 例 1.2 的波形

如果改变上述运算顺序,先尺度变换,再时移,最后反转;或者先反转,再尺度变换、时移,最终得到的结果是完全相同的。

4. 微分与积分

信号 $x(t)$ 的微分运算是指 $x(t)$ 对 t 取导数,即

$$x'(t) = \frac{\mathrm{d}}{\mathrm{d}t} x(t) \tag{1.12}$$

如图 1.8 所示,信号经过微分运算后其变化部分被突出显示出来。

信号 $x(t)$ 的积分运算是指 $x(\tau)$ 在 $(-\infty, t)$ 区间内的定积分,即

$$x(t) = \int_{-\infty}^{t} x(\tau) \mathrm{d}\tau \tag{1.13}$$

如图 1.9 所示,信号 $x(t)$ 为

$$x(t) = \begin{cases} \mathrm{e}^{-\alpha t}, & 0 < t < t_0 \\ \mathrm{e}^{-\alpha t} - \mathrm{e}^{-\alpha(t-t_0)}, & t_0 \leqslant t < \infty \end{cases} \tag{1.14}$$

式中 $t_0 \gg \dfrac{1}{\alpha}$。对 $x(t)$ 积分,可得

$$\int_{-\infty}^{t} x(\tau)\mathrm{d}\tau = \begin{cases} \dfrac{1}{\alpha}(1-\mathrm{e}^{-\alpha t}), & 0<t<t_0 \\ \dfrac{1}{\alpha}(1-\mathrm{e}^{-\alpha t})-\dfrac{1}{\alpha}[1-\mathrm{e}^{-\alpha(t-t_0)}], & t_0\leqslant t<\infty \end{cases} \tag{1.15}$$

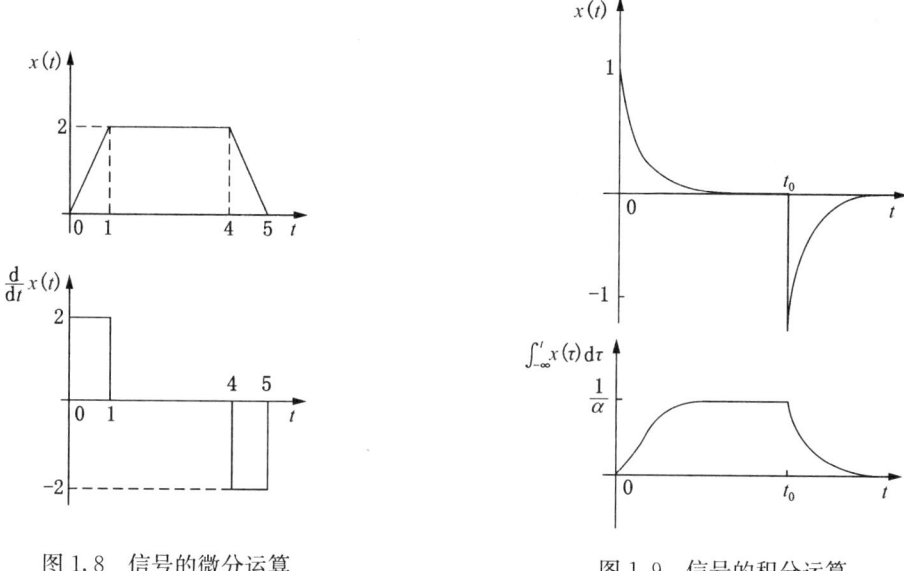

图 1.8　信号的微分运算　　　　　　　图 1.9　信号的积分运算

由积分后的波形可见,积分运算的作用效果正好与微分相反,它使信号的突变部分变得平滑。利用积分运算可削弱信号中小毛刺之类的噪声影响,在系统中合理地增加积分环节,可提高其抗干扰能力。

1.1.4　几种常用的基本信号

在多种多样的确定性信号中,大部分都可以用常见的基本信号来表示,如正弦信号、指数信号等;同时它们还可以组成许多更复杂的信号,把这类信号称为基本信号。下面给出一些基本信号的表达式及其波形。

1. 正弦信号与余弦信号

正弦信号的表达式为

$$x(t)=A\sin(\omega t+\varphi) \quad (A>0,\omega>0) \tag{1.16}$$

余弦信号的表达式为

$$x(t)=A\cos(\omega t+\varphi) \quad (A>0,\omega>0) \tag{1.17}$$

式中　A——振幅;

　　　ω——角频率;

　　　φ——初相位角。

正弦信号与余弦信号波形相同,仅在相位上相差 $\dfrac{\pi}{2}$,即

$$\sin(\omega t+\varphi)=\cos\left(\omega t+\varphi-\dfrac{\pi}{2}\right) \tag{1.18}$$

因此,经常把正弦信号和余弦信号统称为正弦信号。如图 1.10 所示,正弦信号是周期信号,其周期 T 与角频率 ω 和频率 f 的关系为

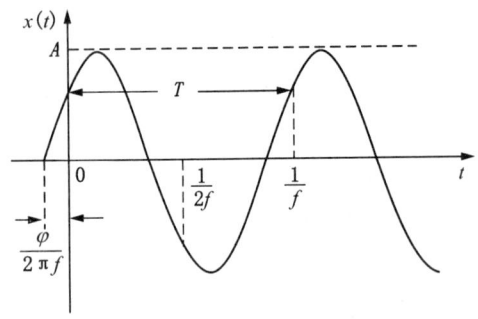

图 1.10 正弦信号

$$T=\frac{2\pi}{\omega}=\frac{1}{f} \quad (1.19)$$

初相位角与时间延时之间的关系为

$$T_d=\frac{\varphi}{\omega} \quad (1.20)$$

如无特别说明,本书将角频率简称为频率。

正弦信号在实际中得到广泛应用,在于它具有一系列对运算非常有用的性质:

(1)两个同频率的正弦信号相加,即使它们的振幅和初相位不同,但相加的结果仍是原频率的正弦信号。

(2)如果一个正弦信号的频率 ω_1 是另一个正弦信号的频率 ω_0 的整数倍,即

$$\omega_1=n\omega_0 \quad (n \text{ 为整数})$$

则其合成信号是频率 ω_0 的非正弦周期信号。ω_0 称为该信号的基波频率;ω_1 称为 n 次谐波频率。据此,可以把一个周期信号分解为基波信号和一系列谐波信号,在第 2 章中将详细讨论这个问题。

(3)正弦信号的微分和积分仍然是同频率的正弦信号。

正弦信号和余弦信号常常利用复指数来表示,由欧拉公式知

$$e^{j\omega t}=\cos\omega t+j\sin\omega t \quad (1.21)$$

$$e^{-j\omega t}=\cos\omega t-j\sin\omega t \quad (1.22)$$

因此有

$$\sin\omega t=\frac{1}{2j}(e^{j\omega t}-e^{-j\omega t}) \quad (1.23)$$

$$\cos\omega t=\frac{1}{2}(e^{j\omega t}+e^{-j\omega t}) \quad (1.24)$$

2. 方波信号

方波脉冲信号的表达式为

$$x(t)=\begin{cases}A, & |t|<T \\ 0, & |t|>T\end{cases} \quad (1.25)$$

在间断点 $|t|=T$ 处,函数值未定义;或规定在 $|t|=T$ 处,$x(t)=\frac{A}{2}$。当 $A=1$ 时,称为归一化的方波脉冲,表达式为

$$P_T(t)=\begin{cases}1, & |t|<T \\ 0, & |t|>T\end{cases} \quad (1.26)$$

图 1.11 是归一化的方波脉冲波形。

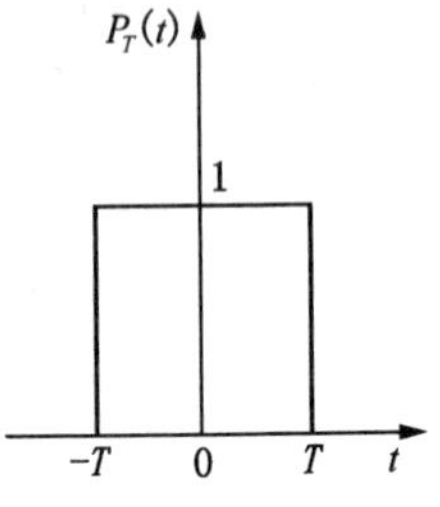

3. 指数信号

指数信号的表达式为

$$x(t)=Ae^{\alpha t} \quad (1.27)$$

式中 α——实数。

如果 $\alpha>0$,信号随时间而增大;如果 $\alpha<0$,信号随时间而减弱;

图 1.11 归一化的方波脉冲

如果 α=0，信号为直流信号，不随时间而变化。常数 A 表示信号在 t=0 处的幅值。图 1.12 是指数信号的波形。不论指数 α 是正还是负，其绝对值大小反映了信号增加或衰减的速率，|α| 越大，增加或衰减速率越高。实际中遇到较多的是单边指数衰减信号，如图 1.13 所示，其表达式为

$$x(t)=\begin{cases} Ae^{-\alpha t}, & t>0 \\ 0, & t<0 \end{cases} \quad (\alpha>0) \tag{1.28}$$

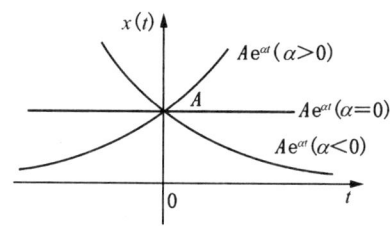
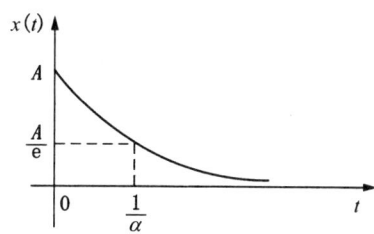

图 1.12　指数信号　　　　　　　图 1.13　单边指数衰减信号

4. 钟形信号

钟形信号的表达式为

$$x(t)=Ae^{-\alpha^2 t^2} \quad (\alpha>0) \tag{1.29}$$

波形如图 1.14 所示。在 $t=\dfrac{1}{2\alpha}$ 处

$$x\left(\frac{1}{2\alpha}\right)=Ae^{-\frac{1}{4}}\approx 0.78A \tag{1.30}$$

钟形信号在随机信号分析中经常用到。

5. 三角波信号

三角波信号的表达式为

$$x(t)=\begin{cases} A\left(1-\dfrac{|t|}{T}\right), & |t|<T \\ 0, & |t|>T \end{cases} \tag{1.31}$$

当 A=1 时，称为归一化的三角波信号，记为

$$q_T(t)=\begin{cases} 1-\dfrac{|t|}{T}, & |t|<T \\ 0, & |t|>T \end{cases} \tag{1.32}$$

图 1.15 为归一化的三角波信号。

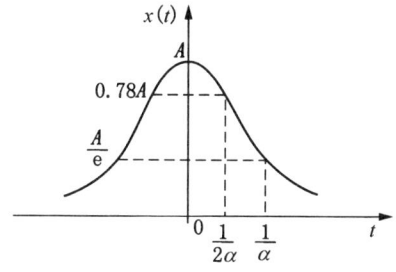
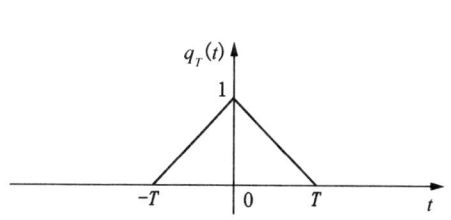

图 1.14　钟形信号　　　　　　图 1.15　归一化的三角波信号

6. Sa(t) 信号（傅里叶核函数）

傅里叶核函数是指 sin t 与 t 之比构成的函数，记作

$$\mathrm{Sa}(t) = \frac{\sin t}{t} \tag{1.33}$$

其波形如图 1.16 所示。它是一个偶函数,随着 $|t|$ 的增大,其振幅逐渐衰减,当 $t = \pm\pi$, $\pm 2\pi, \cdots, \pm n\pi$ 时,$\mathrm{Sa}(t) = 0$。

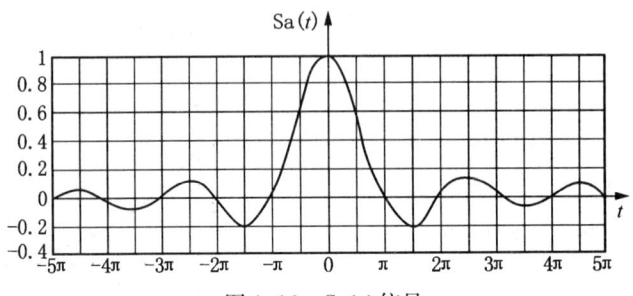

图 1.16 Sa(t)信号

Sa(t)函数还具有以下性质

$$\int_0^\infty \mathrm{Sa}(t)\mathrm{d}t = \frac{\pi}{2} \tag{1.34}$$

$$\int_{-\infty}^\infty \mathrm{Sa}(t)\mathrm{d}t = \pi \tag{1.35}$$

在后面的频谱分析及滤波中经常遇到 Sa(t)函数。与 Sa(t)函数类似的是 sinc 函数,它的表达式为

$$\mathrm{sinc}(t) = \frac{\sin \pi t}{\pi t} \tag{1.36}$$

7. 正弦积分

对傅里叶核函数从 0 到 t 的积分称为正弦积分,记作

$$\mathrm{Si}(t) = \int_0^t \frac{\sin t}{t} \mathrm{d}t \tag{1.37}$$

图 1.17 为正弦积分 Si(t)的波形。

8. 单位阶跃信号

单位阶跃信号通常记为

$$u(t) = \begin{cases} 1, & t > 0 \\ 0, & t < 0 \end{cases} \tag{1.38}$$

其波形如图 1.18 所示。在突变点 $t=0$ 处,函数值未定义;或在 $t=0$ 处,规定函数值 $u(0) = \frac{1}{2}$。

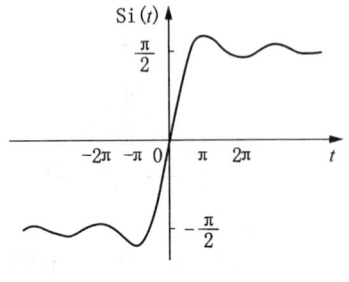
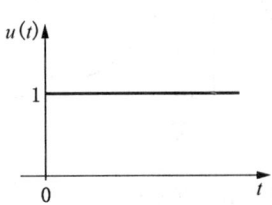

图 1.17 正弦积分   图 1.18 单位阶跃信号

利用阶跃信号可以很方便地表示单边信号,如

$$x(t) = e^{-at} u(t) \quad (a > 0) \tag{1.39}$$

表示单边指数衰减信号。

9. 单位符号信号

单位符号信号通常记为

$$\text{sgn}(t) = \begin{cases} 1, & t > 0 \\ -1, & t < 0 \end{cases} \tag{1.40}$$

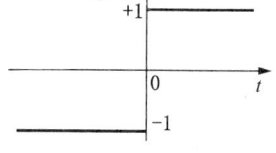

图 1.19 单位符号信号

波形如图 1.19 所示。与单位阶跃信号类似，符号信号在突变点 $t=0$ 处也可以不定义，或规定 $\text{sgn}(0)=0$。可以利用单位阶跃信号来表示单位符号信号

$$\text{sgn}(t) = 2u(t) - 1 \tag{1.41}$$

10. 雷克子波

在地震勘探中常见的一种地震子波——雷克子波的表达式为

$$x(t) = e^{-at} \sin\beta t \, u(t) \tag{1.42}$$

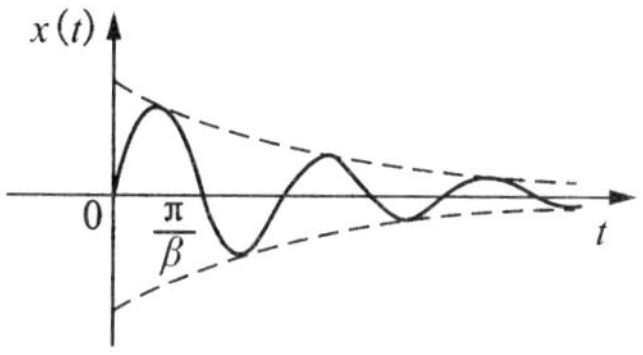

从表达式可以看出，雷克子波是一种按指数规律衰减的单边正弦振荡信号，其波形如图 1.20 所示。

图 1.20 雷克子波

11. 单位冲激信号

在工程应用中，单位冲激信号（δ 函数）是一个很有用的工具。它表示瞬间激发的脉冲，又称为单位脉冲函数，1930 年由狄拉克在量子力学的研究中引进。但是，从数学意义上看，它完全不同于普通函数，这种函数被称为广义函数或分配函数，现在已建立了严格的数学理论，即广义函数论。在这里主要给出 δ 函数的定义、特点，δ 函数在频谱分析中的应用将在第 2 章中讨论。

考虑在 ε 时间内激发的一个方波信号

$$x_\varepsilon(t) = \begin{cases} \dfrac{1}{\varepsilon}, & |t| \leqslant \dfrac{\varepsilon}{2} \\ 0, & |t| > \dfrac{\varepsilon}{2} \end{cases} \tag{1.43}$$

如图 1.21 所示，这个方波的面积为 1。当 ε 越变越小时，方波的宽度 ε 越变越小，而方波的高度 $\dfrac{1}{\varepsilon}$ 越变越大。当 $\varepsilon \to 0$ 时，方波的极限称为单位冲激信号，或称 δ 函数，记为 $\delta(t)$。

从函数极限角度看，$\delta(t)$ 为

$$\delta(t) = \begin{cases} +\infty, & t = 0 \\ 0, & t \neq 0 \end{cases} \tag{1.44}$$

它表明，$\delta(t)$ 只在 $t=0$ 点有一"冲激"，在 $t=0$ 点以外各处，函数值都是零。单位冲激信号如图 1.22 所示。

从面积角度看，则有

$$\int_{-\infty}^{+\infty} \delta(t) \, dt = \lim_{\varepsilon \to 0} \int_{-\infty}^{+\infty} x_\varepsilon(t) \, dt = \lim_{\varepsilon \to 0} \int_{-\frac{\varepsilon}{2}}^{+\frac{\varepsilon}{2}} \frac{1}{\varepsilon} \, dt = 1 \tag{1.45}$$

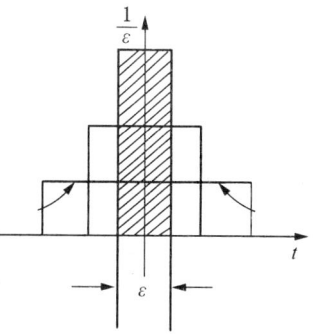

图 1.21 方波脉冲演变为冲激函数

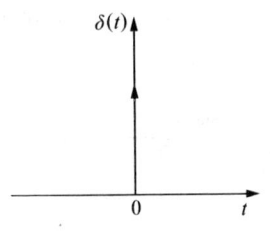

图 1.22 单位冲激
函数 $\delta(t)$

如果单位冲激信号 $\delta(t)$ 与一个在 $t=0$ 处连续(且处处有界)的信号 $x(t)$ 相乘,并在 $-\infty$ 到 $+\infty$ 内取积分,从极限角度考虑,则有

$$\int_{-\infty}^{+\infty}\delta(t)x(t)\mathrm{d}t=\lim_{\varepsilon\to 0}\int_{-\infty}^{+\infty}x_\varepsilon(t)x(t)\mathrm{d}t=\lim_{\varepsilon\to 0}\int_{-\frac{\varepsilon}{2}}^{+\frac{\varepsilon}{2}}\frac{1}{\varepsilon}x(t)\mathrm{d}t=x(0)$$

即有

$$\int_{-\infty}^{+\infty}\delta(t)x(t)\mathrm{d}t=x(0) \tag{1.46}$$

其中,$x(t)$ 在 $t=0$ 处连续。

由于对任何在 $t=0$ 连续的信号 $x(t)$ 式(1.46)都成立,因此此式(1.46)更深刻地反映了单位冲激信号的抽样性质。通过式(1.46)的积分,可以得到 $x(t)$ 在 $t=0$ 点(抽样时刻)的函数值 $x(0)$。由式(1.46)可以得到 δ 函数的严格的数学定义。

定义:对于在 $t=0$ 连续的任意函数 $x(t)$,如果有一函数 $\delta(t)$ 使得式(1.46)成立,则称 $\delta(t)$ 函数为 δ 函数或单位冲激函数。

由 δ 函数的定义可知,$\delta(-t)$ 也满足式(1.46),因为 $x(t)$ 在 $t=0$ 处连续,因此

$$\int_{-\infty}^{+\infty}\delta(-t)x(t)\mathrm{d}t\underset{\lambda=-t}{=}\int_{-\infty}^{+\infty}\delta(\lambda)x(-\lambda)\mathrm{d}\lambda=x(-0)=x(0)$$

$\delta(-t)$ 和 $\delta(t)$ 一样,也是 δ 函数,即

$$\delta(-t)=\delta(t) \tag{1.47}$$

$\delta(t)$ 的时移函数 $\delta(t-t_0)$ 为

$$\delta(t-t_0)=\begin{cases}+\infty, & t=t_0\\ 0, & t\neq t_0\end{cases} \tag{1.48}$$

$\delta(t-t_0)$ 同样存在 δ 函数的面积特点,即

$$\int_{-\infty}^{+\infty}\delta(t-t_0)\mathrm{d}t=1 \tag{1.49}$$

并且如果有任意函数 $x(t)$ 在 $t=t_0$ 连续,则有

$$\int_{-\infty}^{+\infty}\delta(t-t_0)x(t)\mathrm{d}t=x(t_0) \tag{1.50}$$

通过式(1.50)的积分,可以得到 $x(t)$ 在 $t=t_0$ 点(抽样时刻)的函数值 $x(t_0)$。

例如,根据式(1.50)可以求得

$$\int_{-\infty}^{+\infty}\mathrm{e}^{-t}\delta(t+2)\mathrm{d}t=\mathrm{e}^2$$

$$\int_{-\infty}^{+\infty}x(t)\delta(t-2)\mathrm{d}t=x(2)$$

1.1.5 信号的分解

一般来说,实际信号的形式比较复杂,直接对这些复杂信号进行分析和处理常常比较困难,通常采用的办法就是将一些复杂信号分解为比较简单的信号分量之和,如可以从不同角度将信号分解为直流分量和交流分量、偶分量和奇分量、脉冲分量、实部分量和虚部分量、正交函数分量等。

1. 直流分量与交流分量

任何一种功率信号,包括周期信号、概周期信号和随机信号在内,都可以分解为直流分量

和交流分量。信号的直流分量就是信号的平均值,它不随时间变化。从原信号中去掉直流分量即得信号的交流分量。设原信号为 $x(t)$,把它分解为直流分量 $\bar{x}$ 和交流分量 $\tilde{x}(t)$,可以表示为

$$x(t)=\bar{x}+\tilde{x}(t) \tag{1.51}$$

用如图1.23所示的方法即可把一正弦信号分解为直流分量和交流分量。

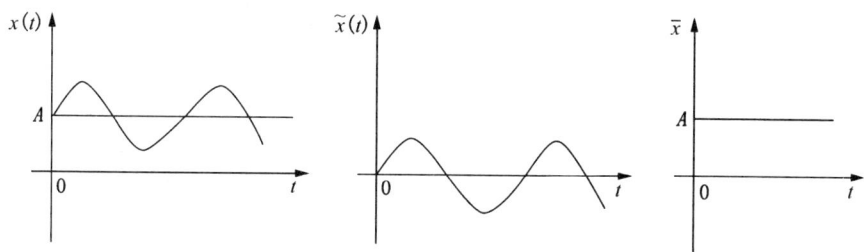

图1.23 信号的直流分量和交流分量

信号的平均功率为

$$P=\frac{1}{T}\int_{-\frac{T}{2}}^{\frac{T}{2}}x^2(t)\mathrm{d}t=\frac{1}{T}\int_{-\frac{T}{2}}^{\frac{T}{2}}[\bar{x}+\tilde{x}(t)]^2\mathrm{d}t=\frac{1}{T}\int_{-\frac{T}{2}}^{\frac{T}{2}}\bar{x}^2\mathrm{d}t+\frac{1}{T}\int_{-\frac{T}{2}}^{\frac{T}{2}}\tilde{x}^2(t)\mathrm{d}t+\frac{2}{T}\int_{-\frac{T}{2}}^{\frac{T}{2}}\tilde{x}(t)\bar{x}\mathrm{d}t$$

因为 $\bar{x}$ 与时间无关,而 $\tilde{x}(t)$ 的平均值为零,因此

$$P=\bar{x}^2+\frac{1}{T}\int_{-\frac{T}{2}}^{\frac{T}{2}}\tilde{x}^2(t)\mathrm{d}t \tag{1.52}$$

由式(1.52)可见,一个信号的平均功率等于直流功率与交流功率之和。

2. 偶分量与奇分量

任何信号都可以分解为偶分量与奇分量两部分之和,即

$$x(t)=x_\mathrm{e}(t)+x_\mathrm{o}(t) \tag{1.53}$$

式中,$x_\mathrm{e}(t)$ 为信号 $x(t)$ 的偶分量,它是偶函数,即

$$x_\mathrm{e}(t)=x_\mathrm{e}(-t) \tag{1.54}$$

$x_\mathrm{o}(t)$ 为信号 $x(t)$ 的奇分量,它是奇函数,即

$$x_\mathrm{o}(t)=-x_\mathrm{o}(-t) \tag{1.55}$$

信号 $x(t)$ 的反转信号为

$$x(-t)=x_\mathrm{e}(-t)+x_\mathrm{o}(-t)=x_\mathrm{e}(t)-x_\mathrm{o}(t) \tag{1.56}$$

由式(1.53)和式(1.56)可得

$$x_\mathrm{e}(t)=\frac{1}{2}[x(t)+x(-t)] \tag{1.57}$$

$$x_\mathrm{o}(t)=\frac{1}{2}[x(t)-x(-t)] \tag{1.58}$$

把一个方波信号分解为偶分量和奇分量,如图1.24所示。不难证明,一个信号的平均功率等于它的偶分量功率和奇分量功率之和。

3. 脉冲分量

一个信号可以近似分解为许多脉冲分量之和。这又分为两种情况:一种情况是分解为矩形窄脉冲分量,如图1.25(a)所示;另一种情况如图1.25(b)所示,把信号分解为阶跃信号分量的叠加。从图中可见,分解的时间间隔越小,脉冲分量越接近原始信号。

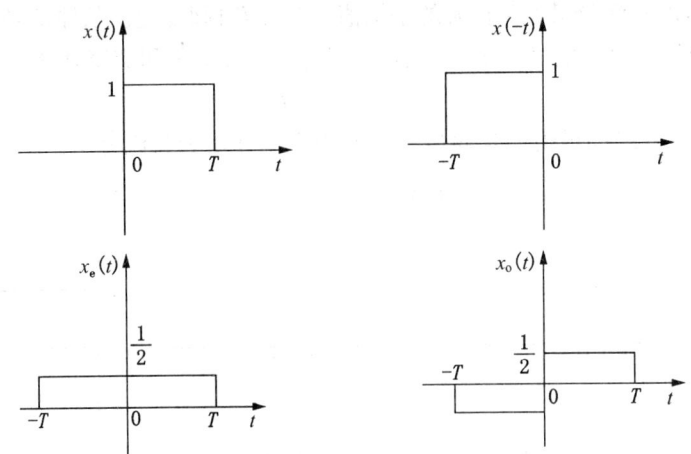

图 1.24 信号的偶分量和奇分量

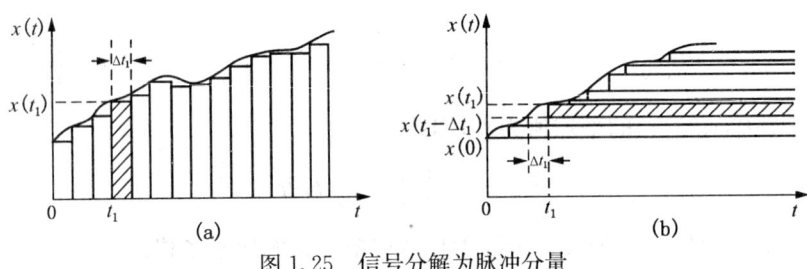

图 1.25 信号分解为脉冲分量

如图 1.25(a) 所示,在 t_1 时刻,窄脉冲的信号表达式为

$$x(t_1)[u(t-t_1)-u(t-t_1-\Delta t_1)] \tag{1.59}$$

将函数 $x(t)$ 近似写作无数个窄脉冲信号的叠加,即得 $x(t)$ 的近似表达式

$$\begin{aligned} x(t) &\approx \sum_{t_1=-\infty}^{+\infty} x(t_1)[u(t-t_1)-u(t-t_1-\Delta t_1)] \\ &= \sum_{t_1=-\infty}^{+\infty} x(t_1)\frac{u(t-t_1)-u(t-t_1-\Delta t_1)}{\Delta t_1}\Delta t_1 \end{aligned} \tag{1.60}$$

取 $\Delta t_1 \to 0$ 的极限,可以得到

$$\begin{aligned} x(t) &= \lim_{\Delta t_1 \to 0}\sum_{t_1=-\infty}^{+\infty} x(t_1)\frac{u(t-t_1)-u(t-t_1-\Delta t_1)}{\Delta t_1}\Delta t_1 \\ &= \lim_{\Delta t_1 \to 0}\sum_{t_1=-\infty}^{+\infty} x(t_1)\delta(t-t_1)\Delta t_1 \\ &= \int_{-\infty}^{+\infty} x(t_1)\delta(t-t_1)\mathrm{d}t_1 \end{aligned} \tag{1.61}$$

对式(1.61)作变量代换,即把变量 t_1 用变量 t 表示,而观察时刻 t 用 t_0 表示,可得到

$$x(t_0)=\int_{-\infty}^{+\infty} x(t)\delta(t_0-t)\mathrm{d}t=\int_{-\infty}^{+\infty} x(t)\delta(t-t_0)\mathrm{d}t \tag{1.62}$$

这与式(1.50)完全一致。

如图 1.25(b) 所示,为推导简捷,假定当 $t<0$ 时 $x(t)=0$。在 t_1 时刻所产生的阶跃信号为

$$[x(t_1)-x(t_1-\Delta t_1)]u(t-t_1) \tag{1.63}$$

于是,$x(t)$ 可以近似写作

$$x(t) \approx x(0)u(t) + \sum_{t_1=\Delta t_1}^{+\infty} [x(t_1) - x(t_1 - \Delta t_1)]u(t-t_1)$$

$$= x(0)u(t) + \sum_{t_1=\Delta t_1}^{+\infty} \frac{x(t_1) - x(t_1 - \Delta t_1)}{\Delta t_1} u(t-t_1)\Delta t_1 \tag{1.64}$$

取 $\Delta t_1 \to 0$ 的极限,可以得到它的积分形式

$$x(t) = x(0)u(t) + \int_0^{+\infty} \frac{\mathrm{d}x(t_1)}{\mathrm{d}t_1} u(t-t_1)\mathrm{d}t_1 \tag{1.65}$$

目前,将信号分解为冲激信号叠加的方法应用很广,将信号分解为阶跃信号叠加的方法已很少采用。

4. 实部分量与虚部分量

瞬时值为复数的信号 $x(t)$ 可以分解为实、虚两个部分,即

$$x(t) = x_r(t) + \mathrm{j}x_i(t) \tag{1.66}$$

它的共轭复函数为

$$x^*(t) = x_r(t) - \mathrm{j}x_i(t) \tag{1.67}$$

由式(1.66)和式(1.67)可得实部分量和虚部分量分别为

$$x_r(t) = \frac{1}{2}[x(t) + x^*(t)] \tag{1.68}$$

$$x_i(t) = \frac{1}{2\mathrm{j}}[x(t) - x^*(t)] \tag{1.69}$$

虽然实际产生的信号都是实信号,但在信号分析理论中,常常借助复信号来研究某些实信号问题,如正弦信号、余弦信号常常用复指数来表示。

5. 正交函数分量

函数的正交分解是信号分析常用的方法之一。所谓正交函数集,就是由 n 个函数 $g_1(t)$, $g_2(t),\cdots,g_n(t)$ 构成的一个函数集,这些函数在区间 (t_1,t_2) 内满足如下正交特性

$$\begin{cases} \int_{t_1}^{t_2} g_i(t)g_j(t)\mathrm{d}t = 0, i \neq j \\ \int_{t_1}^{t_2} g_i^2(t)\mathrm{d}t = K_i \end{cases} \tag{1.70}$$

这样的函数集就是正交函数集。指数函数、三角函数都属于此类函数集。信号 $x(t)$ 可用互相正交的函数的线性组合来表示。第 2 章、第 6 章中将介绍的傅里叶分解和拉普拉斯分解都属于正交函数集分解,前者是以正弦函数作为基函数,后者是以复指数函数作为基函数。

1.2 系统

所谓"系统",就是由一组相互作用、相互依赖的事物组合而成的具有特定功能的整体。系统所涉及的范围十分广泛,应当包括各种物理系统和非物理系统、人工系统以及自然系统。通信系统、电力系统、机械系统可称为物理系统;政治结构、经济组织、生产管理等属于非物理系统。计算机网络、交通运输网络、水利灌溉网等属于人工系统;而自然系统包括就更广泛,小至原子核,大至太阳系等。

在这里只讨论系统分析问题,即在给定系统的条件下,研究系统对于输入激励信号所产生

的输出响应。一般的系统,从数学上看,输出信号 $y(t)$ 是输入信号 $x(t)$ 经过了某种数学变换,记为 $T[\cdot]$。输入和输出关系可记为

$$y(t)=T[x(t)] \tag{1.71}$$

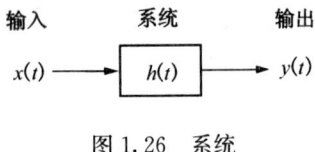

图 1.26 系统

输出信号 $y(t)$ 取决于输入信号及系统特性 $h(t)$,如图 1.26 所示。$h(t)$ 是表征系统特性的函数,通常称为系统的单位脉冲响应,它是当单位脉冲 $\delta(t)$ 输入系统后的输出。

1.2.1 线性时不变系统

信号分析中最常见的一种系统是线性时不变系统,即系统的输出和输入之间既满足线性性质又满足时不变性质,通常用 $L[\cdot]$ 表示线性时不变系统。

1. 线性性质

线性性质是指输入和输出之间既满足叠加性又满足比例性。满足线性性质的系统称为线性系统。

叠加性是指如果输入信号为 $x_1(t)$,输出信号为 $y_1(t)$;输入为 $x_2(t)$,输出为 $y_2(t)$,那么当输入为 $x_1(t)+x_2(t)$ 时,输出为 $y_1(t)+y_2(t)$,可以用下面的数学形式表示。

设

$$L[x_1(t)]=y_1(t), L[x_2(t)]=y_2(t)$$

则有

$$L[x_1(t)+x_2(t)]=y_1(t)+y_2(t) \tag{1.72}$$

比例性是指如果输入增加 a 倍,输出也增加 a 倍。设

$$L[x(t)]=y(t)$$

则有

$$L[ax(t)]=ay(t) \tag{1.73}$$

综合上面的叠加性和比例性,线性系统用数学形式可以表示为

$$L[a_1x_1(t)+a_2x_2(t)]=a_1y_1(t)+a_2y_2(t) \tag{1.74}$$

推广到任意多个输入,则可以写成

$$L\left[\sum_{i=1}^{N} a_i x_i(t)\right]=\sum_{i=1}^{N} a_i L[x_i(t)] \tag{1.75}$$

在证明一个系统是线性系统时,必须证明此系统同时满足叠加性和比例性,而且信号和比例系数都可以是复数。

2. 时不变性质

时不变性质是指系统特性不随时间改变,即在同样起始状态下,系统响应与信号输入系统的时刻无关。若在某时刻的输入为 $x(t)$,输出为 $y(t)$;过了任意 t_0 时刻输入 $x(t-t_0)$,其输出也延长 t_0 时刻,而其特性不变,为 $y(t-t_0)$,可以用下面的数学形式表示。

设

$$L[x(t)]=y(t)$$

则有

$$L[x(t-t_0)]=y(t-t_0) \tag{1.76}$$

在判断一个系统是否为时不变系统时,可以这样来判断:输入信号先时移再经系统输出,或先经系统再时移,判断这两个输出信号是否相同。若相同,则该系统是时不变系统;否则,该系统是时变系统。

在系统分析中,线性时不变系统的分析具有重要意义。这不仅是因为在实际应用中经常遇到线性时不变系统,而且还有一些非线性系统或时变系统在限定范围与指定条件下遵从线性时不变特性的规律。

例 1.3 判断 $y(t)=tx(t)$ 是否为线性时不变系统。

解: 为了判断这个系统是否线性时不变系统,就要判断是否同时满足线性性质和时不变性质。

(1)设
$$y_1(t)=tx_1(t), y_2(t)=tx_2(t)$$
若输入信号为 $x_1(t)$ 和 $x_2(t)$ 的线性组合
$$x(t)=ax_1(t)+bx_2(t) \quad (a,b \text{ 为任意常数})$$
则输出信号为
$$y(t)=tx(t)=t[ax_1(t)+bx_2(t)]=atx_1(t)+btx_2(t)=ay_1(t)+by_2(t)$$
因此,此系统是线性系统。

(2)按照时不变系统的判断方法来判断系统是否满足时不变性质。

首先对信号 $x(t)$ 时移 t_0 得 $x(t-t_0)$,然后经过系统后,输出信号为 $y_1(t)=tx(t-t_0)$。信号 $x(t)$ 先经过系统输出为 $tx(t)$,然后再时移 t_0,得最终输出信号为 $y_2(t)=(t-t_0)x(t-t_0)$。因为 $y_1(t) \neq y_2(t)$,所以此系统不是时不变系统。

综合(1),(2)可知,此系统不是线性时不变系统。

1.2.2 因果系统

因果系统是指系统某时刻的输出只取决于此时刻和此时刻以前的输入,即 t 时刻的输出 $y(t)$ 只与 t 及 t 以前的输入 $x(t-t_0)(t_0 \geqslant 0)$ 有关,而与 t 以后的输入 $x(t+t_0)(t_0>0)$ 无关。如果系统现在的输出还取决于未来的输入,则不符合因果关系,因而是非因果系统,是不实际的系统。

例如,$y(t)=tx(t)$ 是一个因果系统,而 $y(t)=x(t+2)+ax(t)$ 是一个非因果系统。

因果系统当然很重要,但是并不是所有有实际意义的系统都是因果系统。在一些数据处理系统中,待处理的数据事先都已记录下来,对于这类数据的处理并不局限于因果系统。例如,为了去除噪声或高频的变化,而保留总的缓慢变化的趋势,常常对数据进行平滑处理,这就是一个非因果系统。

线性时不变系统是因果系统的充分必要条件是:系统的单位脉冲响应 $h(t)$ 在 $t<0$ 时应等于零,即
$$h(t)=0 \quad (t<0) \tag{1.77}$$

1.2.3 稳定系统

稳定系统是指如果系统的输入信号 $x(t)$ 是有界的,那么输出信号 $y(t)$ 也是有界的,即若 $|x(t)| \leqslant M < \infty$,则 $|y(t)| \leqslant P < \infty$,其中 M 和 P 为有限值。反之,如果输入信号 $x(t)$ 有界,而其输出信号 $y(t)$ 无界,则这个系统是不稳定的。

例如，$y(t)=x(t)\sin(2\pi t+\frac{\pi}{3})$ 是一个稳定系统，而 $y(t)=tx(t)$ 不是一个稳定系统。

线性时不变系统是稳定系统的充分必要条件是：系统的单位脉冲响应 $h(t)$ 绝对值所包含的面积应当是有限的，即

$$\int_{-\infty}^{+\infty}|h(t)|\mathrm{d}t<\infty \tag{1.78}$$

习　　题

1. 什么是信号？信号处理的目的是什么？
2. 一个信号可否既是能量信号又是功率信号，可否既不是能量信号又不是功率信号？
3. 绘出下面各时间函数的波形图。
   (1) $x(t)=\sin 2\pi t \cdot u(t)$
   (2) $x(t)=u(t)-2u(t-1)+u(t-2)$
   (3) $x(t)=t[u(t)-u(t-1)]$
   (4) $x(t)=\mathrm{e}^{-(t-1)}[u(t-1)-u(t-2)]$
   (5) $x(t)=(1+\cos\pi t)u(t-2)$
   (6) $x(t)=\mathrm{e}^{-t}\sin 2\pi t$
   (7) $x(t)=10\sin 2\pi t+5\sin 6\pi t$
   (8) $x(t)=\mathrm{sgn}[\mathrm{Sa}(t)]$
4. 已知 $x(5-2t)$ 的波形如题 4 图所示，试画出 $x(t)$ 的波形。

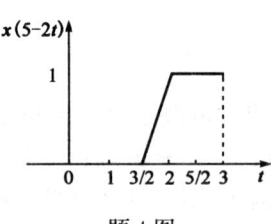

题 4 图

5. 已知 $x(t)$ 的波形如题 5 图所示，试画出 $x(-3t-2)$ 的波形。

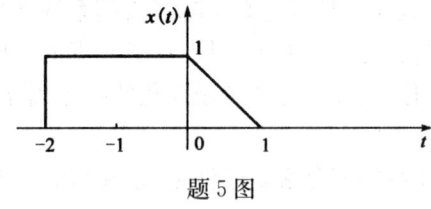

题 5 图

6. 利用冲激函数的定义式，求下列表示式的函数值。
   (1) $\int_{-\infty}^{+\infty}x(t_0-t)\delta(t)\mathrm{d}t$
   (2) $\int_{-\infty}^{+\infty}\delta(t-t_0)u(t-2t_0)\mathrm{d}t$
   (3) $\int_{-\infty}^{+\infty}(\mathrm{e}^{-t}+t)\delta(t+2)\mathrm{d}t$

(4) $\int_{-\infty}^{+\infty} (t+\sin t)\delta\left(t-\frac{\pi}{2}\right)dt$

(5) $\int_{-\infty}^{+\infty} e^{-2\pi t}\delta\left(t+\frac{1}{\pi}\right)dt$

7. 判断下列信号是否是周期性的。如果是周期性的,确定其周期。

(1) $x(t) = A\sin\left(\frac{3\pi}{4}t + \frac{\pi}{4}\right)$

(2) $x(t) = A\sin\left(5t + \frac{\pi}{3}\right) + B\sin\left(6t + \frac{\pi}{4}\right)$

(3) $x(t) = A\sin\left(2\pi t + \frac{\pi}{3}\right) \cdot u(t-1)$

(4) $x(t) = 3\sin 2t + \cos\frac{t}{4}$

(5) $x(t) = 2\sin 2\pi t + 5\cos\frac{\pi t}{4}$

(6) $x(t) = e^{-\sin t}$

(7) $x(t) = \begin{cases} \cos t, & t < 0 \\ \sin t, & t \geqslant 0 \end{cases}$

(8) $x(t) = e^{j10t}$

(9) $x(t) = \cos^2\left(2t - \frac{\pi}{3}\right)$

(10) $x(t) = \sum_{n=-\infty}^{\infty} e^{-(2t-n)}$

8. 判断下列信号是能量信号还是功率信号,或者两者都不是。

(1) $x(t) = \begin{cases} A, & 0 \leqslant t \leqslant 1 \\ 0, & \text{其他} \end{cases}$

(2) $x(t) = A\sin(\omega_0 t + \theta)$

(3) $x(t) = 2e^{-|t|}\cos t$

(4) $x(t) = e^{\cos 200\pi t}$

(5) $x(t) = e^{-10t}$

(6) $x(t) = \sin 2t + \sin 2\pi t$

(7) $x(t) = e^{-t}\sin 2t$

9. 证明信号的平均功率等于它的偶分量功率和奇分量功率之和。

10. 粗略绘出题 10 图所示各波形的偶分量和奇分量。

11. 如何判断一个系统为线性系统?如何判断一个系统为时不变系统?

12. 下面每一算式中,$y(t)$表示系统的输出,$x(t)$表示系统的输入。判断每个系统是否线性时不变系统。

(1) $y(t) = x(t) + 5$

(2) $y(t) = x(t)\sin\left(2\pi t + \frac{\pi}{3}\right)$

(3) $y(t) = x^2(t)$

(4) $y(t) = t^2 x(t)$

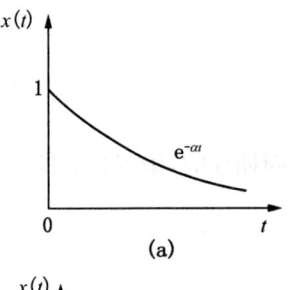
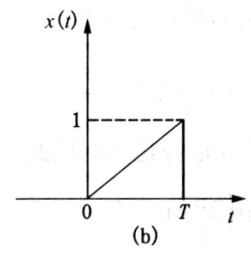
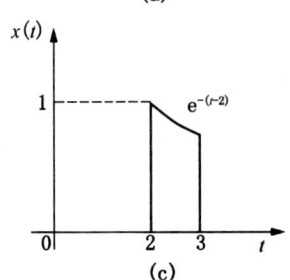
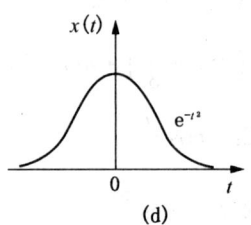

题 10 图

(5) $y(t) = \sin x(t)$

(6) $y(t) = x(2t)$

(7) $y(t) = 2x(t) + 3$

(8) $y(t) = x(t)\cos 2\pi t$

(9) $y(t) = \int_{-\infty}^{t} x(\tau) d\tau$

(10) $y(t) = x(t-2)$

13. 判断下面每个系统是否是稳定的和因果的。

(1) $y(t) = \begin{cases} e^{-t}x(t), & t \geqslant 0 \\ 0, & t < 0 \end{cases}$

(2) $y(t) = 2x(t-5)$

(3) $y(t) = \sin\left(2\pi t + \dfrac{\pi}{6}\right) x(t+2)$

(4) $y(t) = \int_{-\infty}^{t} x(\tau) d\tau$

(5) $y(t) = tx(t)$

(6) $y(t) = e^{x(t)}$

(7) $y(t) = x(t)\cos(t+1)$

第 2 章 傅里叶分析与信号频谱

在第 1 章中介绍信号的正弦分量时就已提到：任意两个不同频率的正弦信号可以叠加成一个比较复杂的信号；许多不同振幅、频率和初相位的正弦信号可以叠加成更加复杂的信号。因此，任意信号都可以分解成许多不同振幅、频率和初相位角的正弦信号之和，这些正弦信号的振幅、频率和相位等特性一定反映了原信号的性质。这样就出现了用频率域的特性来描述时间域信号的方法，即信号的频域分析方法。实际上，信号的频域特性具有很强的物理意义，如光线的颜色是由频率决定的，声音音调的不同也在于频率的差异。在很多情况下，频域特性比时域特性更能反映信号的基本特征。这一章主要讨论如何将周期信号和非周期信号分解为简单的正弦信号的叠加，并引出离散频谱和连续频谱的概念。

2.1 傅里叶级数与离散频谱

傅里叶级数展开是将周期信号在一个周期内(有限区间上)展开成简谐信号叠加的形式，以便于研究周期信号的频域特性，建立"信号频谱"的概念。

2.1.1 三角形式的傅里叶级数

设周期信号为 $x(t)$，周期为 T，即

$$x(t)=x(t+nT) \quad (n=0,\pm1,\cdots,\text{任意整数}) \tag{2.1}$$

下面引入狄里赫利(Dirichlet)条件：

(1) 或者处处连续，或者只有有限个第一类间断点。即在间断点 t_0 处左极限 $x(t_0^-)$ 和右极限 $x(t_0^+)$ 具有有限值，并且在间断点 t_0 处

$$x(t_0)=\frac{x(t_0^+)+x(t_0^-)}{2}$$

(2) 具有有限个极大值或极小值。

如果 $x(t)$ 在周期 $\left(-\frac{T}{2},\frac{T}{2}\right)$ 内满足该条件，那么在 $\left(-\frac{T}{2},\frac{T}{2}\right)$ 上可以把 $x(t)$ 展开成三角形式的傅里叶级数，即

$$x(t)=a_0+\sum_{n=1}^{+\infty}(a_n\cos n\omega_0 t+b_n\sin n\omega_0 t) \tag{2.2}$$

$$\begin{cases} a_0=\dfrac{1}{T}\displaystyle\int_{-\frac{T}{2}}^{\frac{T}{2}}x(t)\mathrm{d}t \\[2mm] a_n=\dfrac{2}{T}\displaystyle\int_{-\frac{T}{2}}^{\frac{T}{2}}x(t)\cos n\omega_0 t\mathrm{d}t \\[2mm] b_n=\dfrac{2}{T}\displaystyle\int_{-\frac{T}{2}}^{\frac{T}{2}}x(t)\sin n\omega_0 t\mathrm{d}t \end{cases} \tag{2.3}$$

式中 ω_0——基波频率,$\omega_0 = \dfrac{2\pi}{T}$;

$n\omega_0$——n 次谐波频率($n=1,2,3,\cdots$);

a_0——信号的直流分量;

a_n——余弦分量的振幅;

b_n——正弦分量的振幅。

式(2.3)可以由后面介绍的复数形式的傅里叶级数得到。式(2.2)表明,任意一个复杂的周期信号只要满足狄里赫利条件,都可以分解成许多不同振幅、不同频率的正弦信号和余弦信号及直流分量之和。

在有限区间 $\left(-\dfrac{T}{2}, \dfrac{T}{2}\right)$ 上,一个不是很复杂的信号 $x(t)$ 可以分解为有限多个简谐信号的叠加,即有限次谐波的叠加就可以接近于原始周期信号。

2.1.2 傅里叶级数展开的两种特殊情形

在要求把已知信号 $x(t)$ 展开成傅里叶级数时,如果 $x(t)$ 是实函数,并且它的波形满足某种对称性,则在其傅里叶级数中有些项将不出现,留下的各项系数的表示式也变得比较简单。在这里只介绍实偶函数和实奇函数的简化计算。

(1)当 $x(t)$ 在 $\left(-\dfrac{T}{2}, \dfrac{T}{2}\right)$ 内是实偶函数时

$$x(t) = x(-t) \qquad \left(-\dfrac{T}{2} \leqslant t \leqslant \dfrac{T}{2}\right)$$

由式(2.3)可知 $b_n = 0$,所以偶函数的傅里叶级数只含有余弦项,即

$$x(t) = a_0 + \sum_{n=1}^{+\infty} a_n \cos n\omega_0 t \tag{2.4}$$

式中

$$a_0 = \dfrac{1}{T} \int_{-\frac{T}{2}}^{\frac{T}{2}} x(t) dt = \dfrac{2}{T} \int_0^{\frac{T}{2}} x(t) dt$$

$$a_n = \dfrac{2}{T} \int_{-\frac{T}{2}}^{\frac{T}{2}} x(t) \cos n\omega_0 t \, dt = \dfrac{4}{T} \int_0^{\frac{T}{2}} x(t) \cos n\omega_0 t \, dt \qquad (n=1,2,3,\cdots)$$

例 2.1 把 $x(t) = t^2$ 在 $-\pi \leqslant t \leqslant \pi$ 内展开成傅里叶级数。

解:如图 2.1 所示,$x(t) = t^2$ 在 $[-\pi, \pi]$ 上是偶函数,因此 $b_n = 0$,只需计算 a_0, a_n。

因为

$$T = 2\pi, \omega_0 = \dfrac{2\pi}{T} = 1$$

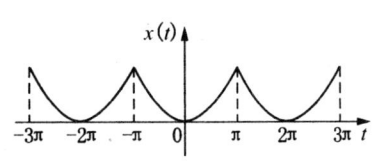

图 2.1 $x(t) = t^2$ 波形

所以

$$a_0 = \frac{1}{2\pi}\int_{-\pi}^{\pi} t^2 dt = \frac{\pi^2}{3}$$

$$a_n = \frac{1}{\pi}\int_{-\pi}^{\pi} t^2 \cos nt dt = \frac{4(-1)^n}{n^2} \quad (n=1,2,3,\cdots)$$

因此,$x(t)=t^2$ 在 $-\pi \leqslant t \leqslant \pi$ 内的傅里叶级数为

$$x(t) = \frac{\pi^2}{3} + \sum_{n=1}^{+\infty} \frac{4}{n^2}(-1)^n \cos nt = \frac{\pi^2}{3} + 4\left(-\cos t + \frac{1}{4}\cos 2t - \frac{1}{9}\cos 3t + \cdots\right)$$

(2) 当 $x(t)$ 在 $\left(-\frac{T}{2}, \frac{T}{2}\right)$ 内是实奇函数时

$$x(t) = -x(-t) \quad \left(-\frac{T}{2} \leqslant t \leqslant \frac{T}{2}\right)$$

由式(2.3)可知,$a_0=0, a_n=0$,奇函数的傅里叶级数展开式中只含有正弦项,即

$$x(t) = \sum_{n=1}^{+\infty} b_n \sin n\omega_0 t \tag{2.5}$$

式中

$$b_n = \frac{2}{T}\int_{-\frac{T}{2}}^{\frac{T}{2}} x(t) \sin n\omega_0 t dt = \frac{4}{T}\int_0^{\frac{T}{2}} x(t) \sin n\omega_0 t dt \quad (n=1,2,3,\cdots)$$

例 2.2 把 $x(t) = t$ 在 $-\pi \leqslant t \leqslant \pi$ 内展开成傅里叶级数。

解:如图 2.2 所示,$x(t)=t$ 在 $[-\pi, \pi]$ 内为奇函数,因此 $a_0=0, a_n=0$,又知道

$$T = 2\pi, \omega_0 = \frac{2\pi}{T} = 1$$

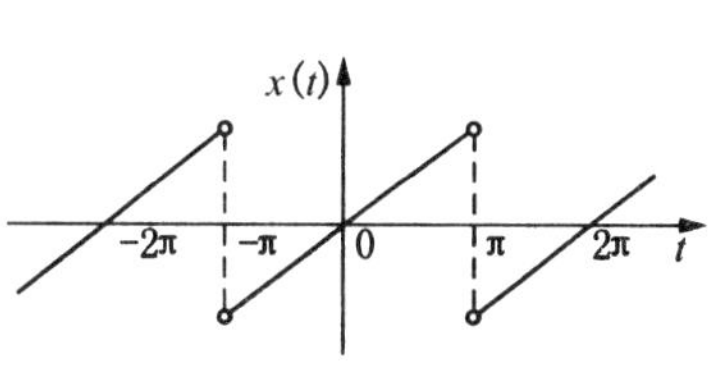

图 2.2 $x(t)=t$ 波形

因此

$$b_n = \frac{2}{\pi}\int_0^{\pi} t \sin n\omega_0 t dt = \frac{2}{\pi}\int_0^{\pi} t \sin nt dt = -\frac{2}{n}\cos n\pi = \frac{2}{n}(-1)^{n-1} \quad (n=1,2,3,\cdots)$$

$x(t)=t$ 在 $-\pi \leqslant t \leqslant \pi$ 内的傅里叶级数为

$$x(t) = \sum_{n=1}^{+\infty} \frac{2}{n}(-1)^{n-1} \sin nt = 2\left(\sin t - \frac{1}{2}\sin 2t + \frac{1}{3}\sin 3t - \cdots\right)$$

其基波如图 2.3(a)所示,为一正弦分量;基波和二次谐波的叠加如图 2.3(b)所示,更接近于原始信号 $x(t)$;而与三次谐波的叠加如图 2.3(c)所示,已经很接近原始周期信号了。

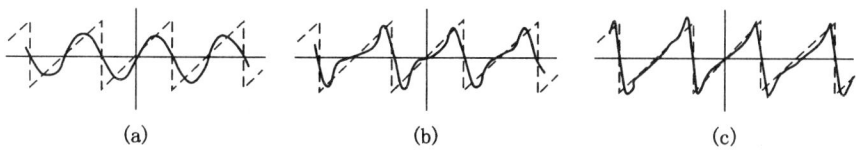

(a) (b) (c)

图 2.3 锯齿波的单频波叠加近似

2.1.3 复数形式的傅里叶级数

更多情况是采用复数形式的傅里叶级数,把三角形式的傅里叶级数展开式写成复数形式,并由此引出离散频谱的概念。

把公式

$$\begin{cases} \sin\omega t = \dfrac{1}{2j}(e^{j\omega t} - e^{-j\omega t}) \\ \cos\omega t = \dfrac{1}{2}(e^{j\omega t} + e^{-j\omega t}) \end{cases}$$

代入三角形式的傅里叶级数展开式(2.2)后,得

$$x(t) = a_0 + \sum_{n=1}^{+\infty}(a_n\cos n\omega_0 t + b_n\sin n\omega_0 t)$$

$$= a_0 + \sum_{n=1}^{+\infty}\left[\left(\frac{1}{2}a_n + \frac{1}{2j}b_n\right)e^{jn\omega_0 t} + \left(\frac{1}{2}a_n - \frac{1}{2j}b_n\right)e^{-jn\omega_0 t}\right]$$

$$= a_0 + \sum_{n=1}^{+\infty}\left(\frac{a_n - jb_n}{2}e^{jn\omega_0 t} + \frac{a_n + jb_n}{2}e^{-jn\omega_0 t}\right)$$

采用新的系数

$$\begin{cases} c_0 = a_0 \\ c_n = \dfrac{1}{2}(a_n - jb_n), n \geqslant 1 \\ c_{-n} = \dfrac{1}{2}(a_n + jb_n), n \geqslant 1 \end{cases} \tag{2.6}$$

则有

$$x(t) = c_0 + \sum_{n=1}^{+\infty} c_n e^{jn\omega_0 t} + \sum_{n=1}^{+\infty} c_{-n} e^{-jn\omega_0 t} = \sum_{n=-\infty}^{+\infty} c_n e^{jn\omega_0 t} \tag{2.7}$$

式(2.7)就是 $x(t)$ 的复数形式的傅里叶级数展开式。

在实际应用中,频率作为周期信号变化快慢的一个度量,只能取正值。公式中的 n 取负值,$n\omega_0$ 就变成了"负频率"。这是由复数引起的,是从实数形式的傅里叶级数过渡到复数形式的傅里叶级数时,由复数来表示正弦和余弦函数而引起的。

在式(2.7)中,c_n 为傅里叶级数的系数,它完全由信号 $x(t)$ 来确定。讨论的信号 $x(t)$ 的变化范围为 $\left(-\dfrac{T}{2}, \dfrac{T}{2}\right)$,用 $e^{-jm\omega_0 t}$ 乘以式(2.7)两边,并从 $-\dfrac{T}{2}$ 到 $\dfrac{T}{2}$ 进行积分,得

$$\int_{-\frac{T}{2}}^{\frac{T}{2}} x(t) e^{-jm\omega_0 t} dt = \int_{-\frac{T}{2}}^{\frac{T}{2}} \sum_{n=-\infty}^{+\infty} c_n e^{jn\omega_0 t} \cdot e^{-jm\omega_0 t} dt = \sum_{n=-\infty}^{+\infty} c_n \int_{-\frac{T}{2}}^{\frac{T}{2}} e^{j(n-m)\omega_0 t} dt$$

式中 $\omega_0 = \dfrac{2\pi}{T}$。已知正交函数系 $e^{-jn\omega_0 t}(n=0, \pm 1, \pm 2, \cdots)$,对于不同的 n 和 m 有

$$\int_{-\frac{T}{2}}^{\frac{T}{2}} e^{jn\omega_0 t} (e^{jm\omega_0 t})^* dt = 0$$

因此只有当 $n=m$ 时 $\int_{-\frac{T}{2}}^{\frac{T}{2}} e^{j(n-m)\omega_0 t} dt = T$，当 $n-m \neq 0$ 时为零，因此上面等式变为

$$c_m = \frac{1}{T} \int_{-\frac{T}{2}}^{\frac{T}{2}} x(t) e^{-jm\omega_0 t} dt \quad (m=0, \pm 1, \pm 2, \cdots) \tag{2.8}$$

式(2.8)就是计算复数形式的傅里叶级数系数的公式，可以看出，c_n 与 c_{-n} 为共轭复数，即 $c_{-n} = c_n^*$。

利用式(2.8)和式(2.6)可以求得三角形式的傅里叶级数展开式中的系数 a_0, a_n, b_n，即式(2.3)。

上述的傅里叶级数展开讨论的是一个周期信号 $x(t)$ 在 $\left(-\frac{T}{2}, \frac{T}{2}\right)$ 区间内的展开。实际上，可以在任意一个周期 $[t_0, t_0+T]$ 上把 $x(t)$ 展开成傅里叶级数的形式，可以把它写成定理的形式。

傅里叶级数展开定理：有限区间 $[t_0, t_0+T]$ 上的函数 $x(t)$ 在满足狄里赫利条件时，可以展开成傅里叶级数

$$x(t) = \sum_{n=-\infty}^{+\infty} c_n e^{jn\omega_0 t}, t \in [t_0, t_0+T]$$

式中

$$\omega_0 = \frac{2\pi}{T}, c_n = \frac{1}{T} \int_0^{t_0+T} x(t) e^{-jn\omega_0 t} dt$$

2.1.4 离散频谱

在三角形式的傅里叶级数展开式(2.2)中，因为

$$\sin n\omega_0 t = \cos\left(n\omega_0 t - \frac{\pi}{2}\right)$$

或

$$\cos n\omega_0 t = \sin\left(n\omega_0 t + \frac{\pi}{2}\right)$$

所以它可以单独表示成不同相位角的 $\cos n\omega_0 t$ 或 $\sin n\omega_0 t$ 的级数，记作

$$x(t) = A_0 + \sum_{n=1}^{+\infty} A_n \sin(n\omega_0 t + \varphi_n) \tag{2.9}$$

或

$$x(t) = B_0 + \sum_{n=1}^{+\infty} B_n \cos(n\omega_0 t + \varphi_n) \tag{2.10}$$

以式(2.9)来讨论傅里叶级数系数 c_n 的意义。

把式(2.9)展开

$$x(t) = A_0 + \sum_{n=1}^{+\infty}(A_n\cos\varphi_n\sin n\omega_0 t + A_n\sin\varphi_n\cos n\omega_0 t)$$

与式(2.2)对比

$$\begin{cases} a_0 = A_0 \\ a_n = A_n\sin\varphi_n \\ b_n = A_n\cos\varphi_n \end{cases} \tag{2.11}$$

因此

$$A_n = \sqrt{a_n^2 + b_n^2}$$

$$\varphi_n = \arctan\frac{a_n}{b_n}$$

由 A_n 与 φ_n 可以确定 n 次谐波 $A_n\sin(n\omega_0 t + \varphi_n)$，而由式(2.6)知

$$\begin{cases} |c_n| = \frac{1}{2}\sqrt{a_n^2 + b_n^2} = \frac{1}{2}A_n \\ |c_{-n}| = \frac{1}{2}\sqrt{a_n^2 + b_n^2} = \frac{1}{2}A_n \\ \arg c_n = -\arctan\frac{b_n}{a_n} = \varphi_n - \frac{\pi}{2} \\ \arg c_{-n} = \arctan\frac{b_n}{a_n} = -\left(\varphi_n - \frac{\pi}{2}\right) \end{cases} \quad (n \geqslant 1) \tag{2.12}$$

因此由 c_n 就可以完全确定 A_n,φ_n。从式(2.12)可以看出，复数形式的傅里叶级数中，相应于负频率 $-n\omega_0$ 的谐波的系数 c_{-n}，也能反映频率为 $n\omega_0$ 的谐波的振幅 A_n 和相位 φ_n。由于 c_n 可以表示 n 次谐波的振幅与相位，即对一个频率为 $n\omega_0$ 的谐波，c_n 可以表示出它的振幅与相位，因此，定义 c_n 为有限区间 $[t_0, t_0+T]$ 上信号 $x(t)$ 的离散频谱；$|c_n|$ 为有限区间 $[t_0, t_0+T]$ 上信号 $x(t)$ 的离散振幅谱；$\arg c_n$ 为有限区间 $[t_0, t_0+T]$ 上信号 $x(t)$ 的离散相位谱。

例 2.3 把如图 2.4(a)所示的锯齿波 $x(t) = t(0 \leqslant t \leqslant 2\pi)$ 展开成傅里叶级数，并求其离散振幅谱及相位谱。

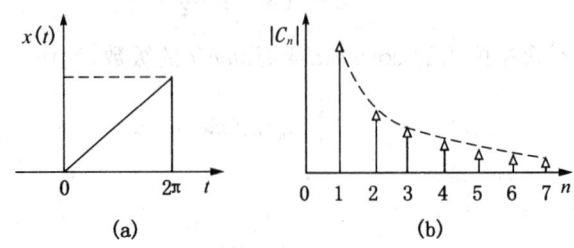

图 2.4　锯齿波及其离散振幅谱

解: 根据傅里叶级数展开定理

$$x(t) = \sum_{n=-\infty}^{+\infty} c_n e^{jn\omega_0 t}$$

其中

$$\omega_0 = \frac{2\pi}{T} = 1$$

$$c_n = \frac{1}{2\pi} \int_0^{2\pi} x(t) e^{-jn\omega_0 t} dt = \frac{1}{2\pi} \int_0^{2\pi} t e^{-jnt} dt = \frac{j}{n} \quad (n \neq 0)$$

当 $n=0$ 时

$$c_0 = \frac{1}{2\pi} \int_0^{2\pi} t dt = \pi$$

因此

$$\begin{aligned} x(t) &= \pi + \sum_{n=1}^{+\infty} \frac{j}{n} e^{jn\omega_0 t} + \sum_{n=-\infty}^{-1} \frac{j}{n} e^{jn\omega_0 t} \\ &= \pi + \sum_{n=1}^{+\infty} \left(\frac{j}{n} e^{jn\omega_0 t} - \frac{j}{n} e^{-jn\omega_0 t} \right) \\ &= \pi + \sum_{n=1}^{+\infty} \left(-\frac{2}{n} \sin n\omega_0 t \right) \\ &= \pi - \sum_{n=1}^{+\infty} \frac{2}{n} \sin nt \end{aligned}$$

即 $x(t) = t (0 \leqslant t \leqslant 2\pi)$ 的傅里叶级数为

$$x(t) = \pi - \sum_{n=1}^{+\infty} \frac{2}{n} \sin nt$$

其离散振幅谱

$$|c_n| = \left| \frac{j}{n} \right| = \frac{1}{n} \quad (n=1,2,\cdots)$$

图 2.4(b) 为振幅谱图形。

相位谱为

$$\arg c_n = \arctan \frac{\frac{1}{n}}{0} = \frac{\pi}{2}$$

2.2 傅里叶积分与连续频谱

在 2.1 节中讨论的是在有限区间上(一个周期内)把一个复杂信号分解成许多简谐信号的叠加。但是,在实际应用中遇到的波(如衰减振荡波),往往出现在整个时间轴上,所以在任何有限区间上考察它们都不能完全反映它们。在这一节讨论在无限区间上如何把一个连续信号（非周期信号）分解成许多简谐波的叠加，由此引出非周期函数的傅里叶变换，给出连续频谱概念，并讨论不同类型信号的傅里叶变换的特点。

2.2.1 傅里叶积分与傅里叶变换

一个周期信号是在 $\left(-\dfrac{T}{2}, \dfrac{T}{2}\right)$ 内定义的，而一个非周期信号是在整个时间轴 $(-\infty, +\infty)$ 上定义的。对于有限区间 $\left(-\dfrac{T}{2}, \dfrac{T}{2}\right)$，当 $T \to +\infty$ 时，有限区间 $\left(-\dfrac{T}{2}, \dfrac{T}{2}\right)$ 就转化为无限区间 $(-\infty, +\infty)$，就可以通过有限区间上的波来认识无限区间上的波，把有限区间上的复杂信号分解为简谐信号叠加的问题转化为把无限区间上的非周期信号分解为简谐信号的傅里叶积分问题。周期信号的离散频谱 c_n 的离散间隔为 $\omega_0 = \dfrac{2\pi}{T}$，那么转化后的非周期信号的频谱间隔为 $\omega_0 = \lim\limits_{T \to \infty} \dfrac{2\pi}{T} = 0$，因此离散频谱转化成了连续频谱。

对于给定非周期信号 $x(t)$，在有限区间 $\left(-\dfrac{T}{2}, \dfrac{T}{2}\right)$ 上，根据傅里叶级数展开定理

$$x(t) = \sum_{n=-\infty}^{+\infty} c_n \mathrm{e}^{\mathrm{j}n\omega_0 t}, \quad t \in \left(-\dfrac{T}{2}, \dfrac{T}{2}\right)$$

式中

$$\omega_0 = \dfrac{2\pi}{T}, \quad c_n = \dfrac{1}{T} \int_{-\frac{T}{2}}^{\frac{T}{2}} x(t) \mathrm{e}^{-\mathrm{j}n\omega_0 t} \mathrm{d}t$$

当周期 $T \to +\infty$ 时，积分区间由 $\left(-\dfrac{T}{2}, \dfrac{T}{2}\right)$ 转化为 $(-\infty, +\infty)$。$\dfrac{2\pi}{T}$ 为离散谱的间隔 $\Delta\omega$，$\Delta\omega = (n+1)\omega_0 - n\omega_0 = \dfrac{2\pi}{T}$。当 $T \to +\infty$ 时，$\Delta\omega \to 0$，n 次谐波的频率 $n\omega_0$ 连续地从 $-\infty$ 变到 $+\infty$，记作 $\omega = n\omega_0$。于是，可以把

$$x(t) = \sum_{n=-\infty}^{+\infty} \left[\dfrac{1}{T} \int_{-\frac{T}{2}}^{\frac{T}{2}} x(t) \mathrm{e}^{-\mathrm{j}n\omega_0 t} \mathrm{d}t \right] \mathrm{e}^{\mathrm{j}n\omega_0 t}$$

转化成

$$\begin{aligned} x(t) &= \lim_{T \to +\infty} \sum_{n=-\infty}^{+\infty} \left[\dfrac{1}{T} \int_{-\frac{T}{2}}^{\frac{T}{2}} x(t) \mathrm{e}^{-\mathrm{j}n\omega_0 t} \mathrm{d}t \right] \mathrm{e}^{\mathrm{j}n\omega_0 t} \\ &= \lim_{\Delta\omega \to 0} \sum_{n=-\infty}^{+\infty} \left[\dfrac{\Delta\omega}{2\pi} \int_{-\infty}^{+\infty} x(t) \mathrm{e}^{-\mathrm{j}\omega t} \mathrm{d}t \right] \mathrm{e}^{\mathrm{j}\omega t} \\ &= \dfrac{1}{2\pi} \int_{-\infty}^{+\infty} \left[\int_{-\infty}^{+\infty} x(t) \mathrm{e}^{-\mathrm{j}\omega t} \mathrm{d}t \right] \mathrm{e}^{\mathrm{j}\omega t} \mathrm{d}\omega \end{aligned}$$

令

$$X(\omega) = \int_{-\infty}^{+\infty} x(t) \mathrm{e}^{-\mathrm{j}\omega t} \mathrm{d}t \tag{2.13}$$

则

$$x(t) = \dfrac{1}{2\pi} \int_{-\infty}^{+\infty} X(\omega) \mathrm{e}^{\mathrm{j}\omega t} \mathrm{d}\omega \tag{2.14}$$

式(2.13)和式(2.14)都称为傅里叶积分。

从式(2.13)和式(2.14)可以看到,当 $x(t)$ 确定后,可以根据式(2.13)唯一地确定 $X(\omega)$;反之,当 $X(\omega)$ 确定后,可以根据式(2.14)唯一地确定 $x(t)$。它们之间的关系是一一对应的,$X(\omega)$ 称为 $x(t)$ 的傅里叶变换或正傅里叶变换,记作 $\mathscr{F}[x(t)]$;$x(t)$ 称为 $X(\omega)$ 的反傅里叶变换,记作 $\mathscr{F}^{-1}[X(\omega)]$,一般简称 $X(\omega)$ 与 $x(t)$ 互为傅里叶变换,记作

$$x(t) \underset{}{\overset{\mathscr{F}}{\longleftrightarrow}} X(\omega)$$

在实际应用中,式(2.13)和式(2.14)中虚数 j 前的符号可取"+",也可取"−"。但如果正傅里叶变换取定一种符号后,在反傅里叶变换中就要取相反的符号。因此,傅里叶变换也可以写成

$$X(\omega) = \int_{-\infty}^{+\infty} x(t) e^{j\omega t} dt \qquad (2.15)$$

$$x(t) = \frac{1}{2\pi} \int_{-\infty}^{+\infty} X(\omega) e^{-j\omega t} d\omega \qquad (2.16)$$

为了讨论问题的方便,也可以用频率 $f = \dfrac{\omega}{2\pi}$ 来表示,那么傅里叶变换式(2.13)和式(2.14)可以写成

$$X(f) = \int_{-\infty}^{+\infty} x(t) e^{-j2\pi ft} dt \qquad (2.17)$$

$$x(t) = \int_{-\infty}^{+\infty} X(f) e^{j2\pi ft} df \qquad (2.18)$$

傅里叶变换一般用于非周期函数。因此,函数存在傅里叶变换的条件是函数 $x(t)$ 应当绝对可积,即

$$\int_{-\infty}^{+\infty} |x(t)| dt < \infty$$

实际的物理问题中,这个条件一般是可以满足的。但是,在分析问题中许多十分有用的理想信号,却不一定能满足绝对可积的条件。也就是说,从上面的傅里叶变换公式中计算不出它们的傅里叶变换对。例如,常用的单位阶跃信号就是一个例子。为此,可以将广义函数 $\delta(t)$ 引入傅里叶积分,则许多不满足绝对可积条件的奇异信号都可以应用傅里叶变换作分析,都可以有其傅里叶变换对。

2.2.2 信号的频谱

在上述傅里叶变换公式的推导中,把一个非周期信号看作一个周期 $T \to +\infty$ 的周期信号,由此离散间隔为 $\dfrac{2\pi}{T}$ 的离散频谱就变成了连续频谱。式(2.14)的物理意义为:非周期信号 $x(t)$ 是由频率为 ω 的谐波 $\dfrac{1}{2\pi} X(\omega) e^{j\omega t} d\omega$ 通过积分形式叠加而成的,频率 ω 是从 $-\infty$ 连续变到 $+\infty$,而频率为 ω 的谐波,振幅和初相位完全由 $\dfrac{1}{2\pi} X(\omega) d\omega$ 来确定;对于不同的频率 ω,$\dfrac{1}{2\pi} d\omega$ 相同,因此 $X(\omega)$ 才真正反映不同频率谐波的振幅和初相位,称 $X(\omega)$ 是信号 $x(t)$ 的连续频谱,简称为频谱。频谱 $X(\omega)$ 一般是复函数,可以写成

$$X(\omega) = \int_{-\infty}^{+\infty} x(t)(\cos\omega t - j\sin\omega t)\,dt$$
$$= \int_{-\infty}^{+\infty} x(t)\cos\omega t\,dt - j\int_{-\infty}^{+\infty} x(t)\sin\omega t\,dt$$
$$= R(\omega) + jI(\omega) \tag{2.19}$$

式中

$$R(\omega) = \int_{-\infty}^{+\infty} x(t)\cos\omega t\,dt \tag{2.20}$$

是 $X(\omega)$ 的实部。

$$I(\omega) = -\int_{-\infty}^{+\infty} x(t)\sin\omega t\,dt \tag{2.21}$$

是 $X(\omega)$ 的虚部。

也可以把 $X(\omega)$ 写成复指数的形式

$$X(\omega) = A(\omega)e^{j\phi(\omega)} \tag{2.22}$$

式中

$$A(\omega) = |X(\omega)| = \sqrt{R^2(\omega) + I^2(\omega)} \tag{2.23}$$

称为信号 $x(t)$ 的振幅谱。

$$\phi(\omega) = \arg X(\omega) = \arctan\frac{I(\omega)}{R(\omega)} \tag{2.24}$$

称为信号 $x(t)$ 的相位谱。

根据公式(2.13),由信号 $x(t)$ 求出它的频谱 $X(\omega)$ 的过程,就是对信号 $x(t)$ 进行频谱分析的过程。

2.2.3 傅里叶变换的几种特殊情况

从数学上来说,函数 $x(t)$ 可以是实数,也可以是复数。复时间函数在研究有关转动的许多物理问题中是非常有用的。

一般情况下,把 $x(t)$ 的实部记为 $x_1(t)$,虚部记为 $x_2(t)$,即

$$x(t) = x_1(t) + jx_2(t)$$

其傅里叶变换为

$$X(\omega) = \int_{-\infty}^{+\infty}[x_1(t) + jx_2(t)]e^{-j\omega t}\,dt$$
$$= \int_{-\infty}^{+\infty}[x_1(t)\cos\omega t + x_2(t)\sin\omega t]\,dt - j\int_{-\infty}^{+\infty}[x_1(t)\sin\omega t - x_2(t)\cos\omega t]\,dt$$
$$= R(\omega) + jI(\omega)$$

其中实部

$$R(\omega) = \int_{-\infty}^{+\infty} [x_1(t)\cos\omega t + x_2(t)\sin\omega t]dt \tag{2.25}$$

虚部

$$I(\omega) = -\int_{-\infty}^{+\infty} [x_1(t)\sin\omega t - x_2(t)\cos\omega t]dt \tag{2.26}$$

相似地,也可以把反傅里叶变换公式写成实部和虚部的形式

$$x_1(t) = \frac{1}{2\pi}\int_{-\infty}^{+\infty} [R(\omega)\cos\omega t - I(\omega)\sin\omega t]d\omega \tag{2.27}$$

$$x_2(t) = \frac{1}{2\pi}\int_{-\infty}^{+\infty} [R(\omega)\sin\omega t + I(\omega)\cos\omega t]d\omega \tag{2.28}$$

下面较详细地讨论几种特殊情况。

1. 实时间函数

实函数 $x(t) = x_1(t), x_2(t) = 0$。因此,其频谱的实部和虚部分别为

$$R(\omega) = \int_{-\infty}^{+\infty} x(t)\cos\omega t\, dt \tag{2.29}$$

$$I(\omega) = -\int_{-\infty}^{+\infty} x(t)\sin\omega t\, dt \tag{2.30}$$

从式(2.30)可以看出,$R(\omega)$ 是 ω 的偶函数,$I(\omega)$ 是 ω 的奇函数,即

$$\begin{cases} R(\omega) = R(-\omega) \\ I(\omega) = -I(-\omega) \end{cases} \tag{2.31}$$

所以

$$X(-\omega) = R(-\omega) + jI(-\omega) = R(\omega) - jI(\omega) = X^*(\omega) \tag{2.32}$$

振幅谱

$$A(-\omega) = \sqrt{R^2(-\omega) + I^2(-\omega)} = \sqrt{R^2(\omega) + I^2(\omega)} = A(\omega) \tag{2.33}$$

相位谱

$$\phi(-\omega) = \arctan\frac{I(-\omega)}{R(-\omega)} = -\arctan\frac{I(\omega)}{R(\omega)} = -\phi(\omega) \tag{2.34}$$

由此可以看出,实函数 $x(t)$ 的傅里叶变换 $X(\omega)$ 是共轭对称函数,其振幅谱是偶函数,相位谱是奇函数。

反之,如果函数 $x(t)$ 的傅里叶变换 $X(\omega)$ 是共轭对称函数,则有 $x_2(t) = 0$,即 $x(t)$ 是实函数,因为

$$x_2(t) = \frac{1}{2\pi} \int_{-\infty}^{+\infty} [R(\omega)\sin\omega t + I(\omega)\cos\omega t] d\omega$$

积分号内是 ω 的奇函数,所以积分值为零。因此,式(2.32)是 $x(t)$ 为实函数的充分必要条件。

式(2.32)在频谱分析中很重要,例如,由地震波频率域里的解反推时间域里的解时,由于在时间域里为实函数,所以其频率域里的解必须满足式(2.32)。

对于实函数,反演公式可以写成下面几种形式:

$$x(t) = \frac{1}{2\pi} \int_{-\infty}^{+\infty} [R(\omega)\cos\omega t - I(\omega)\sin\omega t] d\omega$$

$$= \frac{1}{\pi} \int_{0}^{+\infty} [R(\omega)\cos\omega t - I(\omega)\sin\omega t] d\omega \tag{2.35}$$

$$x(t) = \frac{1}{2\pi} \int_{-\infty}^{+\infty} A(\omega) e^{j\phi(\omega)} e^{j\omega t} d\omega$$

$$= \frac{1}{\pi} \int_{0}^{+\infty} A(\omega) \cos[\omega t + \phi(\omega)] d\omega \tag{2.36}$$

$$x(t) = \frac{1}{2\pi} \int_{-\infty}^{+\infty} X(\omega) e^{j\omega t} d\omega = \frac{1}{2\pi} \left[\int_{-\infty}^{0} X(\omega) e^{j\omega t} d\omega + \int_{0}^{+\infty} X(\omega) e^{j\omega t} d\omega \right]$$

$$= \frac{1}{2\pi} \left\{ \left[\int_{0}^{+\infty} X(\omega) e^{j\omega t} d\omega \right]^{*} + \int_{0}^{+\infty} X(\omega) e^{j\omega t} d\omega \right\}$$

$$= \frac{1}{\pi} \operatorname{Re} \int_{0}^{+\infty} X(\omega) e^{j\omega t} d\omega \tag{2.37}$$

2. 虚时间函数

如果 $x(t)$ 是纯虚时间函数,则 $x_1(t) = 0, x(t) = jx_2(t)$。这时有

$$R(\omega) = \int_{-\infty}^{+\infty} x_2(t) \sin\omega t \, dt \tag{2.38}$$

$$I(\omega) = \int_{-\infty}^{+\infty} x_2(t) \cos\omega t \, dt \tag{2.39}$$

因而 $R(\omega)$ 是 ω 的奇函数,$I(\omega)$ 是 ω 的偶函数,即

$$\begin{cases} R(\omega) = -R(-\omega) \\ I(\omega) = I(-\omega) \end{cases} \tag{2.40}$$

那么

$$X(-\omega) = R(-\omega) + jI(-\omega) = -R(\omega) + jI(\omega) = -X^{*}(\omega) \tag{2.41}$$

振幅谱是偶函数,为

$$A(-\omega) = \sqrt{R^2(-\omega) + I^2(-\omega)} = \sqrt{R^2(\omega) + I^2(\omega)} = A(\omega) \tag{2.42}$$

相位谱是奇函数,为

$$\phi(-\omega)=\arctan\frac{I(-\omega)}{R(-\omega)}=-\arctan\frac{I(\omega)}{R(\omega)}=-\phi(\omega) \tag{2.43}$$

反之，若 $X(\omega)$ 满足式(2.42)，则其反变换式 $x(t)$ 为虚函数，因为

$$x_1(t)=\frac{1}{2\pi}\int_{-\infty}^{+\infty}[R(\omega)\cos\omega t-I(\omega)\sin\omega t]d\omega$$

被积函数是 ω 的奇函数，积分为零，所以 $x(t)=jx_2(t)$。

3. 实偶函数

当 $x(t)$ 是实偶函数时，$x(t)=x(-t)$，所以 $x(t)\cos\omega t$ 为 t 的偶函数，$x(t)\sin\omega t$ 为 t 的奇函数，根据式(2.29)和式(2.30)有

$$\begin{cases} R(\omega)=2\int_0^{+\infty}x(t)\cos\omega t\,dt \\ I(\omega)=0 \end{cases} \tag{2.44}$$

并且 $R(\omega)=R(-\omega)$ 是偶函数，即实偶函数的频谱也是实偶函数。反变换为

$$x(t)=\frac{1}{\pi}\int_0^{+\infty}R(\omega)\cos\omega t\,d\omega \tag{2.45}$$

由此可推知，若实函数 $x(t)$ 的傅里叶变换是实数，则 $x(t)$ 一定是偶函数。

例 2.4 求方波信号 $x(t)=\begin{cases}1, & |t|<T \\ 0, & |t|>T\end{cases}$ 的频谱。

解：利用式(2.15)求得它的频谱为

$$X(\omega)=\int_{-T}^{T}e^{-j\omega t}dt=\frac{2\sin\omega T}{\omega}$$

因为 $x(t)$ 是实偶函数，所以它的频谱 $X(\omega)$ 也是实偶函数，有关方波信号及其频谱的图形特征将在 2.4 节中进行分析。

4. 实奇函数

当 $x(t)$ 是实奇函数时，$x(t)=-x(-t)$。因此 $x(t)\cos\omega t$ 为 t 的奇函数，$x(t)\sin\omega t$ 为 t 的偶函数，则

$$\begin{cases} R(\omega)=0 \\ I(\omega)=-2\int_0^{+\infty}x(t)\sin\omega t\,dt \end{cases} \tag{2.46}$$

并且 $I(\omega)=-I(-\omega)$ 是奇函数，即实奇函数 $x(t)$ 的频谱 $X(\omega)=jI(\omega)$ 是虚奇函数。

反变换为

$$x(t)=-\frac{1}{\pi}\int_0^{+\infty}I(\omega)\sin\omega t\,d\omega \tag{2.47}$$

由此可知，若实函数 $x(t)$ 的傅里叶变换为纯虚数，则 $x(t)$ 一定是奇函数。

例 2.5 求奇函数 $x(t) = \begin{cases} e^{-at}, t>0 \\ -e^{at}, t<0 \end{cases}$ 的频谱。

解：图 2.5(a) 为双边奇指数衰减函数，其频谱为

$$X(\omega) = \int_{-\infty}^{+\infty} x(t) e^{-j\omega t} dt$$

$$= -\int_{-\infty}^{0} e^{at} e^{-j\omega t} dt + \int_{0}^{+\infty} e^{-at} e^{-j\omega t} dt$$

$$= -j \frac{2\omega}{\alpha^2 + \omega^2} = jI(\omega)$$

$X(\omega)$ 是 ω 的虚奇函数。$I(\omega)$ 的波形如图 2.5(b) 所示。

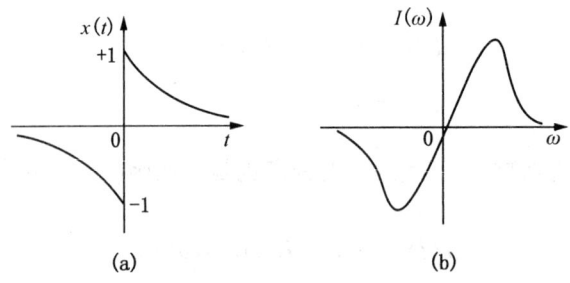

图 2.5 双边奇指数衰减函数的波形及频谱

偶函数和奇函数的傅里叶变换的特点在求某些函数的傅里叶变换中很有用，因为任一实函数总能分解为奇函数和偶函数之和，即

$$x(t) = x_e(t) + x_o(t)$$

则

$$X(\omega) = \int_{-\infty}^{+\infty} [x_e(t) + x_o(t)] e^{-j\omega t} dt$$

$$= \int_{-\infty}^{+\infty} x_e(t) e^{-j\omega t} dt + \int_{-\infty}^{+\infty} x_o(t) e^{-j\omega t} dt$$

$$= X_e(\omega) + X_o(\omega) \tag{2.48}$$

由于 $x_e(t)$ 为偶函数，所以 $X_e(\omega)$ 是实函数；$x_o(t)$ 为奇函数，$X_o(\omega)$ 为虚函数。因此有

$$\begin{cases} X_e(\omega) = R(\omega) \\ X_o(\omega) = jI(\omega) \end{cases} \tag{2.49}$$

$$\begin{cases} R(\omega) = 2\int_{0}^{+\infty} x_e(t) \cos\omega t \, dt \\ I(\omega) = -2\int_{0}^{+\infty} x_o(t) \sin\omega t \, dt \end{cases} \tag{2.50}$$

反变换为

$$\begin{cases} x_e(t) = \dfrac{1}{\pi} \displaystyle\int_0^{+\infty} R(\omega)\cos\omega t\, d\omega \\ x_o(t) = -\dfrac{1}{\pi} \displaystyle\int_0^{+\infty} I(\omega)\sin\omega t\, d\omega \end{cases} \quad (2.51)$$

5. 虚偶函数和虚奇函数

当 $x(t)$ 是虚时间函数时，与实时间函数的推导类似，可以推知：虚偶函数的傅里叶变换是虚偶函数，反之，虚偶函数的反傅里叶变换也是虚偶函数；虚奇函数的傅里叶变换是实奇函数，反之，实奇函数的反傅里叶变换是虚奇函数。

综上所述，傅里叶变换具有以下奇偶特性：

$$\begin{array}{c}
\text{实偶} \longleftrightarrow \text{实偶} \\
\text{虚偶} \longleftrightarrow \text{虚偶} \\
\text{实奇} \searrow \text{实奇} \\
\text{虚奇} \swarrow \text{虚奇}
\end{array}$$

6. 因果函数

在实际物理问题中，时间函数 $x(t)$ 除了是实函数外，还要求是因果函数，即

$$x(t) = 0 \quad (t < 0)$$

例如，地震仪器记录的地震信号 $x(t)$ 在 $t=0$ 时表示地震波的初至，那么在地震波到达之前 $x(t)=0$。

因果函数 $x(t)$ 能够分别用 $R(\omega)$ 和 $I(\omega)$ 表示。对因果函数有

$$x(-t) = 0 \quad (t > 0)$$

所以

$$x(t) = 2x_e(t) = 2x_o(t) \quad (t > 0)$$

利用式(2.51)

$$\begin{aligned} x(t) &= \frac{2}{\pi} \int_0^{+\infty} R(\omega)\cos\omega t\, d\omega \\ &= -\frac{2}{\pi} \int_0^{+\infty} I(\omega)\sin\omega t\, d\omega \quad (t > 0) \end{aligned} \quad (2.52)$$

式(2.52)只对 $t>0$ 正确，当 $t=0$ 时可用实时间函数公式(2.35)，则有

$$x(0) = \frac{1}{\pi} \int_0^{+\infty} R(\omega)\, d\omega = \frac{x(0^+)}{2} \quad (2.53)$$

由式(2.52)可以看出，$R(\omega)$ 和 $I(\omega)$ 并不是相互独立的，因为把 $x(t)$ 的表示式代入式(2.29)和式(2.30)中可得

$$\begin{cases} R(\omega) = -\dfrac{2}{\pi} \int_0^{+\infty} \int_0^{+\infty} I(y) \sin yt \cos \omega t \, \mathrm{d}y \mathrm{d}t \\ I(\omega) = -\dfrac{2}{\pi} \int_0^{+\infty} \int_0^{+\infty} R(y) \cos yt \sin \omega t \, \mathrm{d}y \mathrm{d}t \end{cases} \tag{2.54}$$

式(2.54)就是因果时间信号傅里叶变换实部和虚部的相互关系。

2.3 频谱的基本性质

傅里叶变换使任一信号可以有两种描述方法：时域描述和频域描述。为了进一步了解信号的这两种描述之间的相互关系(如信号的时域特性在频域中如何对应，在频域中的一些运算在时域会引起什么效应等)，必须讨论傅里叶变换的一些基本性质，这些性质在某些情况下对计算函数 $x(t)$ 的傅里叶变换很方便。

2.3.1 线性

令 $x_1(t)$ 和 $x_2(t)$ 的频谱为 $X_1(\omega)$ 和 $X_2(\omega)$，a_1, a_2 为任意常数，则有

$$a_1 x_1(t) + a_2 x_2(t) \overset{\mathscr{F}}{\longleftrightarrow} a_1 X_1(\omega) + a_2 X_2(\omega) \tag{2.55}$$

证明： 根据傅里叶变换式(2.13)

$$\int_{-\infty}^{+\infty} [a_1 x_1(t) + a_2 x_2(t)] \mathrm{e}^{-j\omega t} \, \mathrm{d}t$$
$$= \int_{-\infty}^{+\infty} a_1 x_1(t) \mathrm{e}^{-j\omega t} \, \mathrm{d}t + \int_{-\infty}^{+\infty} a_2 x_2(t) \mathrm{e}^{-j\omega t} \, \mathrm{d}t$$
$$= a_1 X_1(\omega) + a_2 X_2(\omega)$$

这个性质可以推广到任意有限项的情况，即

$$\sum_{i=1}^n a_i x_i(t) \overset{\mathscr{F}}{\longleftrightarrow} \sum_{i=1}^n a_i X_i(\omega) \tag{2.56}$$

式中 n——有限正整数。

显然，傅里叶变换是一种线性运算，它满足叠加性质和比例性质，因此叠加信号的频谱等于各个单独信号的频谱之和。

例 2.6 求如图 2.6 所示的信号的频谱。

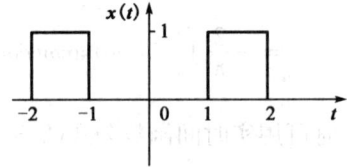

图 2.6 例 2.6 中的信号

解：可以把信号 $x(t)$ 看成是信号 $x_1(t) = \begin{cases} 1, |t|<2 \\ 0, |t|>2 \end{cases}$ 和信号 $x_2(t) = \begin{cases} 1, |t|<1 \\ 0, |t|>1 \end{cases}$ 的线性叠加的形式，即

$$x(t) = x_1(t) - x_2(t)$$

由例2.4可知，方波信号 $f(t) = \begin{cases} 1, |t| < T \\ 0, |t| > T \end{cases}$ 的频谱为

$$F(\omega) = \frac{2\sin\omega T}{\omega}$$

所以

$$x_1(t) \overset{\mathscr{F}}{\leftrightarrow} X_1(\omega) = \frac{2\sin 2\omega}{\omega}, \quad x_2(t) \overset{\mathscr{F}}{\leftrightarrow} X_2(\omega) = \frac{2\sin\omega}{\omega}$$

根据频谱的线性性质，$x(t)$ 的频谱为

$$X(\omega) = \frac{2\sin 2\omega}{\omega} - \frac{2\sin\omega}{\omega} = \frac{2\sin\omega}{\omega}(2\cos\omega - 1)$$

2.3.2 对称性

如果 $x(t)$ 的频谱为 $X(\omega)$，则有

$$X(t) \overset{\mathscr{F}}{\leftrightarrow} 2\pi x(-\omega) \quad \text{或} \quad \frac{1}{2\pi} X(-t) \overset{\mathscr{F}}{\leftrightarrow} x(\omega) \tag{2.57}$$

证明：$X(\omega)$ 的反变换为

$$x(t) = \frac{1}{2\pi} \int_{-\infty}^{+\infty} X(\omega) e^{j\omega t} d\omega$$

用 $-t$ 代替 t，则有

$$x(-t) = \frac{1}{2\pi} \int_{-\infty}^{+\infty} X(\omega) e^{-j\omega t} d\omega$$

交换 t 与 ω，则有

$$x(-\omega) = \frac{1}{2\pi} \int_{-\infty}^{+\infty} X(t) e^{-j\omega t} dt$$

与傅里叶变换式(2.13)对比可知，$X(t)$ 的频谱为 $2\pi x(-\omega)$，即

$$X(t) \overset{\mathscr{F}}{\leftrightarrow} 2\pi x(-\omega)$$

同样，可以证明 $\frac{1}{2\pi} X(-t) \overset{\mathscr{F}}{\leftrightarrow} x(\omega)$。

对于实偶函数来说，对称性质则为

$$X(t) \overset{\mathscr{F}}{\leftrightarrow} 2\pi x(\omega)$$

例2.7 由例2.4可知，方波 $x(t) = \begin{cases} 1, |t| < T \\ 0, |t| > T \end{cases}$ 的频谱为 $X(\omega) = \frac{2\sin\omega T}{\omega}$。证明若信号 $x(t)$ 是实偶函数，则频谱 $X(\omega)$ 也是实偶函数。

证明：根据对称性质，频谱 $Y(\omega) = \begin{cases} 1, |\omega| < \omega_0 \\ 0, |\omega| > \omega_0 \end{cases}$ 对应的信号为

$$\frac{1}{2\pi}\frac{2\sin\omega_0 t}{t}=\frac{\sin\omega_0 t}{\pi t}$$

这就是常用的理想低通滤波器，即高于 ω_0 的频率 ω，其频谱值为零。用这样的滤波器滤波，可以把信号中高于 ω_0 的频率成分滤掉，保留低频成分。

同样，可以根据对称性 $X(t)\overset{\mathscr{F}}{\leftrightarrow}2\pi x(-\omega)$，求信号 $y(t)=\dfrac{\sin t}{t}$ 的频谱。

由于 $y(t)=\dfrac{\sin t}{t}=\dfrac{1}{2}\dfrac{2\sin t}{t}=\dfrac{1}{2}X(t)$，所以其频谱为

$$Y(\omega)=\frac{1}{2}2\pi x(-\omega)=\begin{cases}\pi, & |\omega|<1\\ 0, & |\omega|>1\end{cases}$$

2.3.3 尺度变换性质

若信号 $x(t)$ 的频谱为 $X(\omega)$，a 为非零的任意实常数，则

$$x(at)\overset{\mathscr{F}}{\leftrightarrow}\frac{1}{|a|}X\left(\frac{\omega}{a}\right) \tag{2.58}$$

证明：根据傅里叶变换式(2.13)，$x(at)$ 的频谱为

$$X_a(\omega)=\int_{-\infty}^{+\infty}x(at)\mathrm{e}^{-j\omega t}\mathrm{d}t$$

进行变换

$$t'=at$$

当 $a>0$ 时

$$X_a(\omega)=\frac{1}{a}\int_{-\infty}^{+\infty}x(t')\mathrm{e}^{-j\frac{\omega}{a}t'}\mathrm{d}t'=\frac{1}{a}X\left(\frac{\omega}{a}\right)$$

当 $a<0$ 时

$$X_a(\omega)=\frac{1}{a}\int_{+\infty}^{-\infty}x(t')\mathrm{e}^{-j\frac{\omega}{a}t'}\mathrm{d}t'=\frac{1}{|a|}\int_{-\infty}^{+\infty}x(t')\mathrm{e}^{-j\frac{\omega}{a}t'}\mathrm{d}t'=\frac{1}{|a|}X\left(\frac{\omega}{a}\right)$$

由尺度变换性质可知，信号越宽，其所占频带范围越窄；反之，信号越窄，其所占频带范围越宽。这个性质在进行频谱比较时常常用到。

例 2.8 已知方波信号 $x(t)=\begin{cases}1, & |t|<T\\ 0, & |t|>T\end{cases}$ 的频谱为 $X(\omega)=\dfrac{2\sin\omega T}{\omega}$，求方波 $y(t)=\begin{cases}1, & |t|<\dfrac{T}{2}\\ 0, & |t|>\dfrac{T}{2}\end{cases}$ 的频谱。

解：根据尺度变换性质，方波 $y(t)=\begin{cases}1, & |t|<\dfrac{T}{2}\\ 0, & |t|>\dfrac{T}{2}\end{cases}$ 的频谱为

$$Y(\omega) = \frac{2\sin\omega \frac{T}{2}}{\omega} = \frac{1}{2} \frac{2\sin\omega \frac{T}{2}}{\frac{\omega}{2}} = \frac{1}{2} X\left(\frac{\omega}{2}\right)$$

两种信号的波形及频谱函数如图 2.7 所示。

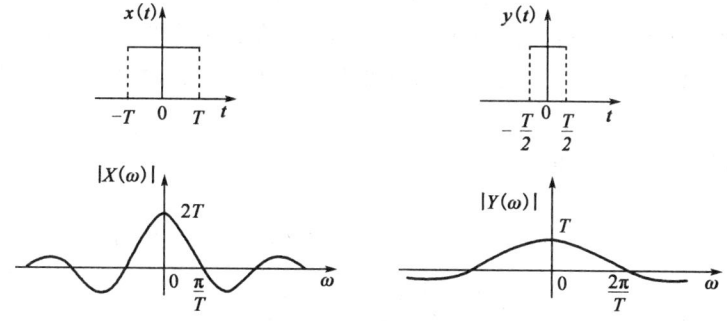

图 2.7 例 2.8 的傅里叶变换对

2.3.4 时移性质

已知信号 $x(t)$ 的频谱为 $X(\omega)$，设 $x(t)$ 沿 t 轴移动一个常数 t_0，则

$$x(t-t_0) \overset{\mathscr{F}}{\leftrightarrow} X(\omega) \mathrm{e}^{-\mathrm{j}\omega t_0} \tag{2.59}$$

证明：

$$\int_{-\infty}^{+\infty} x(t-t_0) \mathrm{e}^{-\mathrm{j}\omega t} \mathrm{d}t \overset{\diamondsuit t'=t-t_0}{=} \int_{-\infty}^{+\infty} x(t') \mathrm{e}^{-\mathrm{j}\omega(t'+t_0)} \mathrm{d}t' = X(\omega) \mathrm{e}^{-\mathrm{j}\omega t_0}$$

又因为

$$X(\omega) = A(\omega) \mathrm{e}^{\mathrm{j}\phi(\omega)}$$

所以

$$x(t-t_0) \overset{\mathscr{F}}{\leftrightarrow} A(\omega) \mathrm{e}^{\mathrm{j}[\phi(\omega)-\omega t_0]}$$

这说明时移后的信号其振幅谱不变，而相位谱与原来的相位谱相差线性相位移 ωt_0。因此，在计算 $x(t)$ 的频谱时，零点的选择并不影响其振幅谱，仅使其相位谱增加一个线性项。

例 2.9 求 $y(t) = \begin{cases} 1, 0 < t < T \\ 0, 其他 \end{cases}$ 的频谱。

解：利用方波信号的频谱和频谱的时移性，可以求得信号 $y(t) = \begin{cases} 1, 0 < t < T \\ 0, 其他 \end{cases}$ 的频谱为

$$Y(\omega) = \frac{2\sin\frac{\omega T}{2}}{\omega} \mathrm{e}^{-\mathrm{j}\frac{\omega T}{2}}$$

2.3.5 频移性质

如果信号 $x(t)$ 的频谱为 $X(\omega)$，则信号 $x(t)\mathrm{e}^{\mathrm{j}\omega_0 t}$ 的频谱为 $X(\omega-\omega_0)$，即

$$x(t)\mathrm{e}^{\mathrm{j}\omega_0 t} \overset{\mathscr{F}}{\leftrightarrow} X(\omega-\omega_0) \tag{2.60}$$

证明：

$$\int_{-\infty}^{+\infty} x(t) \mathrm{e}^{\mathrm{j}\omega_0 t} \mathrm{e}^{-\mathrm{j}\omega t} \mathrm{d}t = \int_{-\infty}^{+\infty} x(t) \mathrm{e}^{-\mathrm{j}(\omega-\omega_0)t} \mathrm{d}t = X(\omega-\omega_0)$$

频移性质在推导无线电中的调幅信号的频谱时很方便。从频谱角度来看，频谱 $X(\omega)$ 经过频移 ω_0 后，它所对应的信号可直接得出，为 $x(t)\mathrm{e}^{\mathrm{j}\omega_0 t}$；从信号角度来看，对于如 $x(t)\cos\omega_0 t$ 或 $x(t)\sin\omega_0 t$ 的调幅信号，推导它的频谱可先求出 $x(t)$ 的频谱，然后再利用频移性质求其频谱。

根据频移性质及线性性质得

$$\begin{cases} x(t)\cos\omega_0 t = x(t)\dfrac{\mathrm{e}^{\mathrm{j}\omega_0 t}+\mathrm{e}^{-\mathrm{j}\omega_0 t}}{2} \overset{\mathscr{F}}{\leftrightarrow} \dfrac{1}{2}[X(\omega-\omega_0)+X(\omega+\omega_0)] \\ x(t)\sin\omega_0 t = x(t)\dfrac{\mathrm{e}^{\mathrm{j}\omega_0 t}-\mathrm{e}^{-\mathrm{j}\omega_0 t}}{2\mathrm{j}} \overset{\mathscr{F}}{\leftrightarrow} \dfrac{1}{2\mathrm{j}}[X(\omega-\omega_0)-X(\omega+\omega_0)] \end{cases} \tag{2.61}$$

例 2.10 已知单边指数衰减信号 $x(t)=\mathrm{e}^{-\alpha t}u(t)$ 的频谱为 $X(\omega)=\dfrac{1}{\alpha+\mathrm{j}\omega}$，求雷克子波 $y(t)=\mathrm{e}^{-\alpha t}\sin\beta t u(t)$ 的频谱。

解： 根据频移性可以求得雷克子波 $y(t)=\mathrm{e}^{-\alpha t}\sin\beta t u(t)$ 的频谱为

$$Y(\omega)=\frac{1}{2\mathrm{j}}\left[\frac{1}{\alpha+\mathrm{j}(\omega-\beta)}-\frac{1}{\alpha+\mathrm{j}(\omega+\beta)}\right]$$

2.3.6 时域微分性质

如果信号 $x(t)$ 的频谱为 $X(\omega)$，则对 $x(t)$ 进行 n 次微分后的信号的频谱等于原信号频谱 $X(\omega)$ 乘以 $(\mathrm{j}\omega)^n$，即

$$\frac{\mathrm{d}^n x(t)}{\mathrm{d}t^n} \overset{\mathscr{F}}{\leftrightarrow} (\mathrm{j}\omega)^n X(\omega) \tag{2.62}$$

证明： 因为

$$X(\omega)=\int_{-\infty}^{+\infty} x(t)\mathrm{e}^{-\mathrm{j}\omega t}\mathrm{d}t$$

所以

$$\int_{-\infty}^{+\infty}\frac{\mathrm{d}x(t)}{\mathrm{d}t}\mathrm{e}^{-\mathrm{j}\omega t}\mathrm{d}t=\int_{-\infty}^{+\infty}\mathrm{e}^{-\mathrm{j}\omega t}\mathrm{d}x(t)=x(t)\mathrm{e}^{-\mathrm{j}\omega t}\Big|_{-\infty}^{+\infty}+\mathrm{j}\omega\int_{-\infty}^{+\infty}x(t)\mathrm{e}^{-\mathrm{j}\omega t}\mathrm{d}t$$

因为 $x(t)$ 不是无始无终的周期信号，所以 $\lim\limits_{t\to\pm\infty}x(t)=0$（奇异函数除外）。

因此

$$\frac{\mathrm{d}x(t)}{\mathrm{d}t}\overset{\mathscr{F}}{\leftrightarrow}\mathrm{j}\omega X(\omega)$$

同理

$$\frac{d^2x(t)}{dt^2} \overset{\mathscr{F}}{\leftrightarrow} j\omega[j\omega X(\omega)] = (j\omega)^2 X(\omega)$$

推广到 n 次微分

$$\frac{d^n x(t)}{dt^n} \overset{\mathscr{F}}{\leftrightarrow} (j\omega)^n X(\omega)$$

实际上,式(2.62)并不保证 $\frac{d^n x(t)}{dt^n}$ 的频谱存在,只说明如果频谱存在的话,就由 $(j\omega)^n X(\omega)$ 给出。这一特性表明,时域的微分运算对应于频谱乘以因子 $j\omega$;高频成分乘的因子大,所以相应地增强了高频成分。

2.3.7 频域微分性质

如果信号 $x(t)$ 的频谱为 $X(\omega)$,那么对其频谱 n 次微商后的频谱对应的信号为 $(-jt)^n x(t)$,即

$$(-jt)^n x(t) \overset{\mathscr{F}}{\leftrightarrow} \frac{d^n X(\omega)}{d\omega^n} \tag{2.63}$$

证明: 因为

$$X(\omega) = \int_{-\infty}^{+\infty} x(t) e^{-j\omega t} dt$$

所以

$$\frac{dX(\omega)}{d\omega} = \int_{-\infty}^{+\infty} x(t)(-jt) e^{-j\omega t} dt$$

$$\frac{d^2 X(\omega)}{d\omega^2} = \int_{-\infty}^{+\infty} x(t)(-jt)^2 e^{-j\omega t} dt$$

$$\vdots$$

$$\frac{d^n X(\omega)}{d\omega^n} = \int_{-\infty}^{+\infty} x(t)(-jt)^n e^{-j\omega t} dt$$

即

$$(-jt)^n x(t) \overset{\mathscr{F}}{\leftrightarrow} \frac{d^n X(\omega)}{d\omega^n}$$

例 2.11 已知双边指数衰减信号 $x(t) = e^{-\alpha|t|}(\alpha > 0)$ 的频谱为 $X(\omega) = \frac{2\alpha}{\alpha^2 + \omega^2}$,求信号 $y(t) = t e^{-\alpha|t|}(\alpha > 0)$ 的频谱。

解: 根据频域微分性 $-jt \cdot x(t) \overset{\mathscr{F}}{\leftrightarrow} \frac{dX(\omega)}{d\omega}$,则 $y(t) = t e^{-\alpha|t|} = t x(t)$ 的频谱为

$$Y(\omega) = \frac{1}{-j} \frac{dX(\omega)}{d\omega} = -j \frac{4\alpha\omega}{(\alpha^2 + \omega^2)^2}$$

2.3.8 共轭性质

如果复时间函数 $x(t)$ 的频谱为 $X(\omega)$,那么其共轭函数 $x^*(t)$ 的频谱为 $X^*(-\omega)$,即

$$x^*(t) \overset{\mathscr{F}}{\leftrightarrow} X^*(-\omega) \tag{2.64}$$

证明：设复信号

$$x(t)=x_1(t)+jx_2(t)$$

则

$$X(\omega)=\int_{-\infty}^{+\infty}[x_1(t)+jx_2(t)]e^{-j\omega t}dt$$

$$X^*(\omega)=\int_{-\infty}^{+\infty}[x_1(t)-jx_2(t)]e^{j\omega t}dt$$

因此

$$X^*(-\omega)=\int_{-\infty}^{+\infty}[x_1(t)-jx_2(t)]e^{-j\omega t}dt=\int_{-\infty}^{+\infty}x^*(t)e^{-j\omega t}dt$$

即

$$x^*(t)\overset{\mathscr{F}}{\leftrightarrow}X^*(-\omega)$$

2.3.9 反转性质

如果信号 $x(t)$ 的频谱为 $X(\omega)$，则其反转信号 $x(-t)$ 的频谱为 $X(-\omega)$，即

$$x(-t)\overset{\mathscr{F}}{\leftrightarrow}X(-\omega) \tag{2.65}$$

证明：

$$\int_{-\infty}^{+\infty}x(-t)e^{-j\omega t}dt\overset{t'=-t}{=\!=\!=}-\int_{-\infty}^{+\infty}x(t')e^{j\omega t'}dt'=\int_{-\infty}^{+\infty}x(t')e^{-j(-\omega)t'}dt'=X(-\omega)$$

即

$$x(-t)\overset{\mathscr{F}}{\leftrightarrow}X(-\omega)$$

2.3.10 频域褶积性

设信号 $x_1(t)$ 的频谱是 $X_1(\omega)$，信号 $x_2(t)$ 的频谱是 $X_2(\omega)$，则 $x_1(t)x_2(t)$ 的频谱 $X(\omega)$ 是

$$X(\omega)=\frac{1}{2\pi}\int_{-\infty}^{+\infty}X_1(u)X_2(\omega-u)du=\frac{1}{2\pi}X_1(\omega)*X_2(\omega) \tag{2.66}$$

即 $X(\omega)$ 是 $X_1(\omega)$ 和 $X_2(\omega)$ 的褶积（卷积），有关褶积的内容将在第 4 章中介绍。

证明：

$$X(\omega)=\int_{-\infty}^{+\infty}x_1(t)x_2(t)e^{-j\omega t}dt=\int_{-\infty}^{+\infty}\left[\frac{1}{2\pi}\int_{-\infty}^{+\infty}X_1(u)e^{jut}du\right]x_2(t)e^{-j\omega t}dt$$

$$=\frac{1}{2\pi}\int_{-\infty}^{+\infty}X_1(u)\left[\int_{-\infty}^{+\infty}x_2(t)e^{-j(\omega-u)t}dt\right]du=\frac{1}{2\pi}\int_{-\infty}^{+\infty}X_1(u)X_2(\omega-u)du$$

由证明过程可知，式(2.66)中的 X_1 和 X_2 的形式可以互换，即

$$X(\omega)=\frac{1}{2\pi}\int_{-\infty}^{+\infty}X_1(u)X_2(\omega-u)\mathrm{d}u=\frac{1}{2\pi}\int_{-\infty}^{+\infty}X_2(u)X_1(\omega-u)\mathrm{d}u$$

2.3.11　时域褶积性

类似于频域褶积性，若 $x_1(t)$ 的频谱是 $X_1(\omega)$，$x_2(t)$ 的频谱是 $X_2(\omega)$，则 $x_1(t)*x_2(t)$ 的频谱是 $X_1(\omega)X_2(\omega)$，即

$$x_1(t)*x_2(t)\stackrel{\mathscr{F}}{\leftrightarrow}X_1(\omega)X_2(\omega) \tag{2.67}$$

证明方法与频域褶积性相同。

2.3.12　帕斯瓦尔等式

如果信号 $x(t)$ 的频谱是 $X(\omega)$，则

$$\int_{-\infty}^{+\infty}|x(t)|^2\mathrm{d}t=\frac{1}{2\pi}\int_{-\infty}^{+\infty}|X(\omega)|^2\mathrm{d}\omega \tag{2.68}$$

该式称为帕斯瓦尔(Parseval)等式。

证明： 直接利用反傅里叶变换式

$$\begin{aligned}\int_{-\infty}^{+\infty}|x(t)|^2\mathrm{d}t&=\int_{-\infty}^{+\infty}x(t)x^*(t)\mathrm{d}t\\&=\int_{-\infty}^{+\infty}x(t)\left[\frac{1}{2\pi}\int_{-\infty}^{+\infty}X^*(\omega)\mathrm{e}^{-\mathrm{j}\omega t}\mathrm{d}\omega\right]\mathrm{d}t\end{aligned}$$

改变积分顺序，得

$$\begin{aligned}\int_{-\infty}^{+\infty}|x(t)|^2\mathrm{d}t&=\frac{1}{2\pi}\int_{-\infty}^{+\infty}X^*(\omega)\left[\int_{-\infty}^{+\infty}X(t)\mathrm{e}^{-\mathrm{j}\omega t}\mathrm{d}t\right]\mathrm{d}\omega\\&=\frac{1}{2\pi}\int_{-\infty}^{+\infty}X^*(\omega)X(\omega)\mathrm{d}\omega\end{aligned}$$

则

$$\int_{-\infty}^{+\infty}|x(t)|^2\mathrm{d}t=\frac{1}{2\pi}\int_{-\infty}^{+\infty}|X(\omega)|^2\mathrm{d}\omega$$

式(2.68)左边是信号 $x(t)$ 的总能量。帕斯瓦尔等式指出，总能量既可以按每单位时间内的能量在 $|x(t)|^2$ 整个时间内积分计算出来，也可以按每单位频率内的能量 $\frac{|X(\omega)|^2}{2\pi}$ 在整个频率范围内积分计算而得到。$|X(\omega)|^2$ 称为信号 $x(t)$ 的能谱密度或功率谱。

例 2.12　求 $\int_{-\infty}^{+\infty}\left(\frac{\sin\omega_0 t}{\pi t}\right)^2\mathrm{d}t$。

解： 由例 2.7 已知信号 $x(t)=\frac{\sin\omega_0 t}{\pi t}$ 的频谱为 $X(\omega)=\begin{cases}1,&|\omega|<\omega_0\\0,&|\omega|>\omega_0\end{cases}$，则根据帕斯瓦尔等式

$$\int_{-\infty}^{+\infty}\left(\frac{\sin\omega_0 t}{\pi t}\right)^2\mathrm{d}t=\int_{-\infty}^{+\infty}x^2(t)\mathrm{d}t=\frac{1}{2\pi}\int_{-\infty}^{+\infty}|X(\omega)|^2\mathrm{d}\omega=\frac{\omega_0}{\pi}$$

上述频谱的基本性质可参见表 2.1。

表 2.1 频谱的基本性质

基本性质	信 号	频 谱
基本性质	$x_1(t)$	$X_1(\omega)$
	$x_2(t)$	$X_2(\omega)$
线性	$a_1 x_1(t) + a_2 x_2(t)$	$a_1 X_1(\omega) + a_2 X_2(\omega)$
对称性	$X(t)$	$2\pi x(-\omega)$
	$X(-t)$	$2\pi x(\omega)$
尺度变换性	$x(at)$	$\dfrac{1}{\|a\|} X\left(\dfrac{\omega}{a}\right)$
时移性	$x(t-t_0)$	$X(\omega) e^{-j\omega t_0}$
频移性	$x(t) e^{j\omega_0 t}$	$X(\omega - \omega_0)$
	$x(t)\cos\omega_0 t$	$\dfrac{1}{2}[X(\omega - \omega_0) + X(\omega + \omega_0)]$
	$x(t)\sin\omega_0 t$	$\dfrac{1}{2j}[X(\omega - \omega_0) - X(\omega + \omega_0)]$
时域微分性	$\dfrac{d^n x(t)}{dt^n}$	$(j\omega)^n X(\omega)$
频域微分性	$(-jt)^n x(t)$	$\dfrac{d^n X(\omega)}{d\omega^n}$
共轭性	$x^*(t)$	$X^*(-\omega)$
反转性	$x(-t)$	$X(-\omega)$
频域褶积性	$x_1(t) x_2(t)$	$\dfrac{1}{2\pi}\int_{-\infty}^{+\infty} X_1(u) X_2(\omega - u) du$
时域褶积性	$x_1(t) * x_2(t)$	$X_1(\omega) X_2(\omega)$
帕斯瓦尔等式	$\int_{-\infty}^{+\infty} \|x(t)\|^2 dt = \dfrac{1}{2\pi}\int_{-\infty}^{+\infty} \|X(\omega)\|^2 d\omega$	

2.4 基本信号的频谱

在频谱分析中经常遇到的一些基本信号的波形及表达式在第 1 章中已经介绍过,有些信号的频谱可以利用傅里叶变换公式直接计算,一些信号的频谱也可以利用前面介绍的频谱性质来计算。本节将介绍一些在频谱分析中经常遇到的信号的傅里叶变换,其中包括单位脉冲函数,利用它的频谱来计算一些奇异函数的傅里叶变换。

2.4.1 归一化方波脉冲信号

例 2.4 已经计算了方波脉冲信号 $P_T(t) = \begin{cases} 1, & |t| < T \\ 0, & |t| > T \end{cases}$ 的频谱为

$$X(\omega) = \frac{2\sin\omega T}{\omega}$$

其中
$$\frac{2\sin\omega T}{\omega} = 2T \cdot \text{Sa}(\omega T)$$

是傅里叶核函数。所以
$$P_T(t) \overset{\mathscr{F}}{\leftrightarrow} \frac{2\sin\omega T}{\omega} \tag{2.69}$$

根据时移性质有
$$P_T(t-t_0) \overset{\mathscr{F}}{\leftrightarrow} \frac{2\sin\omega T}{\omega}\mathrm{e}^{-j\omega t_0} \tag{2.70}$$

方波脉冲 $P_T(t)$ 是实偶函数,其频谱 $X(\omega)$ 也是实偶函数。频谱 $X(\omega)$ 在 $\omega = \frac{n\pi}{T}$ ($n=\pm 1,\pm 2,\cdots$) 处为零。也可以分别来求其振幅谱和相位谱

$$A(\omega) = \left| \frac{2\sin\omega T}{\omega} \right|$$

$$\phi(\omega) = \begin{cases} 0, & \frac{2n\pi}{T} < |\omega| < \frac{(2n+1)\pi}{T} \\ \pi, & \frac{(2n+1)\pi}{T} < |\omega| < \frac{2(n+1)\pi}{T} \end{cases} \quad (n=0,1,2,\cdots)$$

由此可见,虽然方波脉冲信号在时域内集中在有限的范围,但是它的频谱却以 $\text{Sa}(\omega T)$ 的规律在无限宽的频率范围内变化,但信号的主要能量分布在 $0 \sim \frac{\pi}{T}$ 范围内,因此将从零频率到第一个零值频谱之间的宽度作为信号的频带宽度 B,即 $B = \frac{\pi}{T}$。可见,对于方波脉冲信号,脉冲宽度 $2T$ 越窄,频带宽度就越宽,这正反映了信号频谱的尺度变换性质。图 2.8 是 $P_T(t)$ 的图形及其振幅谱图。

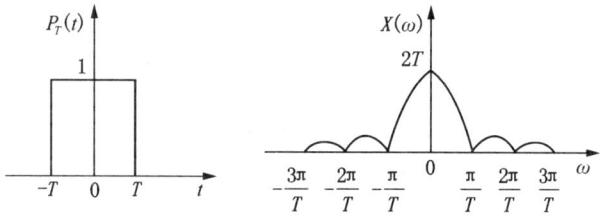

图 2.8 方波信号及其振幅谱

2.4.2 归一化三角脉冲信号

归一化三角脉冲信号的表达式为
$$q_T(t) = \begin{cases} 1 - \frac{|t|}{T}, & |t| < T \\ 0, & |t| > T \end{cases}$$

直接积分得到
$$X(\omega) = \int_{-\infty}^{+\infty} q_T(t)\mathrm{e}^{-j\omega t}\mathrm{d}t = \int_{-T}^{T}\left(1-\frac{|t|}{T}\right)\mathrm{e}^{-j\omega t}\mathrm{d}t$$
$$= 2\int_0^T \left(1-\frac{t}{T}\right)\cos\omega t\,\mathrm{d}t$$

$$= \frac{1-\cos\omega T}{2\left(\frac{\omega}{2}\right)^2 T} = T\left(\frac{\sin\frac{\omega T}{2}}{\frac{\omega T}{2}}\right)^2$$

即

$$q_T(t) \overset{\mathscr{F}}{\leftrightarrow} T\left(\frac{\sin\frac{\omega T}{2}}{\frac{\omega T}{2}}\right)^2 = T\text{Sa}^2\left(\frac{\omega T}{2}\right) \tag{2.71}$$

图 2.9 给出了三角波脉冲信号及其频谱的图形。

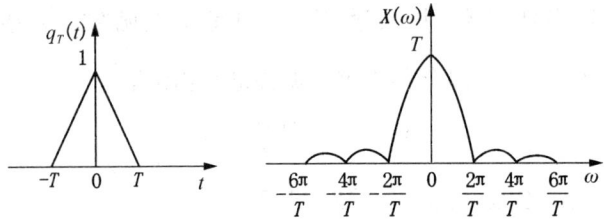

图 2.9　三角波脉冲信号及其频谱

2.4.3　指数衰减信号

1. 单边指数衰减信号

单边指数衰减信号的表达式为

$$x(t) = \begin{cases} e^{-\alpha t}, & t>0 \\ 0, & t<0 \end{cases} \quad (\alpha>0)$$

其频谱

$$X(\omega) = \int_{-\infty}^{+\infty} x(t)e^{-j\omega t}dt = \int_0^{+\infty} e^{-\alpha t}e^{-j\omega t}dt = \frac{1}{\alpha+j\omega}$$

即

$$x(t) \overset{\mathscr{F}}{\leftrightarrow} \frac{1}{\alpha+j\omega} \tag{2.72}$$

其振幅谱

$$|X(\omega)| = \frac{1}{\sqrt{\alpha^2+\omega^2}}$$

相位谱

$$\phi(\omega) = -\arctan\frac{\omega}{\alpha}$$

图 2.10 是单边指数衰减信号及其频谱图形。

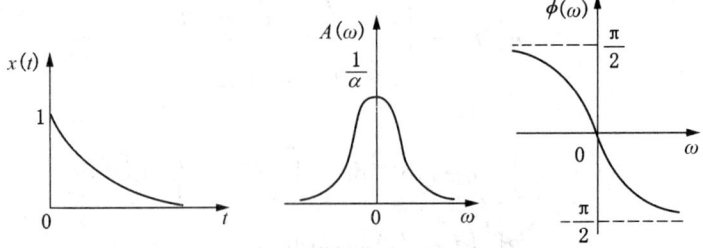

图 2.10　单边指数衰减信号及其频谱

2. 双边指数衰减信号

双边指数衰减信号的表达式为

$$x(t) = e^{-\alpha|t|} \quad (\alpha > 0)$$

其频谱可以利用频谱的基本性质来计算。

已知单边指数衰减信号 $x_1(t) = \begin{cases} e^{-\alpha t}, & t > 0 \\ 0, & t < 0 \end{cases} \quad (\alpha > 0)$ 的频谱为

$$X_1(\omega) = \frac{1}{\alpha + j\omega}$$

其反转信号 $x_2(t) = \begin{cases} 0, & t > 0 \\ e^{\alpha t}, & t < 0 \end{cases} \quad (\alpha > 0)$ 的频谱为

$$X_2(\omega) = \frac{1}{\alpha - j\omega}$$

根据频谱的线性性质,双边指数衰减信号 $x(t) = x_1(t) + x_2(t)$ 的频谱为

$$X(\omega) = \frac{1}{\alpha + j\omega} + \frac{1}{\alpha - j\omega} = \frac{2\alpha}{\alpha^2 + \omega^2}$$

即

$$x(t) \overset{\mathscr{F}}{\leftrightarrow} \frac{2\alpha}{\alpha^2 + \omega^2} \tag{2.73}$$

其振幅谱

$$|X(\omega)| = \frac{2\alpha}{\alpha^2 + \omega^2}$$

相位谱

$$\phi(\omega) = 0$$

双边指数衰减信号的波形及其频谱如图 2.11 所示。

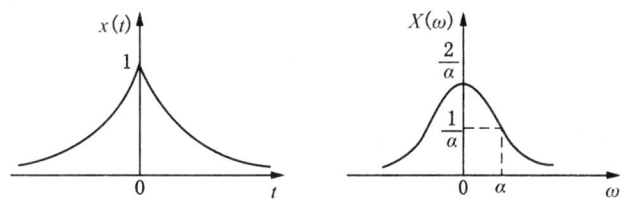

图 2.11 双边指数衰减信号及其频谱

2.4.4 钟形脉冲信号

钟形脉冲信号的表达式为

$$x(t) = e^{-\beta^2 t^2} \quad (\beta > 0)$$

由于 $x(t)$ 是实偶函数,因此其频谱为

$$X(\omega) = \int_{-\infty}^{+\infty} x(t) e^{-j\omega t} dt = 2\int_{0}^{+\infty} e^{-\beta^2 t^2} \cos\omega t \, dt$$

这个积分用普通的分部积分法求不出来,可采用微分的办法,先对 $X(\omega)$ 求微商,然后再求 $X(\omega)$ 本身。

$$\frac{\mathrm{d}X(\omega)}{\mathrm{d}\omega} = \frac{\mathrm{d}}{\mathrm{d}\omega}\left(2\int_0^{+\infty} \mathrm{e}^{-\beta^2 t^2}\cos\omega t\,\mathrm{d}t\right) = 2\int_0^{+\infty} \mathrm{e}^{-\beta^2 t^2}(-t\sin\omega t)\,\mathrm{d}t$$

$$= \frac{1}{\beta^2}\int_0^{+\infty} \sin\omega t\,\mathrm{d}\mathrm{e}^{-\beta^2 t^2} = -\frac{\omega}{\beta^2}\int_0^{+\infty} \mathrm{e}^{-\beta^2 t^2}\cos\omega t\,\mathrm{d}t$$

$$= -\frac{\omega}{2\beta^2}X(\omega)$$

因此

$$\frac{\mathrm{d}X(\omega)}{X(\omega)\mathrm{d}\omega} = -\frac{\omega}{2\beta^2}$$

把上式两边从 0 到 ω 积分，左边为

$$\int_0^{\omega}\frac{\mathrm{d}X(\omega)}{X(\omega)\mathrm{d}\omega}\mathrm{d}\omega = \int_0^{\omega}\frac{\mathrm{d}X(\omega)}{X(\omega)} = \int_0^{\omega}\mathrm{d}\ln X(\omega) = \ln\frac{X(\omega)}{X(0)}$$

右边为

$$\int_0^{\omega}-\frac{\omega}{2\beta^2}\mathrm{d}\omega = -\frac{\omega^2}{4\beta^2}$$

因此

$$\ln\frac{X(\omega)}{X(0)} = -\frac{\omega}{4\beta^2}$$

$$X(\omega) = X(0)\mathrm{e}^{-\frac{\omega^2}{4\beta^2}}$$

式中 $X(0)$ 仍是未知的。为了计算 $X(\omega)$，必须先计算初值 $X(0)$

$$X(0) = \int_{-\infty}^{+\infty}\mathrm{e}^{-\beta^2 t^2}\,\mathrm{d}t$$

首先计算一个一般的积分式 $\int_{-\infty}^{+\infty}\mathrm{e}^{-x^2}\,\mathrm{d}x$。设

$$\left(\int_{-\infty}^{+\infty}\mathrm{e}^{-x^2}\,\mathrm{d}x\right)^2 = \int_{-\infty}^{+\infty}\mathrm{e}^{-x^2}\,\mathrm{d}x\int_{-\infty}^{+\infty}\mathrm{e}^{-y^2}\,\mathrm{d}y = 2\int_0^{+\infty}\mathrm{e}^{-x^2}\,\mathrm{d}x\int_{-\infty}^{+\infty}\mathrm{e}^{-y^2}\,\mathrm{d}y$$

$$\stackrel{y=xt}{=\!=\!=} 2\int_0^{+\infty}\mathrm{e}^{-x^2}\left(\int_{-\infty}^{+\infty}\mathrm{e}^{-x^2 t^2}x\,\mathrm{d}t\right)\mathrm{d}x = 2\int_{-\infty}^{+\infty}\left[\int_0^{+\infty}\mathrm{e}^{-x^2(1+t^2)}x\,\mathrm{d}x\right]\mathrm{d}t$$

$$= \int_{-\infty}^{+\infty}\frac{\mathrm{d}t}{1+t^2} = \pi$$

所以

$$\int_{-\infty}^{+\infty}\mathrm{e}^{-x^2}\,\mathrm{d}x = \sqrt{\pi}$$

由此可知

$$X(0) = \int_{-\infty}^{+\infty}\mathrm{e}^{-\beta^2 t^2}\,\mathrm{d}t = \frac{\sqrt{\pi}}{\beta}$$

因此

$$X(\omega) = X(0)\mathrm{e}^{-\frac{\omega^2}{4\beta^2}} = \frac{\sqrt{\pi}}{\beta}\mathrm{e}^{-\frac{\omega^2}{4\beta^2}} \tag{2.74}$$

显然,钟形脉冲信号的频谱仍然是钟形。图 2.12 是钟形脉冲信号及其频谱。

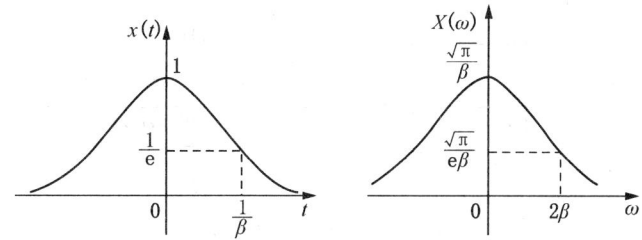

图 2.12 钟形脉冲信号及其频谱

2.4.5 符号信号

符号信号的表达式为

$$\text{sgn}(t) = \begin{cases} 1, & t > 0 \\ -1, & t < 0 \end{cases}$$

显然,这种信号不满足绝对可积条件,但它却存在傅里叶变换,可以借助例 2.5 给出的双边奇指数衰减信号的频谱,通过取极限值来得出符号信号 sgn(t) 的频谱。

已知双边奇指数衰减信号 $x_1(t) = \begin{cases} \mathrm{e}^{-\alpha t}, & t > 0 \\ -\mathrm{e}^{\alpha t}, & t < 0 \end{cases}$ 的频谱为

$$X_1(\omega) = -\mathrm{j}\frac{2\omega}{\alpha^2 + \omega^2}$$

当 $\alpha \to 0$ 时

$$\lim_{\alpha \to 0} x_1(t) = \begin{cases} 1, & t > 0 \\ -1, & t < 0 \end{cases} = \text{sgn}(t)$$

因此,符号信号 sgn(t) 的频谱为

$$X(\omega) = \lim_{\alpha \to 0} X_1(\omega) = -\mathrm{j}\frac{2}{\omega} = \frac{2}{\mathrm{j}\omega}$$

即

$$\text{sgn}(t) \overset{\mathscr{F}}{\leftrightarrow} \frac{2}{\mathrm{j}\omega} \tag{2.75}$$

其振幅谱

$$|X(\omega)| = \left|\frac{2}{\omega}\right|$$

相位谱

$$\phi(\omega) = \begin{cases} -\dfrac{\pi}{2}, & \omega > 0 \\ \dfrac{\pi}{2}, & \omega < 0 \end{cases}$$

符号信号及其频谱如图 2.13 所示。

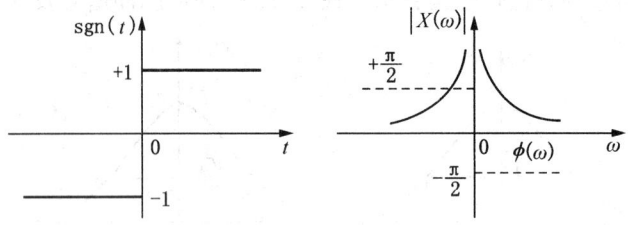

图 2.13 符号信号及其频谱

2.4.6 δ 函数的频谱

δ 函数同样可以进行傅里叶变换,可以求其频谱,不过此时的傅里叶变换只能理解为广义函数的傅里叶变换。

根据式(2.13)和δ函数的定义式(1.46)有

$$\int_{-\infty}^{+\infty} \delta(t) e^{-j\omega t} dt = e^0 = 1$$

因此δ函数的频谱为1,即

$$\delta(t) \stackrel{\mathscr{F}}{\leftrightarrow} 1 \tag{2.76}$$

图 2.14 是 $\delta(t)$ 及其频谱。

根据傅里叶反变换式得到

$$\frac{1}{2\pi}\int_{-\infty}^{+\infty} 1 \cdot e^{j\omega t} d\omega = \delta(t) \tag{2.77}$$

根据频谱的时移性质及 $\delta(t)$ 的频谱可以求得时移信号 $\delta(t-t_0)$ 的频谱

$$\delta(t-t_0) \stackrel{\mathscr{F}}{\leftrightarrow} e^{-j\omega t_0} \tag{2.78}$$

振幅谱 $A(\omega)=1$,相位谱 $\phi(\omega)=-\omega t_0$。图 2.15 是 $\delta(t-t_0)$ 及其频谱。由其傅里叶反变换式得

$$\frac{1}{2\pi}\int_{-\infty}^{+\infty} e^{-j\omega t_0} \cdot e^{j\omega t} d\omega = \frac{1}{2\pi}\int_{-\infty}^{+\infty} e^{j\omega(t-t_0)} d\omega = \delta(t-t_0) \tag{2.79}$$

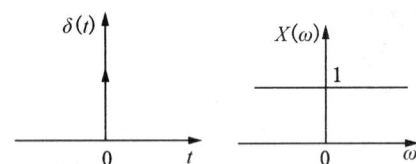
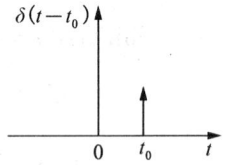
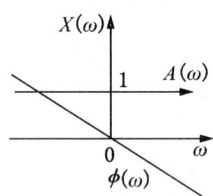

图 2.14 $\delta(t)$ 及其频谱   图 2.15 $\delta(t-t_0)$ 及其频谱

2.4.7 直流信号、正弦信号与余弦信号的频谱

直流信号的表达式为

$$x(t) = 1 \quad (-\infty < t < +\infty)$$

根据频谱的对称性质和式(2.76)得

$$1 \stackrel{\mathscr{F}}{\leftrightarrow} 2\pi\delta(\omega) \tag{2.80}$$

图 2.16 是直流信号及其频谱。

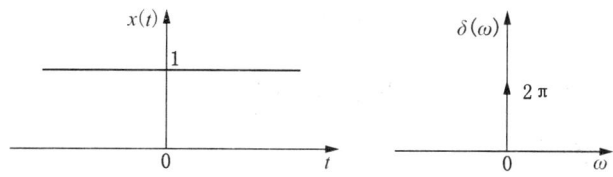

图 2.16 直流信号及其频谱

根据频移性质得

$$e^{j\omega_0 t} \overset{\mathscr{F}}{\leftrightarrow} 2\pi\delta(\omega-\omega_0) \tag{2.81}$$

已知正弦信号

$$x(t) = \sin\omega_0 t = \frac{1}{2j}(e^{j\omega_0 t} + e^{-j\omega_0 t})$$

余弦信号

$$x(t) = \cos\omega_0 t = \frac{1}{2}(e^{j\omega_0 t} + e^{-j\omega_0 t})$$

根据式(2.81)给出的傅里叶变换关系式和频谱的线性性质,可直接求得正弦信号和余弦信号的频谱

$$\sin\omega_0 t \overset{\mathscr{F}}{\leftrightarrow} j\pi[\delta(\omega+\omega_0) - \delta(\omega-\omega_0)] \tag{2.82}$$

$$\cos\omega_0 t \overset{\mathscr{F}}{\leftrightarrow} \pi[\delta(\omega-\omega_0) + \delta(\omega+\omega_0)] \tag{2.83}$$

图 2.17、图 2.18 分别给出了正弦信号、余弦信号的波形及其频谱。

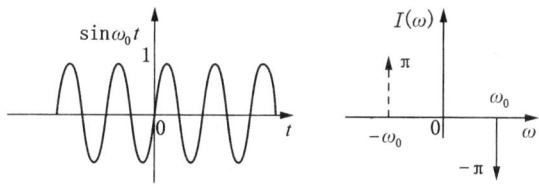

图 2.17 正弦信号及其频谱

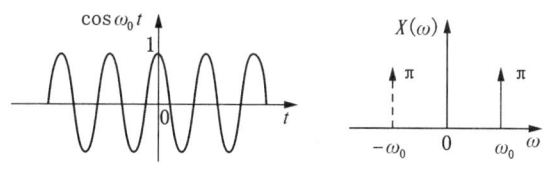

图 2.18 余弦信号及其频谱

2.4.8 单位阶跃信号的频谱

单位阶跃信号为

$$u(t) = \begin{cases} 1, t > 0 \\ 0, t < 0 \end{cases}$$
$$= \frac{1}{2}[1 + \text{sgn}(t)] = \frac{1}{2} + \frac{1}{2}\text{sgn}(t)$$

根据线性性质,由符号信号的频谱及直流信号的频谱,可得

$$\frac{1}{2} \overset{\mathscr{F}}{\leftrightarrow} \pi\delta(\omega)$$

$$\frac{1}{2}\text{sgn}(t) \overset{\mathscr{F}}{\leftrightarrow} \frac{1}{j\omega}$$

因此,单位阶跃信号的频谱为

$$u(t) \overset{\mathscr{F}}{\leftrightarrow} \pi\delta(\omega) + \frac{1}{j\omega} \tag{2.84}$$

其实部 $R(\omega) = \pi\delta(\omega)$,虚部 $I(\omega) = -\frac{1}{\omega}$。图 2.19 为单位阶跃信号及其频谱。

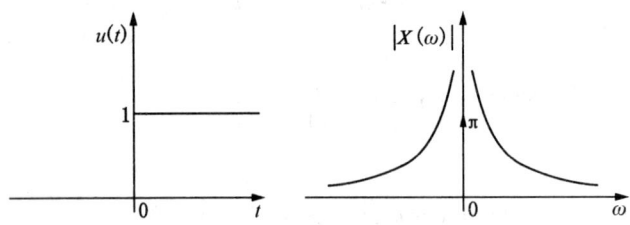

图 2.19 单位阶跃信号及其频谱

利用频谱的基本性质及上述常用信号的频谱,还可以求得其他一些信号的频谱,如傅里叶核函数、雷克子波、半余弦波等等。常用信号的频谱可参见表 2.2。

表 2.2 常用信号的频谱

名称	信号 $x(t)$	频谱 $X(\omega) = \int_{-\infty}^{+\infty} x(t)e^{-j\omega t}dt$
方波脉冲	$\begin{cases} 1, |t|<T \\ 0, |t|>T \end{cases}$	$\dfrac{2\sin\omega T}{\omega}$
三角波脉冲	$\begin{cases} 1-\dfrac{|t|}{T}, |t|<T \\ 0, |t|>T \end{cases}$	$T\left(\dfrac{\sin\dfrac{\omega T}{2}}{\dfrac{\omega T}{2}}\right)^2$
单边指数衰减函数	$\begin{cases} e^{-\alpha t}, t>0 \\ 0, t<0 \end{cases}$ $(\alpha>0)$	$\dfrac{1}{\alpha+j\omega}$
双边指数衰减函数	$e^{-\alpha|t|}$ $(\alpha>0)$	$\dfrac{2\alpha}{\alpha^2+\omega^2}$
钟形脉冲	$e^{-\beta^2 t^2}$ $(\beta>0)$	$\dfrac{\sqrt{\pi}}{\beta}e^{-\frac{\omega^2}{4\beta^2}}$
符号函数	$\begin{cases} 1, t>0 \\ -1, t<0 \end{cases}$	$\dfrac{2}{j\omega}$
δ 函数	$\delta(t)$	1
	$\delta(t-t_0)$	$e^{-j\omega t_0}$
直流信号	1 $(-\infty<t<+\infty)$	$2\pi\delta(\omega)$
正弦信号	$\sin\omega_0 t$ $(-\infty<t<+\infty)$	$j\pi[\delta(\omega+\omega_0)-\delta(\omega-\omega_0)]$
余弦信号	$\cos\omega_0 t$ $(-\infty<t<+\infty)$	$\pi[\delta(\omega-\omega_0)+\delta(\omega+\omega_0)]$
单位阶跃信号	$\begin{cases} 1, t>0 \\ 0, t<0 \end{cases}$	$\pi\delta(\omega)+\dfrac{1}{j\omega}$

例 2.13 求半余弦波 $x(t) = \begin{cases} \cos\dfrac{\pi t}{2T}, & |t| < T \\ 0, & |t| > T \end{cases}$ 的频谱。

解：如图 2.20 所示，半余弦波可以看作受方波调制的余弦信号，即

$$x(t) = P_T(t) \cdot \cos\frac{\pi t}{2T}$$

已知方波 $P_T(t)$ 的频谱为

$$P_T(\omega) = \frac{2\sin\omega T}{\omega}$$

根据频移性质，先确定频移 $\omega_0 = \dfrac{\pi}{2T}$，然后求得半余弦波的频谱

$$X(\omega) = \frac{\sin\left[\left(\omega - \dfrac{\pi}{2T}\right)T\right]}{\omega - \dfrac{\pi}{2T}} + \frac{\sin\left[\left(\omega + \dfrac{\pi}{2T}\right)T\right]}{\omega + \dfrac{\pi}{2T}} = \frac{4\pi T\cos\omega T}{\pi^2 - (2\omega T)^2} \tag{2.85}$$

半余弦波及其频谱如图 2.20 所示。

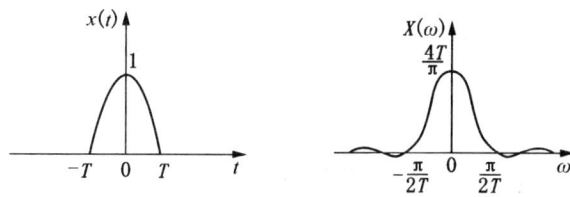

图 2.20 半余弦波及其频谱

2.5 连续谱抽样定理

在 2.1 节和 2.2 节中已经讨论了傅里叶级数和傅里叶积分，并由此引出了离散频谱和连续频谱的概念。在这一节中将进一步讨论两者之间的关系，说明离散频谱是连续频谱的采样，从中引出连续谱抽样定理。

2.5.1 傅里叶积分与傅里叶级数的关系

本节主要从物理意义上来讨论傅里叶积分与傅里叶级数的关系。

对于一个无限区间 $(-\infty, +\infty)$ 上定义的信号 $x(t)$（非周期信号），利用傅里叶积分来讨论 $x(t)$ 与其频谱 $X(\omega)$ 的关系

$$x(t) = \frac{1}{2\pi}\int_{-\infty}^{+\infty} X(\omega) e^{j\omega t} d\omega$$

$$X(\omega) = \int_{-\infty}^{+\infty} x(t) e^{-j\omega t} dt$$

对于一个以 T 为周期的周期信号 $x(t)$（$t_0 \leqslant t \leqslant t_0 + T$），利用傅里叶级数讨论 $x(t)$ 与它的离散频谱的关系

$$x(t) = \sum_{n=-\infty}^{+\infty} c_n e^{jn\omega_0 t} \qquad \left(\omega_0 = \frac{2\pi}{T}\right)$$

$$c_n = \frac{1}{T}\int_{t_0}^{t_0+T} x(t)\mathrm{e}^{-jn\omega_0 t}\mathrm{d}t \quad (n=0,\pm 1,\pm 2,\cdots)$$

从物理意义上看,傅里叶积分与傅里叶级数既有相同点,又存在诸多不同点。相同点就是两者都表示把复杂信号分解为简谐信号叠加的形式。但是,在复杂信号表示为简谐信号叠加的方式方面,傅里叶变换与傅里叶级数又存在着本质的区别。

在傅里叶积分中,复杂信号分解为简谐波的叠加。谐波的频率 ω 取任意值,从 $-\infty \to +\infty$ 连续地变化,因此谐波的叠加是连续叠加,以积分的形式来表示。因为这些谐波之间可以有不同的周期,所以连续叠加后的傅里叶积分表示的是一个非周期信号。而在傅里叶级数中,复杂波分解为简谐波的叠加,谐波的频率是取一系列离散值 $n\omega_0 = \frac{2n\pi}{T}$,$\omega_0$ 为基频,其他频率都是它的整倍数,因此谐波的叠加是离散叠加,以求和的方式来表示。由于这些离散频率谐波有一个共同的周期,所以离散叠加的傅里叶级数表示一个周期为 T 的周期信号。

傅里叶级数与傅里叶积分的关系决定了描述谐波的振幅与初相位的连续频谱与离散频谱之间的关系。

2.5.2 连续频谱与离散频谱的关系

在傅里叶变换中,频谱 $X(\omega)$ 反映了频率为 ω 的谐波的振幅与初相位,ω 是从 $-\infty$ 到 $+\infty$ 连续地变化,因此称 $X(\omega)$ 为连续频谱。而在傅里叶级数中,频谱 c_n 反映的是频率为 $\frac{2n\pi}{T}$ 的谐波的振幅与初相位,频率 $\frac{2n\pi}{T}$ 从 $-\infty$ 到 $+\infty$ 离散地变化,所以称 c_n 为离散频谱。

连续频谱 $X(\omega)$ 与离散频谱 c_n 存在着本质的区别,但是在一定条件下,它们又可以相互转化。在推导傅里叶积分时,把有限区间 $[t_0, t_0+T]$ 变到无限区间 $(T \to \infty)$ 是由傅里叶级数推导出来的,此时离散频谱就转化为连续频谱。当信号在有限区间 $[t_0, t_0+T]$ 上有非零值,而在此区间外皆取零时,这种信号称为有限长度信号。有限长度信号的连续谱 $X(\omega)$ 又可以通过离散频谱来描述。

2.5.3 连续谱抽样定理

设有限长度信号 $x(t)$ 为

$$x(t) = \begin{cases} 0, & t < t_0 \\ x(t), & t_0 \leqslant t \leqslant t_0 + T \\ 0, & t > t_0 + T \end{cases} \quad (2.86)$$

其频谱为

$$X(\omega) = \int_{t_0}^{t_0+T} x(t)\mathrm{e}^{-j\omega t}\mathrm{d}t \quad (2.87)$$

而一个以 T 为周期作周期延拓的周期信号

$$x(t) = x(t+nT) \quad (2.88)$$

在有限区间 $[t_0, t_0+T]$ 上的离散频谱为

$$c_n = \frac{1}{T}\int_{t_0}^{t_0+T} x(t)\mathrm{e}^{-j\frac{2n\pi}{T}t}\mathrm{d}t \quad (2.89)$$

对式(2.87)的连续频谱以 $\Delta\omega = \omega_0 = \frac{2\pi}{T}$ 为抽样间隔抽样,得

$$X(n\omega_0) = \int_{t_0}^{t_0+T} x(t) e^{-jn\omega_0 t} dt \tag{2.90}$$

比较式(2.89)和式(2.90)可得

$$c_n = \frac{1}{T} X(n\omega_0) = \frac{1}{T} X\left(\frac{2n\pi}{T}\right) \tag{2.91}$$

它们之间的关系如图 2.21 所示。图 2.21(a)是长度为 T 的有限长度信号,它所对应的连续谱如图 2.21(b)所示。以 $\omega_0 = \frac{2\pi}{T}$ 为间隔对连续谱抽样,得到如图 2.21(c)所示的离散频谱。这个离散频谱对应的时间信号是原有限长度信号以 $T = \frac{2\pi}{\omega_0}$ 为周期作周期延拓的结果,如图 2.21(d)所示。

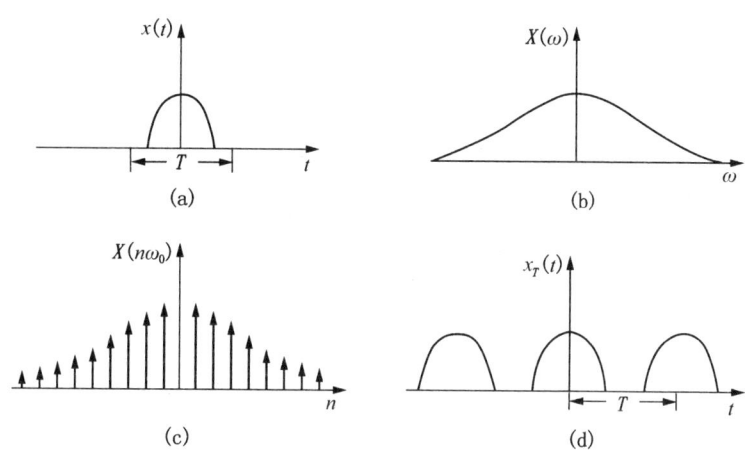

图 2.21 连续谱的抽样

从图 2.21 中可以看出,采样间隔 ω_0 应当小于或等于 $\frac{2\pi}{T}$,T 是有限长度信号的长度,这时由 $\frac{1}{T} X(n\omega_0)$ 才能恢复出 $X(\omega)$ 来,即才能恢复出原信号。否则,如果 $\omega_0 > \frac{2\pi}{T}$,原信号将以 $T_0 = \frac{2\pi}{\omega_0} < T$ 为周期作周期延拓,这时周期信号将产生混叠现象,如图 2.22 所示。此时,如果取周期信号在 $[t_0, t_0+T]$ 内的值,它已经不是原来的有限长度信号了,而是混叠后的结果,如图中虚线所示,用它来作傅里叶变换就不能恢复出原有的连续谱。

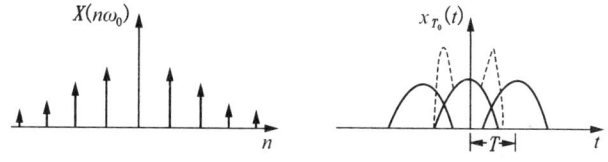

图 2.22 连续谱抽样后的混叠现象

在 $\omega_0 \leqslant \frac{2\pi}{T}$ 情况下,由离散频谱可以恢复出连续频谱,并可以恢复出原有限长信号。下面来推导以 $\omega_0 = \frac{2\pi}{T}$ 为抽样间隔抽样后,由离散频谱恢复连续频谱的关系式。

把式(2.91)代入傅里叶级数展开式中可得

$$x(t) = \frac{1}{T}\sum_{n=-\infty}^{+\infty} X(n\omega_0)\mathrm{e}^{\mathrm{j}n\omega_0 t}, \ t \in [t_0, t_0+T] \qquad (2.92)$$

式(2.92)表明,由频谱 $X(\omega)$ 的离散值 $X(n\omega_0)$ 就可以确定信号 $x(t)$,而信号 $x(t)$ 又可以确定频谱 $X(\omega)$。因此,对于有限长度信号,频谱 $X(\omega)$ 完全由它的离散值 $X(n\omega_0)$ 来确定。把式(2.92)代入式(2.87)中得

$$\begin{aligned} X(\omega) &= \int_{t_0}^{t_0+T}\left[\frac{1}{T}\sum_{n=-\infty}^{+\infty} X(n\omega_0)\mathrm{e}^{\mathrm{j}n\omega_0 t}\right]\mathrm{e}^{-\mathrm{j}\omega t}\mathrm{d}t \\ &= \frac{1}{T}\sum_{n=-\infty}^{+\infty} X(n\omega_0)\int_{t_0}^{t_0+T}\mathrm{e}^{\mathrm{j}(n\omega_0-\omega)t}\mathrm{d}t \\ &= \frac{1}{T}\sum_{n=-\infty}^{+\infty} X(n\omega_0)\frac{\mathrm{e}^{\mathrm{j}(n\omega_0-\omega)t_0}\left[\mathrm{e}^{\mathrm{j}(n\omega_0-\omega)T}-1\right]}{\mathrm{j}(n\omega_0-\omega)} \end{aligned} \qquad (2.93)$$

综上所述,可以得出连续谱抽样定理:设有限长度信号 $x(t)(t_0 \leqslant t \leqslant t_0+T)$ 的频谱为 $X(\omega)$,如果以 $\omega_0 \leqslant \frac{2\pi}{T}$ 为间隔对连续谱 $X(\omega)$ 离散抽样得到 $X(n\omega_0)(n=0,\pm 1,\pm 2,\cdots)$,由这些离散值 $X(n\omega_0)$ 可以恢复在 $[t_0,t_0+T]$ 上的信号 $x(t)$[式(2.92)],而且还可以恢复频谱 $X(\omega)$[式(2.93)]。

连续谱抽样定理也称为频率域抽样定理。这个定理反映了连续谱与离散谱的关系。这个定理成立的关键在于信号是有限长度的。实际上,这个有限长信号是离散谱对应的周期信号取一个周期内的值的结果。

从以前的讨论可知,信号和频谱是一一对应的。既然对频谱而言,连续谱和离散谱存在密切的关系,那么对信号而言,连续信号和离散信号也必然存在着密切的关系,这就是在第 3 章中要讨论的时间域抽样问题。

2.6 吉布斯现象

本节介绍傅里叶积分中的一个重要现象——吉布斯(Gibbs)现象。已知一个有限长度的时间信号,它的傅里叶变换在频率域是从 $-\infty$ 到 $+\infty$ 变化。但实际上频率 ω 不可能从 $-\infty$ 到 $+\infty$,而是在一个有限的范围 $[-\omega_0,\omega_0]$ 内变化。这时,傅里叶反变换公式(2.14)变为

$$x_{\omega_0}(t) = \frac{1}{2\pi}\int_{-\omega_0}^{\omega_0} X(\omega)\mathrm{e}^{\mathrm{j}\omega t}\mathrm{d}\omega \qquad (2.94)$$

可以证明,如果 $x(t)$ 是 t 的连续函数,那么当 $\omega_0 \to \infty$ 时, $x_{\omega_0}(t) = x(t)$;如果 $x(t)$ 是 t 的含有间断点的函数,那么当 $\omega_0 \to \infty$ 时, $x_{\omega_0}(t) \neq x(t)$。在间断点 t_0 处

$$x_{\omega_0}(t_0) = \frac{x(t_0^+) + x(t_0^-)}{2} \qquad (2.95)$$

在间断点 t_0 附近, $x_{\omega_0}(t)$ 出现波动起伏现象,如图 2.23 所示,这种现象称为吉布斯现象。下面分两种情况来证明这种现象。

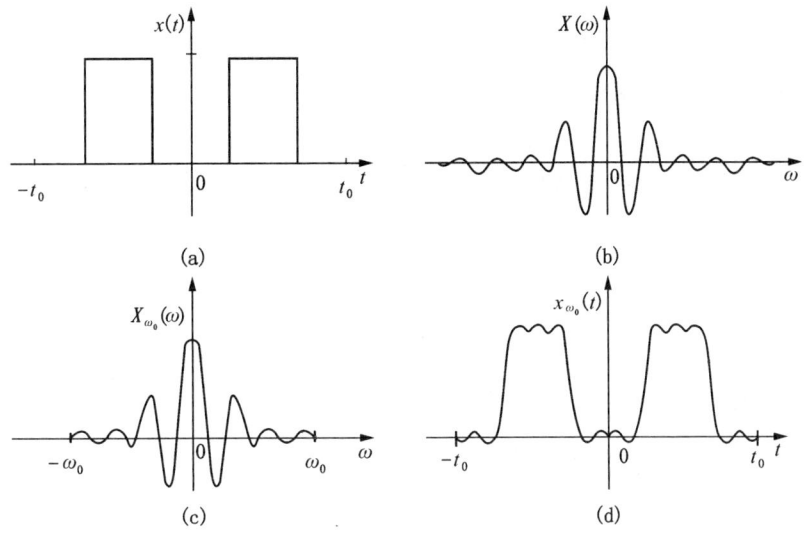

图 2.23 吉布斯现象

2.6.1 连续函数的情况

设 $x(t)$ 是 t 的连续函数,当频率 ω 在有限的范围 $[-\omega_0, \omega_0]$ 内变化时,傅里叶反变换满足式(2.94),把傅里叶变换式(2.13)代入式(2.94)中,得

$$x_{\omega_0}(t) = \frac{1}{2\pi} \int_{-\omega_0}^{\omega_0} \left[\int_{-\infty}^{+\infty} x(\tau) e^{-j\omega\tau} d\tau \right] e^{j\omega t} d\omega$$

变换积分次序,得

$$x_{\omega_0}(t) = \int_{-\infty}^{+\infty} x(\tau) \left[\frac{1}{2\pi} \int_{-\omega_0}^{\omega_0} e^{j\omega(t-\tau)} d\omega \right] d\tau$$

$$= \int_{-\infty}^{+\infty} x(\tau) \frac{\sin[\omega_0(t-\tau)]}{\pi(t-\tau)} d\tau$$

因为

$$\lim_{\omega_0 \to \infty} \frac{\sin[\omega_0(t-\tau)]}{\pi(t-\tau)} = \delta(t-\tau)$$

所以

$$\lim_{\omega_0 \to \infty} x_{\omega_0}(t) = \int_{-\infty}^{+\infty} x(\tau) \delta(t-\tau) d\tau = x(t) \quad (2.96)$$

2.6.2 有间断点的情况

设 $x(t)$ 是一个含有间断点的函数,间断点在 $t=0$ 处,那么这个间断函数可以写成一个连续函数与两个阶跃函数之和,即

$$x(t) = x_c(t) + [x(0^+) - x(0^-)] u(t) \quad (2.97)$$

式中,$x_c(t)$ 是连续函数;$x(0^+)u(t)$ 和 $x(0^-)u(t)$ 是阶跃函数,参见图 2.24。

因为

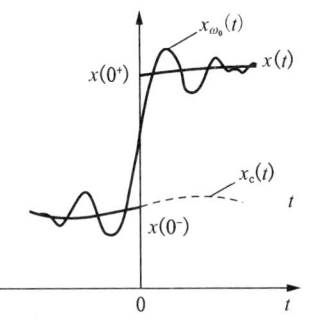

图 2.24 有间断点情况

$$x_{\omega_0}(t) = \int_{-\infty}^{+\infty} x(\tau) \frac{\sin[\omega_0(t-\tau)]}{\pi(t-\tau)} d\tau \tag{2.98}$$

把式(2.97)代入式(2.98),得

$$x_{\omega_0}(t) = \int_{-\infty}^{+\infty} x_c(\tau) \frac{\sin[\omega_0(t-\tau)]}{\pi(t-\tau)} d\tau + [x(0^+) - x(0^-)] \int_{-\infty}^{+\infty} u(\tau) \frac{\sin[\omega_0(t-\tau)]}{\pi(t-\tau)} d\tau \tag{2.99}$$

由式(2.96)可知

$$\lim_{\omega_0 \to \infty} \int_{-\infty}^{+\infty} x_c(\tau) \frac{\sin[\omega_0(t-\tau)]}{\pi(t-\tau)} d\tau = x_c(t) \tag{2.100}$$

下面来讨论式(2.99)中的第二个积分。

$$\int_{-\infty}^{+\infty} u(\tau) \frac{\sin[\omega_0(t-\tau)]}{\pi(t-\tau)} d\tau = \int_{0}^{+\infty} \frac{\sin[\omega_0(t-\tau)]}{\pi(t-\tau)} d\tau$$

令

$$u_{\omega_0}(t) = \int_{0}^{+\infty} \frac{\sin[\omega_0(t-\tau)]}{\pi(t-\tau)} d\tau \tag{2.101}$$

设 $k = \omega_0(t-\tau)$,则式(2.101)可以写成

$$\begin{aligned} u_{\omega_0}(t) &= -\int_{\omega_0 t}^{-\infty} \frac{\sin k}{\pi k} dk = \int_{-\infty}^{\omega_0 t} \frac{\sin k}{\pi k} dk \\ &= \int_{-\infty}^{0} \frac{\sin k}{\pi k} dk + \int_{0}^{\omega_0 t} \frac{\sin k}{\pi k} dk \\ &= \frac{1}{2} + \frac{1}{\pi} \text{Si}(\omega_0 t) \end{aligned} \tag{2.102}$$

Si(t)的图形如图1.17所示,可以得到 $u_{\omega_0}(t)$ 的图形,如图2.25所示。

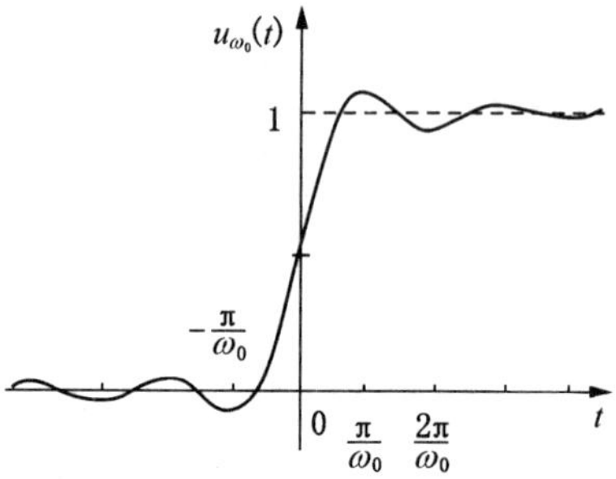

随着 $\omega_0 \to \infty$,峰值不会发生变化,但是波形变窄。

因为 $u_{\omega_0}(0) = \frac{1}{2}$,且 $x_c(0) = x(0^-)$,参见图2.25,所以当 $\omega_0 \to \infty$ 时,有

$$\begin{aligned} \lim_{\omega_0 \to \infty} x_{\omega_0}(0) &= x_c(0) + \frac{1}{2}[x(0^+) - x(0^-)] \\ &= x(0^-) + \frac{1}{2}[x(0^+) - x(0^-)] \\ &= \frac{1}{2}[x(0^+) + x(0^-)] \end{aligned}$$

图 2.25 $u_{\omega_0}(t)$ 的图形

由此可以得出,当 $\omega_0 \to \infty$ 时,在间断点 t_0 处

$$x_{\omega_0}(t_0) = \frac{x(t_0^+) + x(t_0^-)}{2}$$

在间断点 t_0 附近

$$x_{\omega_0}(t) = x_c(t) + [x(t_0^+) + x(t_0^-)] \left[\frac{1}{2} + \frac{1}{\pi} \text{Si}(\omega_0 t)\right] \tag{2.103}$$

远离间断点 t_0 处

$$x_{\omega_0}(t) = x_c(t) \tag{2.104}$$

对于存在不连续点的函数,吉布斯现象是非常重要的。例如,在第8章中介绍的理想滤波

器,矩形边缘的间断点会产生"振荡效应"。采用不同形状的滤波时窗的目的就是消除这种不连续性、减少振荡效应。

习　　题

1. 将周期为 T、振幅为 E 的方波 $x(t) = \begin{cases} E, & 0 < t < \dfrac{T}{2} \\ -E, & -\dfrac{T}{2} < t < 0 \end{cases}$ 展开成傅里叶级数(题1图)。

2. 求信号 $x(t) = \begin{cases} 0, & \dfrac{T}{4} < |t| \leqslant \dfrac{T}{2} \\ \cos\omega t, & |t| \leqslant \dfrac{T}{4} \end{cases}$ 的振幅谱和相位谱(题2图,$\omega = \dfrac{2\pi}{T}$)。

3. 求周期 $T = 2\pi$ 的方波 $x(t) = \begin{cases} 0, & -\pi \leqslant t < -\dfrac{\pi}{3} \\ 1, & -\dfrac{\pi}{3} \leqslant t \leqslant \dfrac{\pi}{3} \\ 0, & \dfrac{\pi}{3} < t \leqslant -\pi \end{cases}$ 的振幅谱和相位谱(题3图)。

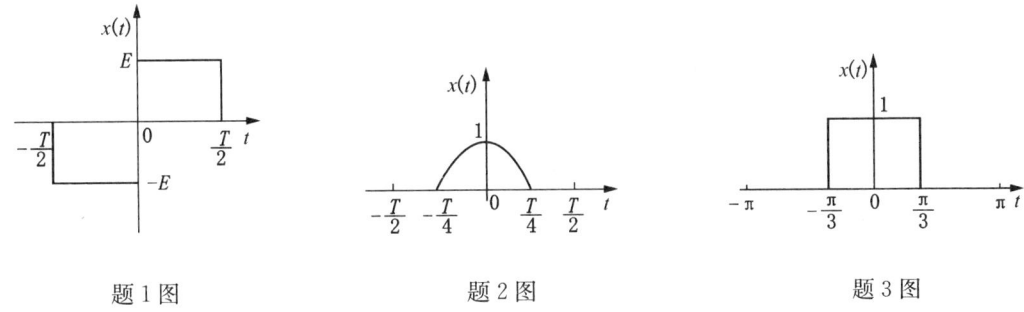

题1图　　　　　　　　题2图　　　　　　　　题3图

4. 求下列信号的傅里叶变换的实部和虚部。

(1) $x(t) = \begin{cases} e^{-\alpha t}, & t > 0 \\ 0, & t < 0 \end{cases}$ 　　　　(2) $x(t) = \begin{cases} A\cos\omega_0 t, & t > 0 \\ 0, & t < 0 \end{cases}$

5. 已知 $x_1(t) = \begin{cases} A, & |t| < 2 \\ 0, & |t| > 2 \end{cases}$,$x_2(t) = \begin{cases} -A, & |t| < 1 \\ 0, & |t| > 1 \end{cases}$,画出 $x_1(t)$,$x_2(t)$ 和 $x_1(t) - x_2(t)$ 的图形,并求 $x_1(t) - x_2(t)$ 的傅里叶变换。

6. 求下列信号的傅里叶反变换。

(1) $X(\omega) = \begin{cases} 1, & \omega_0 - \tau < |\omega| < \omega_0 + \tau \\ 0, & \text{其他} \end{cases}$ $(\omega_0 > \tau > 0)$ 　　(2) $X(\omega) = \dfrac{1}{(\alpha + j\omega)^2}$

(3) $X(\omega) = \dfrac{\alpha^2}{\alpha^2 + \omega^2}$ 　　　　　　　　　　(4) $X(\omega) = \dfrac{\sin\omega t_0 \cos\omega t_0}{\omega}$

(5) $X(\omega) = \dfrac{2\sin[3(\omega - 2\pi)]}{\omega - 2\pi}$ 　　　　　(6) $X(\omega) = \cos\left(4\omega + \dfrac{\pi}{3}\right)$

(7) $X(\omega) = 2[\delta(\omega - 1) - \delta(\omega + 1)] + 3[\delta(\omega - 2\pi) + \delta(\omega + 2\pi)]$

(8) $X(\omega) = 1 + 3e^{-j\omega} + 2e^{-j2\omega} - 4e^{-j3\omega} + e^{-j10\omega}$

7. 用对称性质确定下列信号的傅里叶变换。

(1) $x(t) = \dfrac{\alpha^2}{\alpha^2 + t^2}$ (2) $x(t) = T_0 \left[\dfrac{\sin \dfrac{T_0 t}{2}}{\dfrac{T_0 t}{2}} \right]^2$ (3) $x(t) = \dfrac{1}{\alpha + jt} (\alpha > 0)$

(4) $\text{Sa}(t) = \dfrac{\sin t}{t}$ (5) $x(t) = \left(\dfrac{\sin 2\pi t}{2\pi t} \right)^2$ (6) $x(t) = \dfrac{2\alpha}{\alpha^2 + t^2}$

8. $x(t) = \begin{cases} 1 - \dfrac{2}{\tau} |t|, & |t| < \dfrac{\tau}{2} \\ 0, & |t| > \dfrac{\tau}{2} \end{cases}$,求 $x(4t)$ 的频谱,并画出其图形。

9. 利用时移性质求下列信号的傅里叶变换。

(1) $x(t) = \dfrac{A \sin[\omega_0 (t - t_0)]}{t - t_0}$ (2) $x(t) = \begin{cases} 1 - \dfrac{2}{T} |t - t_0|, & |t - t_0| < \dfrac{T}{2} \\ 0, & |t - t_0| > \dfrac{T}{2} \end{cases}$

(3) $(e^{-\alpha t} \cos \omega_0 t) u(t), \alpha > 0$ (4) $e^{-3|t|} \sin 2t$

(5) $\delta(t+1) + \delta(t-1)$ (6) $\sum_{k=0}^{\infty} \alpha^k \delta(t - kT), |\alpha| < 1$

10. 利用频移性质求下列信号的频谱。

(1) 钟形余弦波
$$x(t) = e^{-\beta^2 t^2} \cos \omega_0 t \quad (\beta > 0)$$

(2) 单边指数衰减正弦波
$$x(t) = \begin{cases} A e^{-\alpha t} \sin \omega_0 t, & t \geq 0 \\ 0, & t < 0 \end{cases} \quad (\alpha > 0)$$

11. 利用频域微分性质求信号 $x(t) = \begin{cases} t^2 e^{-\alpha t}, & t \geq 0 \\ 0, & t < 0 \end{cases} (\alpha > 0)$ 的频谱。

12. 求下列信号的频谱。

(1) $x(t) = \begin{cases} \dfrac{1}{2}(1 + \cos \pi t), & |t| < 1 \\ 0, & |t| > 1 \end{cases}$ (2) $x(t) = \begin{cases} \sin \omega_0 t, & |t| < \dfrac{T}{2} \\ 0, & |t| > \dfrac{T}{2} \end{cases} (\omega_0 = \dfrac{2\pi}{T})$

13. 已知 $x(t) \overset{\mathscr{F}}{\leftrightarrow} X(\omega)$,求下面信号的频谱。

(1) $y(t) = t x(2t)$ (2) $y(t) = x(1-t)$ (3) $y(t) = t \dfrac{dx(t)}{dt}$

(4) $y(t) = (t-2) x(t)$ (5) $y(t) = (1-t) x(1-t)$ (6) $y(t) = x(2t - 5)$

14. 利用傅里叶变换对 $e^{-|t|} \overset{\mathscr{F}}{\leftrightarrow} \dfrac{2}{1 + \omega^2}$ 求解:

(1) 根据傅里叶变换性质求 $t e^{-|t|}$ 的傅里叶变换。

(2) 根据(1)的结果,再结合对称性质,求 $\dfrac{4t}{(1+t^2)^2}$ 的傅里叶变换。

第 3 章　连续信号的离散化与抽样定理

3.1　连续信号的离散化

自然界中的物理量大多是在时间上和幅值上均连续变化的模拟量。而信息处理多由数字计算机来实现,只能处理数字信号,处理的结果又常常需要以模拟量的形式"反馈"给外界的物理系统。这里就需要解决模拟量与数字量之间的相互转化问题,即抽样与重构(恢复)的问题。数据采集与处理系统可以简化成图 3.1 的形式。

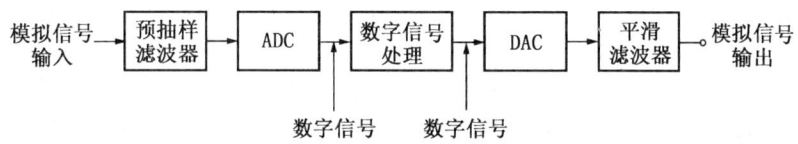

图 3.1　数据采集与处理系统简化框图

如图 3.1 所示,模拟信号首先经过一个预抽样滤波器进行初步处理,主要目的是为满足抽样定理的要求而滤除高频干扰;然后由抽样器按照预定的时间间隔对模拟信号离散化,从而把连续的模拟信号转化成离散的脉冲子样;再由模数转换器(ADC)把离散子样进行量化与编码,使之成为数字信号,送到处理器进行数字处理;处理器一般用数字计算机,处理结果再由数模转换器(DAC)转换成模拟量,经过平滑滤波器平滑处理后送到外界系统中去。模拟信号的数字化过程如图 3.2 所示。

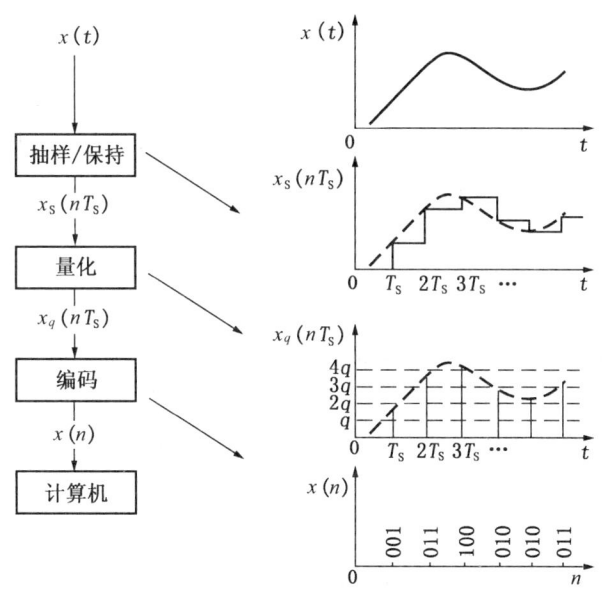

图 3.2　模拟信号的数字化过程

概括来讲,将模拟信号变成数字信号需要经过抽样、量化、编码三个主要步骤。其中,抽样工作由抽样器完成,其工作原理如图 3.3 所示。抽样器相当于一个定时开关,它每隔 T_S 秒闭合一次,每次闭合时间为 τ 秒,从而实现由 $x(t)$ 到 $x_S(t)=x_S(nT_S)$ 的转化。

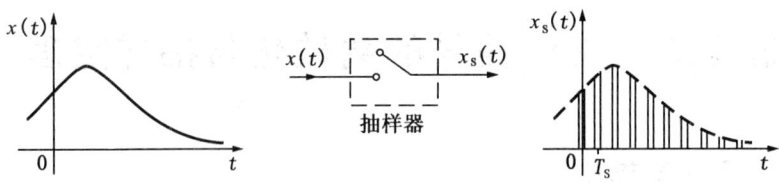

图 3.3 抽样器工作原理示意图

由图 3.3 可知,样值信号 $x_S(t)$ 是一个脉冲序列,其脉冲幅度为此时刻 $x(t)$ 的值。这样每隔 T_S 抽样一次的等间隔抽样方式称为均匀抽样。T_S 称为抽样周期;$f_S=\dfrac{1}{T_S}$ 称为抽样频率;$\omega_S=2\pi f_S$ 称为抽样角频率。

上面讨论的是对时间进行离散化的抽样,实际上还可以根据需要进行频域或其他域的抽样。如果抽样间隔不相等,则称为非均匀抽样。抽样也可以称为采样或取样。信号的抽样过程,实质上是连续信号的离散化过程。信号在时间轴上的离散化称为时域抽样;在频率轴上的离散化称为频域抽样。可以认为,信号的抽样是联系连续信号与离散信号之间的桥梁。

如图 3.3 所示的抽样原理从理论上分析可表述为 $x(t)$ 与抽样脉冲序列 $P_{T_S}(t)$ 的乘积,即

$$x_S(t)=x(t)\cdot P_{T_S}(t) \tag{3.1}$$

式(3.1)中抽样脉冲序列 $P_{T_S}(t)$ 如图 3.4 所示。它实际上就是周期矩形脉冲函数,可表示为

$$P_{T_S}(t)=\sum_{n=-\infty}^{+\infty}g_\tau(t-nT_S) \tag{3.2}$$

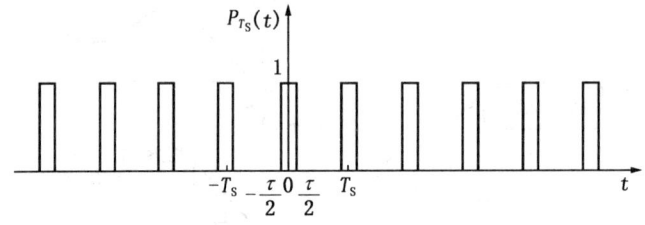

图 3.4 抽样脉冲序列

如果抽样脉冲的宽度 τ 很小,可用冲激函数来代替,这时抽样脉冲序列变为周期冲激函数序列 $\delta_{T_S}(t)$,抽样得到的样值函数也是一个冲激函数序列,其各个冲激函数的强度为该时刻 $x(t)$ 的瞬时值。这样的抽样称为理想抽样,其过程及有关波形如图 3.5 所示。

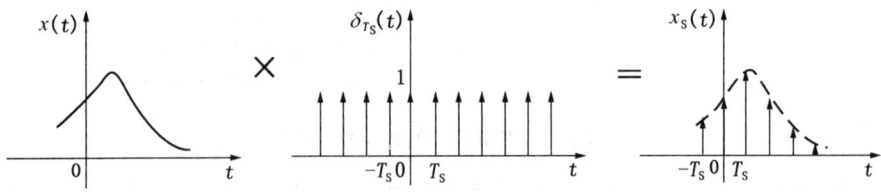

图 3.5 理想抽样过程及有关波形

3.2 抽样定理

从抽样过程来看,样值信号 $x_S(t)$ 与原连续信号 $x(t)$ 相比丢失了抽样间隔内的信息。那么,能否由样值信号不失真地恢复原连续信号呢?这是否需要满足一定的条件呢?这正是抽样定理解决的问题。

3.2.1 时域抽样定理

连续时间信号 $x(t)$ 的时域抽样定理可表述为:一个频谱在 $(-\omega_m, \omega_m)$ 以外为零的频带有限信号 $x(t)$,只要抽样频率 $\omega_S \geqslant 2\omega_m$(其中 $\omega_S = \frac{2\pi}{T_S}$,或者说抽样间隔 $T_S \leqslant \frac{\pi}{\omega_m} = \frac{1}{2f_m}$),就可唯一地由其在均匀间隔 T_S 上的样点值 $x_S(t) = x_S(nT_S)$ 确定。

时域抽样定理指出,为了能从取样信号 $x_S(t)$ 中恢复原信号 $x(t)$,需要满足两个条件:(1) $x(t)$ 必须是带限信号,其频谱函数在 $|\omega| \geqslant \omega_m$ 为零;(2) 取样频率不能过低,必须满足 $\omega_S \geqslant 2\omega_m$,或者说取样间隔不能太长,必须满足 $T_S \leqslant \frac{\pi}{\omega_m}$,否则将在频域发生频谱混叠现象,无法恢复原信号。通常,把最低允许取样频率 $2\omega_m$ 称为奈奎斯特(Nyguist)率;对应于 $\frac{1}{2}$ 奈奎斯特率的频率 ω_m 称为奈奎斯特频率;把最大允许取样间隔 $\frac{\pi}{\omega_m} = \frac{1}{2f_m}$ 称为奈奎斯特间隔。

下面证明时域抽样定理。

设信号 $x(t)$ 为带限信号,其最高频率分量为 ω_m,即当 $|\omega| > \omega_m$ 时,$X(\omega) = 0$。带限信号 $x(t)$ 的波形及频谱如图 3.6(a)所示。

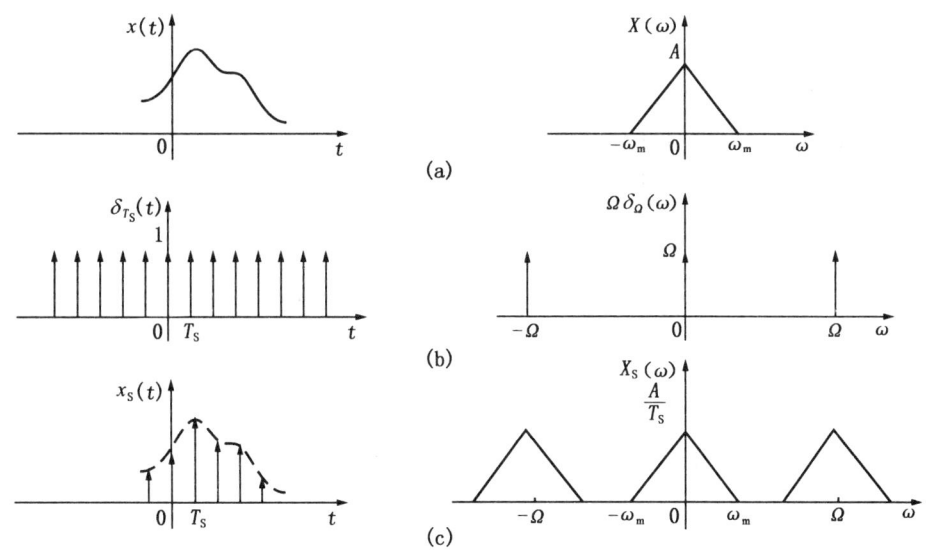

图 3.6 信号的抽样及其频谱

(a)信号 $x(t)$ 波形及其频谱;(b)抽样周期脉冲序列 $\delta_{T_S}(t)$;(c)样值信号 $x_S(t)$ 及其频谱

将周期冲激函数 $\delta_{T_S}(t)$ 作为抽样周期脉冲序列进行理想抽样。根据式(3.1)的抽样原理,有

$$x_S(t) = x(t) \cdot \delta_{T_S}(t) = x(t) \sum_{n=-\infty}^{+\infty} \delta(t - nT_S) = \sum_{n=-\infty}^{+\infty} x(nT_S) \delta(t - nT_S) \quad (3.3)$$

$x_S(t)$为每隔T_S均匀抽样而得到的样值函数,它是一个冲激函数序列,各冲激函数的冲激强度为该时刻$x(t)$的值。

现在需要证明的是样值函数$x_S(t)$包含了$x(t)$的全部信息。

首先讨论周期信号的频谱。

设信号$f(t)$为周期信号,其周期为T,依据周期信号的傅里叶级数分析,可将其表示为指数形式的傅里叶级数,即

$$\begin{cases} f(t) = \sum_{n=-\infty}^{+\infty} F_n e^{jn\Omega t} \\ F_n = \frac{1}{T} \int_{-\frac{T}{2}}^{\frac{T}{2}} f(t) e^{-jn\Omega t} dt \end{cases} \quad (n=0, \pm 1, \pm 2, \cdots)$$

式中 Ω——基波角频率,$\Omega = 2\pi/T$;

F_n——复振幅。

对周期信号$f(t)$求傅里叶变换,有

$$\mathscr{F}[f(t)] = \mathscr{F}\left[\sum_{n=-\infty}^{+\infty} F_n e^{jn\Omega t}\right] = \sum_{n=-\infty}^{+\infty} F_n \cdot \mathscr{F}[e^{jn\Omega t}]$$

根据傅里叶变换的频移性质,可知

$$e^{jn\Omega t} \overset{\mathscr{F}}{\leftrightarrow} 2\pi\delta(\omega - n\Omega)$$

所以得到

$$\mathscr{F}[f(t)] = 2\pi \sum_{n=-\infty}^{+\infty} F_n \delta(\omega - n\Omega) \tag{3.4}$$

式(3.4)表明,周期信号的频谱函数由无限多个冲激函数组成,各周期信号位于$f(t)$的各次谐频$n\Omega$处,其冲激强度为$|F_n|$的2π倍。

应用上述结论,可以求出周期冲激函数序列和周期矩形脉冲序列的频谱。对于周期为T的周期冲激函数序列$\delta_T(t)$,有

$$\delta_T(t) = \sum_{n=-\infty}^{+\infty} \delta(t - nT) \quad (n\text{为整数})$$

其复振幅为

$$F_n = \frac{1}{T} \int_{-\frac{T}{2}}^{\frac{T}{2}} \delta_T(t) e^{-jn\Omega t} dt = \frac{1}{T} \int_{-\frac{T}{2}}^{\frac{T}{2}} \delta(t) e^{-jn\Omega t} dt = \frac{1}{T}$$

将F_n代入式(3.4),得

$$\mathscr{F}[\delta_T(t)] = 2\pi \sum_{n=-\infty}^{+\infty} F_n \delta(\omega - n\Omega) = \frac{2\pi}{T} \sum_{n=-\infty}^{+\infty} \delta(\omega - n\Omega) = \Omega \sum_{n=-\infty}^{+\infty} \delta(\omega - n\Omega) \tag{3.5}$$

可见,周期冲激函数序列$\delta_T(t)$的傅里叶变换为一个在频域中周期为Ω的冲激序列。

若令$\delta_\Omega(\omega) = \sum_{n=-\infty}^{+\infty} \delta(\omega - n\Omega)$,则有

$$\delta_T(t) \overset{\mathscr{F}}{\longleftrightarrow} \Omega \delta_\Omega(\omega) \tag{3.6}$$

对于幅值为 1、周期为 T、脉宽为 τ 的周期矩形脉冲 $f(t)$ 来说，其复振幅 F_n 为

$$F_n = \frac{1}{T}\int_{-\frac{T}{2}}^{\frac{T}{2}} f(t)\mathrm{e}^{-jn\Omega t}\mathrm{d}t = \frac{\tau}{T}\mathrm{Sa}\left(\frac{n\Omega\tau}{2}\right) \quad (n=0,\pm1,\pm2,\cdots)$$

其频谱函数为

$$\mathscr{F}[f(t)] = \frac{2\pi\tau}{T}\sum_{n=-\infty}^{+\infty}\mathrm{Sa}\left(\frac{n\Omega\tau}{2}\right)\delta(\omega-n\Omega) \tag{3.7}$$

$f(t)$ 的波形及频谱如图 3.7 所示。

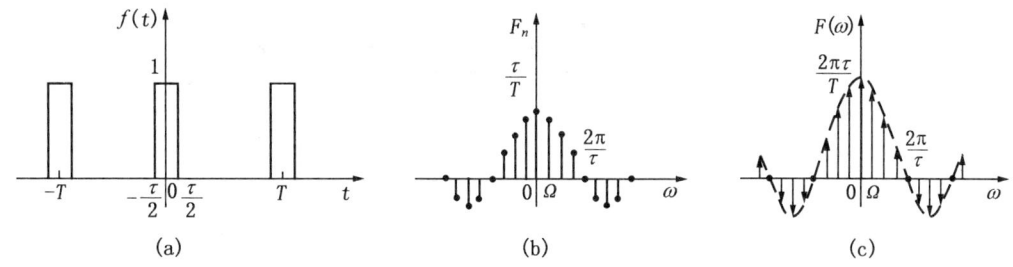

图 3.7 周期矩形脉冲信号 $f(t)$ 及其频谱
(a)$f(t)$ 的波形；(b)复振幅 F_n；(c)函数 $F(\omega)$

现在接着讨论抽样冲激函数 $\delta_{T_S}(t)$ 和样值函数 $x_S(t)$。

由上述对周期信号的频谱分析结果可知，$\delta_{T_S}(t)$ 的频谱函数为

$$\Omega \delta_\Omega(\omega) = \Omega \sum_{n=-\infty}^{+\infty}\delta(\omega-n\Omega)$$

式中，$\Omega = \frac{2\pi}{T_S}$，这也是一个冲激函数序列。$\delta_{T_S}(t)$ 及其频谱如图 3.6(b)所示。

由于 $x_S(t) = x(t) \cdot \delta_{T_S}(t)$，根据傅里叶变换的频域褶积性质有

$$X_S(\omega) = \mathscr{F}[x_S(t)] = \frac{\Omega}{2\pi}\left[X(\omega) * \sum_{n=-\infty}^{+\infty}\delta(\omega-n\Omega)\right]$$

$$= \frac{1}{T_S}\sum_{n=-\infty}^{+\infty}X(\omega-n\Omega) \tag{3.8}$$

样值函数 $x_S(t)$ 及其频谱如图 3.6(c)所示。由图可知，只要 $\Omega \geqslant 2\omega_m$，样值函数的频谱就是周期性地重复着 $X(\omega)$，而不会发生混叠。由于要求 $\Omega \geqslant 2\omega_m$，即 $\frac{2\pi}{T_S} \geqslant 2\omega_m$，可得 $T_S \leqslant \frac{\pi}{\omega_m}$，这就是抽样定理所要求的抽样条件。

上述分析表明，只要以小于奈奎斯特间隔的时间对信号 $x(t)$ 进行均匀抽样，那么得到的样值函数 $x_S(t)$ 的频谱函数就是 $X(\omega)$ 的周期性复制品，因而样值函数 $x_S(t)$ 就包含了 $x(t)$ 的全部信息。

下面讨论如何由 $x_S(t)$ 恢复 $x(t)$ 的问题。

由图 3.6(c)所示的样值函数 $x_S(t)$ 及频谱函数 $X_S(\omega)$ 图形可知，样值函数经过一个截止

频率为 ω_m 的理想低通滤波器,就可以从 $X_S(\omega)$ 中取出 $X(\omega)$,从时域来说,这样就恢复了连续时间信号 $x(t)$。

$$X(\omega)=X_S(\omega)\cdot H(\omega) \tag{3.9}$$

$$H(\omega)=\begin{cases}T_S, & |\omega|\leqslant\omega_m \\ 0, & |\omega|>\omega_m\end{cases} \tag{3.10}$$

式中 $H(\omega)$——理想低通滤波器的频率特性。

上述从样值函数 $x_S(t)$ 恢复 $x(t)$ 的原理过程如图 3.8 所示。

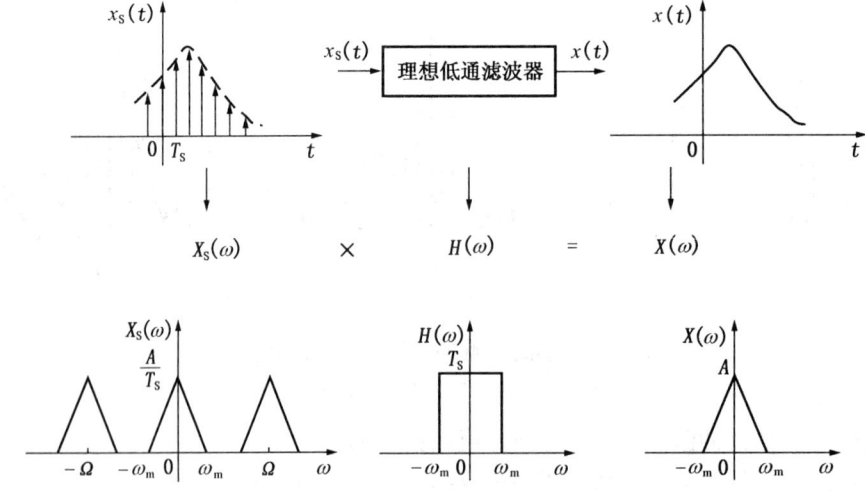

图 3.8 $x(t)$ 的恢复原理

以上是用频域分析的方法讨论 $x(t)$ 的恢复。下面用时域分析方法进一步讨论 $x(t)$ 的恢复问题。

由式(3.9)根据傅里叶变换的时域褶积性质,得

$$x(t)=x_S(t)*h(t) \tag{3.11}$$

式中 $x_S(t)$——$X_S(\omega)$ 的傅里叶反变换。

由式(3.3)可知

$$x_S(t)=\sum_{n=-\infty}^{+\infty}x(nT_S)\delta(t-nT_S)$$

$h(t)$ 为理想低通滤波器的单位脉冲响应,可由 $H(\omega)$ 的反变换得到,即

$$h(t)=\mathscr{F}^{-1}[H(\omega)]$$

由式(3.10)所表示的理想低通滤波器的频率特性可表示为 ω 的门函数形式,即

$$H(\omega)=T_S g_{2\omega_m}(\omega) \tag{3.12}$$

应用傅里叶变换的对称性,可得

$$h(t)=\frac{T_\mathrm{S}\omega_\mathrm{m}}{\pi}\mathrm{Sa}(\omega_\mathrm{m}t) \tag{3.13}$$

将 $x_\mathrm{S}(t)$ 和 $h(t)$ 的表达式代入式(3.11),得

$$\begin{aligned}x(t)&=\Big[\sum_{n=-\infty}^{+\infty}x(nT_\mathrm{S})\delta(t-nT_\mathrm{S})\Big]*\frac{T_\mathrm{S}\omega_\mathrm{m}}{\pi}\mathrm{Sa}(\omega_\mathrm{m}t)\\ &=\sum_{n=-\infty}^{+\infty}\frac{T_\mathrm{S}\omega_\mathrm{m}}{\pi}x(nT_\mathrm{S})[\delta(t-nT_\mathrm{S})*\mathrm{Sa}(\omega_\mathrm{m}t)]\\ &=\sum_{n=-\infty}^{+\infty}\frac{T_\mathrm{S}\omega_\mathrm{m}}{\pi}x(nT_\mathrm{S})\mathrm{Sa}[\omega_\mathrm{m}(t-nT_\mathrm{S})]\end{aligned} \tag{3.14}$$

当抽样间隔 $T_\mathrm{S}=\frac{\pi}{\omega_\mathrm{m}}$ 时,式(3.14)变为

$$x(t)=\sum_{n=-\infty}^{+\infty}x(nT_\mathrm{S})\mathrm{Sa}[\omega_\mathrm{m}(t-nT_\mathrm{S})] \tag{3.15}$$

式(3.15)表明,连续时间信号 $x(t)$ 可以由无数多个位于抽样点的 Sa 函数组成,各个 Sa 函数的幅值为该点的抽样值 $x(nT_\mathrm{S})$。因此,只要知道各抽样点的样值 $x(nT_\mathrm{S})$,就可唯一地确定出 $x(t)$。这个过程示于图 3.9。

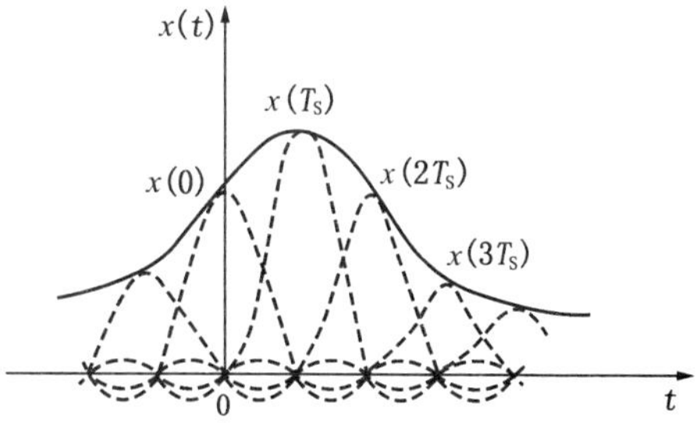

3.2.2 周期矩形脉冲抽样

上一节讨论抽样定理时,针对的是理想抽样,但实际上理想抽样是无法实现的,因为冲激函数序

图 3.9 由 Sa 函数恢复 $x(t)$ 示意图

列无法得到。现实当中可实现的抽样过程如图3.3所示。抽样器可用一个定时开关实现,而抽样的结果见式(3.1),即

$$x_\mathrm{S}(t)=x(t)\cdot P_{T_\mathrm{S}}(t)$$

式中 $P_{T_\mathrm{S}}(t)$——周期矩形脉冲函数,见式(3.2)。

对于这种周期矩形脉冲抽样,上述抽样定理是否还成立?这是需要讨论的问题。

设 $x(t)$ 为带限信号,其最高频率分量为 ω_m,即当 $|\omega|>\omega_\mathrm{m}$ 时,$X(\omega)=0$。对 $x(t)$ 进行矩形脉冲抽样的样值函数为 $x_\mathrm{S}(t)=x(t)\cdot P_{T_\mathrm{S}}(t)$。现在需要分析 $x_\mathrm{S}(t)$ 中是否包含 $x(t)$ 的全部信息。

已经知道 $x(t)$ 的频谱函数为 $X(\omega)$,根据式(3.7)所表示的结论有

$$P_{T_\mathrm{S}}(t)\leftrightarrow\frac{2\pi\tau}{T_\mathrm{S}}\sum_{n=-\infty}^{+\infty}\mathrm{Sa}\Big(\frac{n\Omega\tau}{2}\Big)\delta(\omega-n\Omega)$$

式中

$$\Omega=\frac{2\pi}{T_\mathrm{S}}$$

信号 $x(t)$ 抽样及矩形脉冲 $P_{T_\mathrm{S}}(t)$ 的波形及其频谱示于图3.10(a)、(b)中。

周期矩形脉冲函数 $P_{T_\mathrm{S}}(t)$ 的频谱为一系列冲激函数,相互间隔为 Ω,其中冲激强度的大小按 Sa 函数分布。

由于 $x_S(t)=x(t) \cdot P_{T_S}(t)$,同样根据傅里叶变换的频域褶积性质,可得

$$\mathscr{F}[x_S(t)] = \frac{1}{2\pi}\left[X(\omega) * \sum_{n=-\infty}^{+\infty}\frac{2\pi\tau}{T_S}\mathrm{Sa}\left(\frac{n\Omega\tau}{2}\right)\delta(\omega-n\Omega)\right]$$

$$= \frac{\tau}{T_S}\sum_{n=-\infty}^{+\infty}\mathrm{Sa}\left(\frac{n\Omega\tau}{2}\right)X(\omega-n\Omega) \tag{3.16}$$

样值函数 $x_S(t)$ 及其频谱示于图 3.10(c)中。

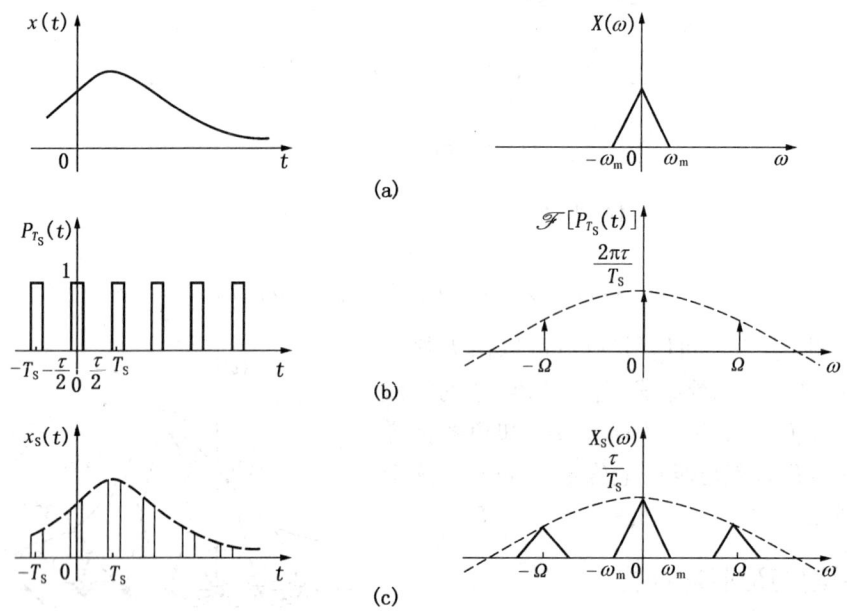

图 3.10 矩形脉冲的抽样

由图 3.10 不难得到以下结论:只要 $\Omega \geqslant 2\omega_m$,即 $T_S \leqslant \frac{\pi}{\omega_m}$,则 $X_S(\omega)$ 中就包含 $X(\omega)$,而且不会发生混叠。也就是说,在矩形脉冲抽样中,只要抽样间隔 $T_S \leqslant \frac{\pi}{\omega_m}$,则得到的样值函数 $x_S(t)$ 就包含了 $x(t)$ 的全部信息,通过一个理想低通滤波器就可以从 $x_S(t)$ 中恢复出原信号 $x(t)$。由此可见,用实际周期矩形脉冲对 $x(t)$ 抽样,前述抽样定理照样成立。

3.2.3 频域抽样定理

在 2.5 节中已经介绍了连续谱抽样,即频域抽样问题。这里在时域抽样的基础上对频域抽样再作简单的介绍。所谓频域抽样,是对信号 $x(t)$ 的谱函数 $X(\omega)$ 在频率 ω 轴上每隔 ω_S 取得一个样值,从而得到样值函数 $X_S(n\omega_S)$ 的过程。根据时域与频域的对称性,可以由时域抽样定理直接推导出频域抽样定理。

频域抽样定理的内容是:一个在时间区间 $(-t_m, t_m)$ 以外为零的时间有限信号 $x(t)$,只要其频率间隔 $\omega_S \leqslant \frac{\pi}{t_m}$,其频谱函数 $X(\omega)$ 可以由其在均匀频率间隔 ω_S 上的样点值 $X_S(n\omega_S)$ 唯一地确定。

此定理的证明类似于时域抽样定理,这里不再推导。下面从物理概念上对此进行简单说明。在频域对 $X(\omega)$ 进行抽样,相当于用 $X(\omega)$ 乘冲激函数序列 $\delta_{\omega_S}(\omega)$,而 $\delta_{\omega_S}(\omega)$ 所对应的时

间信号也是一个冲激函数序列 $\delta_{T_S}(t)\left(T_S=\dfrac{2\pi}{\omega_S}\right)$。由傅里叶变换的褶积性质可知,频域样值函数 $X_S(n\omega_S)$ 对应的时间信号 $x_S(t)$ 为 $x(t)$ 在时域的周期性重复,其重复周期为 T_S。只要抽样间隔 $\omega_S \leqslant \dfrac{\pi}{t_m}$,则在时域中波形不会发生混叠。

类似于式(3.15),当 $\omega_S = \dfrac{\pi}{t_m}$ 时,存在下列关系式

$$X(\omega) = \sum_{n=-\infty}^{+\infty} X\left(\dfrac{n\pi}{t_m}\right) \cdot \mathrm{Sa}\left[t_m\left(\omega - \dfrac{n\pi}{t_m}\right)\right] \tag{3.17}$$

频域抽样定理原理示于图 3.11 中。

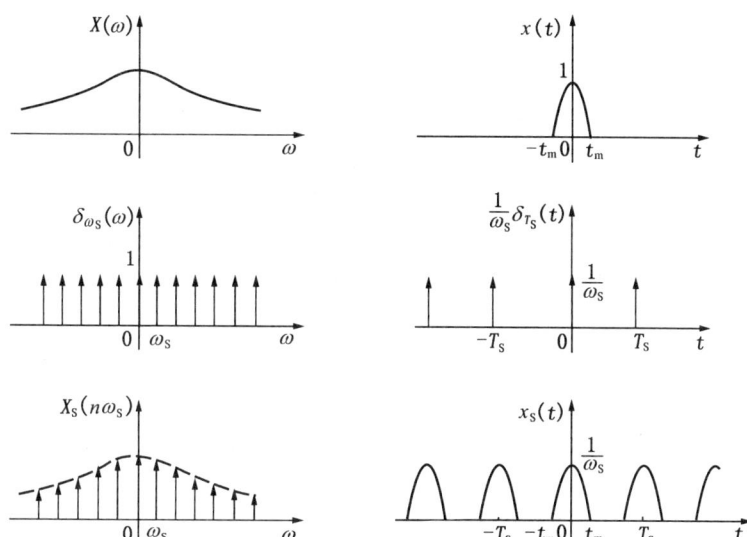

图 3.11 频域抽样定理示意图

3.2.4 假频现象

由前面的分析可知,只要满足抽样定理的要求,所得到的样值函数 $x_S(t)$ 就包含了被抽样函数 $x(t)$ 的全部信息,再通过低通滤波等办法就可以由 $x_S(t)$ 恢复 $x(t)$。那么如果抽样时不满足抽样定理,会出现什么情况呢?通过下面的分析将会看到,不满足抽样定理的抽样将使频谱发生混叠,产生假频现象。

理想抽样信号的频谱在两种情况下将产生频谱混叠现象:其一是连续信号虽然是带限信号,即信号频谱为有限带宽,但由于抽样频率过低,不满足抽样定理;其二是连续信号频谱为无限带宽,不可能满足抽样定理,频谱混叠不可避免。

先看带限信号的情况。设信号 $x(t)$ 的最高频率为 ω_m,抽样频率为 ω_S,样值函数 $x_S(t)$ 的频谱如图 3.12 所示。

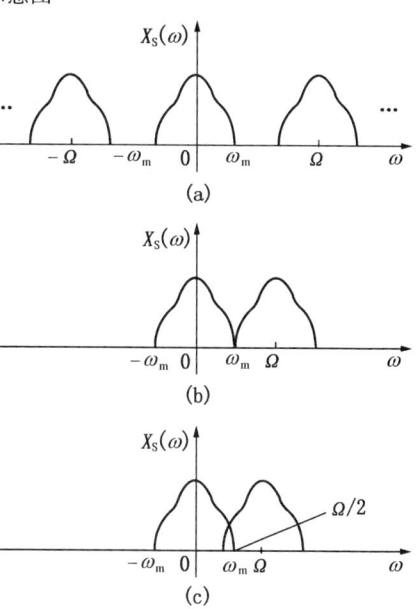

图 3.12 带限信号的频谱混叠现象

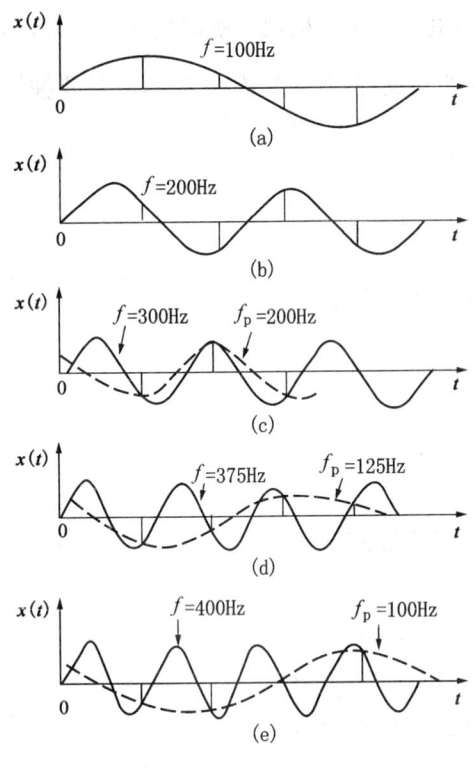

图 3.13 对正弦波抽样的例子

由图 3.12(a)可以看出,当 $\Omega > 2\omega_m$ 时,延拓后的频谱周期高频分量是相互分离的,不产生频谱混叠,各分量都保留了原信号的频域信息,这种情况通常称为"过抽样"。如图 3.12(b)所示的情况对应于 $\Omega = 2\omega_m$,这时延拓后的频谱周期高频分量理论上仍是相互分离的,也不产生频谱混叠,但这是不产生混叠的极限(或临界)情况,称为"临界抽样"。当 $\Omega < 2\omega_m$ 时,对应图 3.12(c)所示的情况,通常称为"欠抽样",周期延拓后的各频谱间不再是分离的,而是产生了相互的交叠,即所谓"频谱混叠现象"。这时抽样信号的频谱犹如在 $\Omega/2$ 处发生折叠一样。抽样频率的一半 $\omega_S/2$(或 $\Omega/2$)称为"折叠频率"。

由于频谱发生折叠,折叠过去的频率成分在信号恢复时,相当于在原信号上叠加了一部分低频成分(原信号对应的高频成分已经丢失),这部分低频成分称为"假频"。下面通过一个简单情况来说明这个问题。

图 3.13 是对正弦波进行抽样的一个例子。图中抽样频率为 $f_S = 500\text{Hz}$(即 $T_S = 2\text{ms}$),五个正弦波的频率分别为 $100\text{Hz}, 200\text{Hz}, 300\text{Hz}, 375\text{Hz}$ 和 400Hz。

由图 3.13 可以看出,因为 $100\text{Hz}, 200\text{Hz}$ 的信号频率小于 $\frac{f_S}{2} = 250\text{Hz}$,即满足抽样定理的要求,所以可以由离散信号恢复出原来的连续信号;$300\text{Hz}, 375\text{Hz}$ 和 400Hz 的信号都大于 $\frac{f_S}{2}$,故离散信号恢复原信号时形成了新的频率的信号,即假频(如图中虚线所示,f_p 为假频信号)。

抽样频率 f_S 的一半称为折叠频率 f_N,即 $f_N = \frac{1}{2}f_S$。可以证明,假频信号 f_p 和原来频率高于折叠频率的连续信号 f_H 是关于 f_N 对称的,如图 3.14 所示。

比较图 3.12(a)和(c),混叠后的频谱与原连续信号的频谱出现了很大的差别,无法利用低通滤波过滤出原连续信号的频谱(时域和频域中都丢失了部分信息),以致不能实现无失真地恢复原信号。

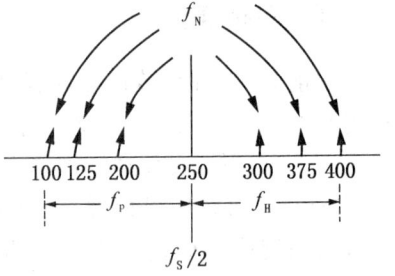

图 3.14 f_N, f_S 与假频的关系

分析频率分别为 12.5Hz 和 75Hz 的两个正弦信号的重叠,信号以 2ms 和 4ms 采样间隔进行数字化后,原始信号并没有发生变化,原因是信号的频率成分低于与 2ms 和 4ms 采样有关的奈奎斯特频率(相应频率为 250Hz 和 125Hz)。但是当信号以较大的间隔(例如 8ms)采样,振幅谱将发生变化。其中 12.5Hz 的分量没有受到影响,因为对这样的低频分量,8ms 采样仍然是有效的。然而 75Hz 分量已经变成较低频率成分的分量(50Hz)。对于原始信号中高于与采样间隔相当的折叠频率的信号,数字化后的振幅谱中将被折叠回去。

对于不同频率的许多正弦信号,一个连续信号采用过大的采样间隔所得到的离散序列,实际上包含连续信号中高频成分的贡献。这些高频成分折叠到离散时间序列后，显示出较低的频率。这个现象是连续信号采样不足而引起的，称作假频。

计算假频 f_p 应用关系式

$$f_p = |2mf_N - f| \tag{3.18}$$

式中　f_N——折叠频率或奈奎斯特频率；
　　　f——信号频率；
　　　m——使 $f_p < f_N$ 的整数。

例如，假设 $f=65\text{Hz}$，$f_N=62.5\text{Hz}$，这相当于采样率为 8ms，则假频为 $f_p = |2\times62.5-65| = 60(\text{Hz})$。假频是所有采样系统的固有特性，无论采样是在时间域、空间域还是在其他的域（如频率域）中进行，假频都会存在。

对于无限带宽的连续信号，无论怎样提高抽样频率都无法满足抽样定理，不可避免地都要产生频谱混叠现象。由于实际处理的信号大都属于无限带宽的信号，所以通常在抽样器之前一般都设有去假频滤波器，以滤除高于 $f_S/2$ 的频率成分。

习　题

1. 确定下列信号的最低抽样频率及最大抽样间隔。
(1) $\text{Sa}(100t)$　　(2) $\text{Sa}^2(100t)$　　(3) $\text{Sa}(100t)+\text{Sa}(50t)$

2. 已知一低通信号 $x(t)$ 的频谱为

$$X(\omega) = \begin{cases} 1 - \dfrac{|\omega|}{200}, & |\omega| < 200 \\ 0, & \text{其他} \end{cases}$$

(1) 假设以 $\omega_s = 300\text{Hz}$ 的速率对 $x(t)$ 进行抽样，试画出已抽样信号 $x_s(t)$ 的频谱。
(2) 若用 $\omega_s = 400\text{Hz}$ 的速率对 $x(t)$ 进行抽样，试画出已抽样信号 $x_s(t)$ 的频谱。

3. 已知一信号 $x(t) = \cos2\pi t + 2\cos4\pi t$，对其进行抽样：
(1) 为保证不失真地从已抽样信号 $x_s(t)$ 中恢复 $x(t)$，抽样间隔应为多少？
(2) 若抽样间隔取为 0.2s，试画出已抽样信号 $x_s(t)$ 的频谱。

4. 已知信号 $x(t)$ 的最高频率为 ω_m，由矩形脉冲对其进行瞬时抽样，矩形脉冲的宽度为 2τ，幅度为 1。试确定已抽样信号及其频谱表达式。

第4章 褶积与相关

褶积与相关是两种重要的数学运算形式,同时也是傅里叶变换理论中的重要概念。两者在信号分析与处理中都有明确的物理意义和广泛的应用,在其他许多学科领域也具有十分重要的作用,是重要的数学工具。

鉴于褶积与相关在信号分析与处理中的重要地位,本章集中阐述它们的基本概念和基本运算。

4.1 褶积

4.1.1 褶积的定义

对于函数 $x_1(t)$ 和 $x_2(t)$,如果积分 $\int_{-\infty}^{+\infty} x_1(\tau) x_2(t-\tau) \mathrm{d}\tau$ 存在,则称它为 $x_1(t)$ 和 $x_2(t)$ 的褶积(convolution),简记为 $x_1(t) * x_2(t)$ 或 $x_1 * x_2$,即

$$x_1(t) * x_2(t) = \int_{-\infty}^{+\infty} x_1(\tau) x_2(t-\tau) \mathrm{d}\tau \tag{4.1}$$

式中 τ——虚设变量。

积分的结果为一个新的关于 t 的函数。褶积也称为卷积。

在地震勘探中,人工合成地震记录的褶积模型公式为

$$x(t) = b(t) * r(t) \tag{4.2}$$

式中 $x(t)$——地震记录;

$b(t)$——地震子波,通常是指 1~2 个周期组成的地震脉冲;

$r(t)$——反射系数,是地震反射波的振幅与入射波的振幅之比。

4.1.2 褶积的图解说明

为了更形象地说明褶积的概念,更好地理解褶积运算过程,这里用图解法对褶积过程进行说明。

设两个信号 $x_1(t)$[图 4.1(a)]和 $x_2(t)$[图 4.1(b)]分别为

$$x_1(t) = \begin{cases} 1, 0 < t < 1 \\ 0, 其他 \end{cases}$$

$$x_2(t) = \begin{cases} \frac{1}{2}t, 0 < t < 2 \\ 0, 其他 \end{cases}$$

两者的褶积运算可分成以下步骤:

第一步,把 $x_1(t), x_2(t)$ 中的自变量 t 变成 τ;

第二步,把任一信号如 $x_2(\tau)$ 反褶成 $x_2(-\tau)$,如图 4.1(c)所示;

第三步,以 t 为参量,让 $x_2(t-\tau)$ 在 τ 轴上移动,如图 4.1(d)、(e)、(f)等所示;

第四步,对应某个 t,将 $x_1(\tau)$ 与 $x_2(t-\tau)$ 重叠部分相乘得到 $x_1(\tau) \cdot x_2(t-\tau)$;

第五步,把乘积对 τ 积分,即求图中阴影部分的面积,这就是对参量 t 的褶积值;
第六步,让参量 t 在 $(-\infty,+\infty)$ 范围内变化,重复上述步骤,就得到
$$\int_{-\infty}^{+\infty} x_1(\tau) x_2(t-\tau) \mathrm{d}\tau$$

对应本例,褶积的结果如下:

(1) 当 $-\infty<t<0$ 时,$x_1(t) * x_2(t)=0$,两者没有重叠部分;

(2) 当 $0 \leqslant t<1$ 时,$x_1(t) * x_2(t)=\frac{1}{2}\left(t \times \frac{1}{2} t\right)=\frac{1}{4} t^2$,如图 4.1(d) 所示;

(3) 当 $1 \leqslant t<2$ 时,$x_1(t) * x_2(t)=\frac{1}{4}+\frac{1}{2}(t-1)=\frac{1}{2} t-\frac{1}{4}$,如图 4.1(e) 所示;

(4) 当 $2 \leqslant t<3$ 时,$x_1(t) * x_2(t)=\frac{1}{2}(3-t)\left[1+\frac{1}{2}(t-1)\right]=\frac{1}{4}(3+2t-t^2)$,如图 4.1(f) 所示;

(5) 当 $3 \leqslant t<\infty$ 时,$x_1(t)$ 与 $x_2(t)$ 的重合面积为零,故 $x_1(t) * x_2(t)=0$,如图 4.1(g) 所示。

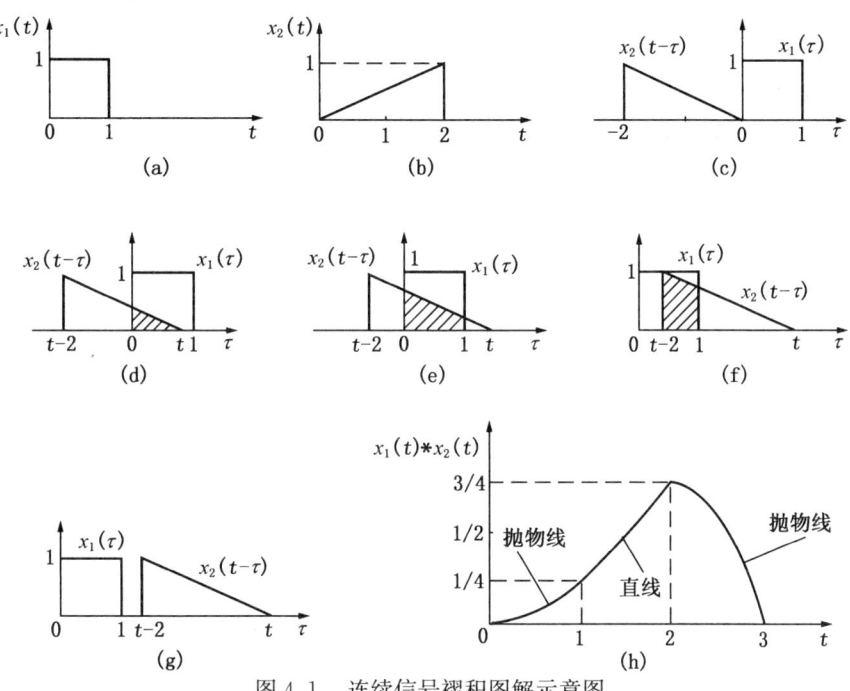

图 4.1 连续信号褶积图解示意图

4.1.3 褶积的性质

褶积作为一种数学运算有一些基本规则,这里作为性质列出。利用这些性质可以简化褶积运算。某些性质本身就具有明显的物理意义,在信号分析中具有重要作用。

性质 1 褶积代数

褶积运算满足三种基本代数运算规律,即

(1) 交换律
$$x_1(t) * x_2(t)=x_2(t) * x_1(t) \tag{4.3}$$

(2) 分配律
$$x_1(t) * [x_2(t)+x_3(t)]=x_1(t) * x_2(t)+x_1(t) * x_3(t) \tag{4.4}$$

(3)结合律
$$x_1(t) * [x_2(t) * x_3(t)] = [x_1(t) * x_2(t)] * x_3(t) \tag{4.5}$$

分配律和交换律的证明比较简单,这里给出结合律的证明。

由上述结合律的表达式可以看出,等号两边都是二重积分,因为

$$x_1(t) * [x_2(t) * x_3(t)] = x_1(t) * \left[\int_{-\infty}^{+\infty} x_2(\tau) x_3(t-\tau) d\tau\right]$$

$$= \int_{-\infty}^{+\infty} x_1(\lambda) \left[\int_{-\infty}^{+\infty} x_2(\tau) x_3(t-\lambda-\tau) d\tau\right] d\lambda$$

对方括号内的积分变量作变量代换 $u = t - \lambda - \tau$,得

$$\int_{-\infty}^{+\infty} x_2(\tau) x_3(t-\lambda-\tau) d\tau = \int_{-\infty}^{+\infty} x_2(t-\lambda-u) x_3(u) du$$

把它代入上式,并交换积分顺序,得

$$x_1(t) * [x_2(t) * x_3(t)] = \int_{-\infty}^{+\infty} x_3(u) \left[\int_{-\infty}^{+\infty} x_1(\lambda) x_2(t-u-\lambda) d\lambda\right] du$$

$$= x_3(t) * [x_1(t) * x_2(t)] = [x_1(t) * x_2(t)] * x_3(t)$$

性质 2 褶积的微分与积分

对于褶积的微分与积分,有如下关系式成立。

设 $y(t) = x_1(t) * x_2(t)$,则

(1)微分
$$\frac{dy(t)}{dt} = \frac{dx_1(t)}{dt} * x_2(t) = x_1(t) * \frac{dx_2(t)}{dt} \tag{4.6}$$

(2)积分
$$\int_{-\infty}^{t} y(\tau) d\tau = x_1(t) * \int_{-\infty}^{t} x_2(\tau) d\tau = \left[\int_{-\infty}^{t} x_1(\tau) d\tau\right] * x_2(t) \tag{4.7}$$

(3)微积分
$$y(t) = x_1(t) * x_2(t) = \frac{dx_1(t)}{dt} * \int_{-\infty}^{t} x_2(\tau) d\tau = \left[\int_{-\infty}^{t} x_1(\tau) d\tau\right] * \frac{dx_2(t)}{dt} \tag{4.8}$$

证明:

(1) $$\frac{dy(t)}{dt} = \frac{d}{dt}[x_1(t) * x_2(t)] = \frac{d}{dt} \int_{-\infty}^{+\infty} x_1(\tau) x_2(t-\tau) d\tau$$

$$= \int_{-\infty}^{+\infty} x_1(\tau) \frac{dx_2(t-\tau)}{dt} d\tau = x_1(t) * \frac{dx_2(t)}{dt}$$

同理有
$$\frac{dy(t)}{dt} = \frac{dx_1(t)}{dt} * x_2(t)$$

(2) $$\int_{-\infty}^{t} y(\tau) d\tau = \int_{-\infty}^{t} [x_1(\tau) * x_2(\tau)] d\tau = \int_{-\infty}^{t} \left[\int_{-\infty}^{+\infty} x_1(\lambda) x_2(\tau-\lambda) d\lambda\right] d\tau$$

$$= \int_{-\infty}^{+\infty} x_1(\lambda) \left[\int_{-\infty}^{t} x_2(\tau-\lambda) d\tau\right] d\lambda = x_1(t) * \int_{-\infty}^{t} x_2(\tau) d\tau$$

即
$$\int_{-\infty}^{t} y(\tau) d\tau = x_1(t) * \int_{-\infty}^{t} x_2(\tau) d\tau$$

同理可证得

$$\int_{-\infty}^{t} y(\tau)\mathrm{d}\tau = \left[\int_{-\infty}^{t} x_1(\tau)\mathrm{d}\tau\right] * x_2(t)$$

(3)由于

$$\int_{-\infty}^{t}\left[\frac{\mathrm{d}x_1(\tau)}{\mathrm{d}\tau}\right]\mathrm{d}\tau = x_1(t) - x_1(-\infty)$$

所以

$$x_1(t) = \int_{-\infty}^{t}\left[\frac{\mathrm{d}x_1(\tau)}{\mathrm{d}\tau}\right]\mathrm{d}\tau + x_1(-\infty)$$

根据褶积的分配律和积分性质,有

$$x_1(t) * x_2(t) = \left\{\int_{-\infty}^{t}\left[\frac{\mathrm{d}x_1(\tau)}{\mathrm{d}\tau}\right]\mathrm{d}\tau + x_1(-\infty)\right\} * x_2(t)$$
$$= \frac{\mathrm{d}x_1(t)}{\mathrm{d}t} * \int_{-\infty}^{t} x_2(\tau)\mathrm{d}\tau + x_1(-\infty) * x_2(t)$$
$$= \frac{\mathrm{d}x_1(t)}{\mathrm{d}t} * \int_{-\infty}^{t} x_2(\tau)\mathrm{d}\tau + x_1(-\infty)\int_{-\infty}^{+\infty} x_2(t)\mathrm{d}t$$

同理,可将 $x_2(t)$ 表示为

$$x_2(t) = \int_{-\infty}^{t}\left[\frac{\mathrm{d}x_2(\tau)}{\mathrm{d}\tau}\right]\mathrm{d}\tau + x_2(-\infty)$$

从而得到

$$x_1(t) * x_2(t) = \left[\int_{-\infty}^{t} x_1(\tau)\mathrm{d}\tau\right] * \frac{\mathrm{d}x_2(t)}{\mathrm{d}t} + x_2(-\infty)\int_{-\infty}^{+\infty} x_1(t)\mathrm{d}t$$

由此可知,当 $x_1(t)$ 和 $x_2(t)$ 满足 $x_1(-\infty)\int_{-\infty}^{+\infty} x_2(t)\mathrm{d}t = x_2(-\infty)\int_{-\infty}^{+\infty} x_1(t)\mathrm{d}t = 0$ 时,式(4.8)成立,即褶积满足微积分性质的条件是被求导的函数 $x_1(t)$ 或 $x_2(t)$ 在 $t = -\infty$ 处为零,或者被积分的函数在 $(-\infty, +\infty)$ 区间的积分值(即函数波形的净面积)为零。

应用类似的推导,可以将式(4.6)、式(4.7)和式(4.8)推广到多重积分的形式。

性质3 函数与冲激函数或阶跃函数的褶积

(1)信号 $x(t)$ 与冲激信号 $\delta(t)$ 的褶积等于 $x(t)$ 本身,即

$$x(t) * \delta(t) = x(t) \tag{4.9}$$

(2)信号 $x(t)$ 与冲激偶 $\frac{\mathrm{d}\delta(t)}{\mathrm{d}t}$ 的褶积等于 $x(t)$ 导数,即

$$x(t) * \frac{\mathrm{d}\delta(t)}{\mathrm{d}t} = \frac{\mathrm{d}x(t)}{\mathrm{d}t} \tag{4.10}$$

(3)信号 $x(t)$ 与阶跃信号 $u(t)$ 的褶积等于 $x(t)$ 积分,即

$$x(t) * u(t) = \int_{-\infty}^{t} x(\tau)\mathrm{d}\tau \tag{4.11}$$

证明：

(1) 根据褶积的定义和 $\delta(t)$ 的特性，有

$$x(t) * \delta(t) = \delta(t) * x(t) = \int_{-\infty}^{+\infty} x(\tau) \delta(t-\tau) d\tau$$

$$= \int_{-\infty}^{+\infty} x(\tau) \delta(\tau-t) d\tau = x(t)$$

(2) 根据冲激函数 $\delta(t)$ 的性质，有

$$\int_{-\infty}^{+\infty} x(t) \frac{d\delta(t)}{dt} = -x'(0)$$

再根据褶积的定义和交换律，有

$$x(t) * \frac{d\delta(t)}{dt} = \frac{d\delta(t)}{dt} * x(t) = \int_{-\infty}^{+\infty} x(t-\tau) \frac{d\delta(\tau)}{d\tau} d\tau = \frac{dx(t)}{dt}$$

(3) 因为

$$x(t) * u(t) = \int_{-\infty}^{+\infty} x(\tau) u(t-\tau) d\tau = \int_{-\infty}^{t} x(\tau) d\tau$$

故式(4.11)成立。

根据上述性质，还可得出如下推论

$$x(t) * \frac{d^n \delta(t)}{dt^n} = \frac{d^n x(t)}{dt^n} \tag{4.12}$$

$$x(t) * \delta(t-t_1) = \delta(t-t_1) * x(t) = x(t-t_1) \tag{4.13}$$

$$\delta(t-t_1) * \delta(t-t_2) = \delta(t-t_2) * \delta(t-t_1) = \delta(t-t_1-t_2) \tag{4.14}$$

$$x(t-t_1) * \delta(t-t_2) = x(t-t_2) * \delta(t-t_1) = x(t-t_1-t_2) \tag{4.15}$$

性质 4 时移性质

若 $x_1(t) * x_2(t) = y(t)$，则

$$x_1(t) * x_2(t-t_0) = x_1(t-t_0) * x_2(t) = y(t-t_0) \tag{4.16}$$

式中 t_0——常数。

这是褶积运算中的一个很重要的性质。证明方法很多，这里根据前面的一些结果来证明。

证明： 根据式(4.13)及褶积的交换律、结合律，有

$$x_1(t-t_0) * x_2(t) = [x_1(t) * \delta(t-t_0)] * x_2(t) = x_1(t) * [x_2(t) * \delta(t-t_0)]$$

$$= x_1(t) * x_2(t-t_0)$$

而且

$$x_1(t-t_0) * x_2(t) = x_1(t) * x_2(t) * \delta(t-t_0) = y(t) \delta(t-t_0) = y(t-t_0)$$

进一步推广可得

$$x_1(t-t_1) * x_2(t-t_2) = y(t-t_1-t_2) \tag{4.17}$$

例 4.1 已知 $x_1(t) = (1+t)[u(t) - u(t-1)]$，$x_2(t) = u(t-1) - u(t-2)$，求 $x_1(t) * x_2(t)$。

解： 利用褶积的微积分性质，有

$$x_1(t) * x_2(t) = \int_{-\infty}^{t} x_1(\tau) d\tau * \frac{dx_2(t)}{dt}$$

$$= \left[\int_0^t (1+\tau) d\tau - \int_1^t (1+\tau) d\tau \right] * [\delta(t-1) - \delta(t-2)]$$

考虑到 $x(t) * \delta(t-t_0) = x(t-t_0)$，则有

$$x_1(t) * x_2(t) = \left[\left(\frac{1}{2} t^2 + t \right) u(t) - \left(\frac{1}{2} t^2 + t - \frac{3}{2} \right) u(t-1) \right] * [\delta(t-1) - \delta(t-2)]$$

$$=\left[\left(\frac{1}{2}t^2-\frac{1}{2}\right)u(t-1)+(-t^2+t+2)u(t-2)+\left(\frac{1}{2}t^2-t-\frac{3}{2}\right)u(t-3)\right]$$

这个结果用分段函数来表示为

$$x_1(t)*x_2(t)=\begin{cases} 0 & ,t<1 \\ \frac{1}{2}t^2-\frac{1}{2} & ,1<t<2 \\ \frac{1}{2}t^2-\frac{1}{2}-t^2+t+2=-\frac{1}{2}t^2+t+\frac{3}{2} & ,2<t<3 \\ -\frac{1}{2}t^2+t+\frac{3}{2}+\left(\frac{1}{2}t^2-t-\frac{3}{2}\right)=0 & ,t>3 \end{cases}$$

性质 5 褶积定理

在 2.3 中介绍傅里叶变换的性质时,已经介绍了褶积定理。褶积定理给出了褶积与傅里叶变换之间的关系,它把时域方法与频域方法紧密联系在一起,在信号分析中占有重要地位。根据时域与频域的对应关系,褶积定理分为时域褶积定理和频域褶积定理两部分,见式(2.15)和式(2.16),即若

$$x_1(t) \overset{\mathscr{F}}{\leftrightarrow} X_1(\omega), x_2(t) \overset{\mathscr{F}}{\leftrightarrow} X_2(\omega)$$

则

$$x_1(t)*x_2(t) \overset{\mathscr{F}}{\leftrightarrow} X_1(\omega) \cdot X_2(\omega) \tag{4.18}$$

$$x_1(t) \cdot x_2(t) \overset{\mathscr{F}}{\leftrightarrow} \frac{1}{2\pi} X_1(\omega)*X_2(\omega) \tag{4.19}$$

式中

$$X_1(\omega)*X_2(\omega) = \int_{-\infty}^{+\infty} X_1(\lambda) X_2(\omega-\lambda) d\lambda$$

4.1.4 离散信号的褶积

1. 褶积和的定义

设 $x_1(k)$ 和 $x_2(k)$ 是两个离散时间序列,$k=0,\pm 1,\pm 2,\cdots$,定义一个新的序列

$$x(k)=\sum_{i=-\infty}^{+\infty} x_1(i)x_2(k-i)$$

为序列 $x_1(k)$ 和 $x_2(k)$ 的褶积和运算,简称褶积和(convolution sum),通常记作

$$x(k)=x_1(k)*x_2(k)=\sum_{i=-\infty}^{+\infty} x_1(i)x_2(k-i) \tag{4.20}$$

由于积分运算与求和运算在本质上是一致的,因此离散时间序列的褶积和与连续时间信号的褶积运算[式(4.1)]并无实质上的差别。

如果 $x_1(k)$ 为因果序列,由于 $k<0$ 时,$x_1(k)=0$,故式(4.20)中求和下限可改写为零,即

$$x(k)=x_1(k)*x_2(k)=\sum_{i=0}^{+\infty} x_1(i)x_2(k-i)$$

如果 $x_2(k)$ 为因果序列,而 $x_1(k)$ 不受限制,那么在式(4.20)中,当 $k-i<0$,即 $i>k$ 时,$x_2(k-i)=0$,因而上限可改写为 k,即

$$x(k)=x_1(k)*x_2(k)=\sum_{i=-\infty}^{k} x_1(i)x_2(k-i)$$

如果 $x_1(k)$ 和 $x_2(k)$ 均为因果序列,则

$$x(k)=x_1(k)*x_2(k)=\sum_{i=0}^{k}x_1(i)x_2(k-i) \qquad (4.21)$$

从上述定义和分析可知,若 $x_1(k)$,$x_2(k)$ 为两个有限长序列,长度分别 $n+1$ 和 $m+1$ 个样值,则其褶积结果的长度为 $m+n+1$ 个样值,即

$$x(k)=x_1(k)*x_2(k)=\sum_{i=0}^{n}x_1(i)x_2(k-i)=\sum_{i=0}^{m}x_2(i)x_1(k-i)$$
$$(k=0,1,2,\cdots,m+n)$$

为加深对褶积和运算的理解,下面举一个用图解法求褶积和的例子。

例 4.2 已知离散信号 $x_1(k)=\begin{cases}1, & k=0\\3, & k=1\\2, & k=2\\0, & \text{其他}\end{cases}$,$x_2(k)=\begin{cases}4-k, & k=0,1,2,3\\0, & \text{其他}\end{cases}$,求 $x(k)=x_1(k)*x_2(k)$。

解:根据褶积和定义,有

$$x(k)=x_1(k)*x_2(k)=\sum_{i=-\infty}^{+\infty}x_1(i)x_2(k-i)$$

第一步,画出 $x_1(i)$、$x_2(i)$ 图形,如图 4.2(a),(b)所示。

第二步,将 $x_2(i)$ 图形以纵坐标为轴线反转 $180°$,得到 $x_2(-i)$ 图形,如图 4.2(c)所示。

第三步,将 $x_2(-i)$ 图形沿 i 轴左移($k<0$)或右移($k>0$)$|k|$ 个时间单位,得到 $x_2(k-i)$ 图形。例如,当 $k=-1$ 和 $k=1$ 时,$x_2(k-i)$ 图形分别如图 4.2(d),(e)所示。

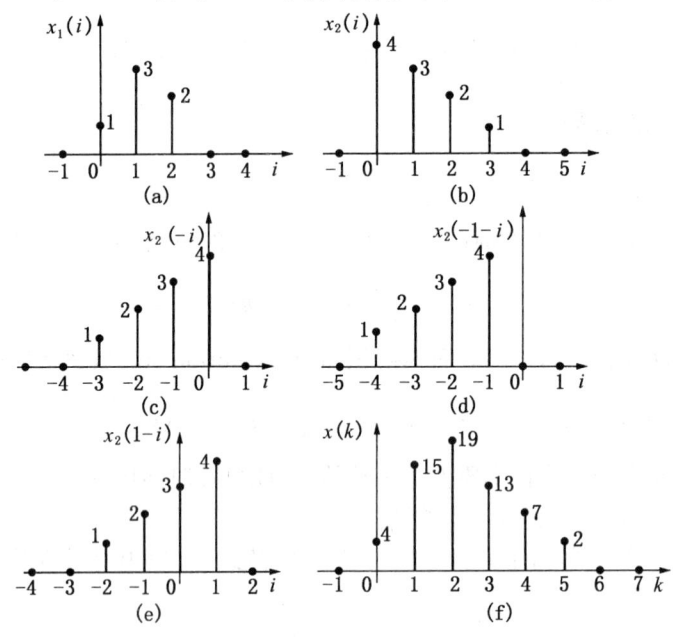

图 4.2 褶积和计算图解示意图

第四步,对任一给定值 k,按定义进行相乘、求和运算,得到序号为 k 的褶积和序列值 $x(k)$。若令 k 由 $-\infty$ 到 $+\infty$ 变化,$x_2(k-i)$ 图形将从 $-\infty$ 处开始沿 i 轴自左向右移动,并由式(4.20)计算求得褶积和序列 $x(k)$。

对于本例中给定的 $x_1(k)$ 和 $x_2(k)$，具体计算过程如下：

$k<0$ 时，由于乘积项 $x_1(i)x_2(k-i)$ 均为零，故 $x(k)=0$；

$k=0$ 时，$x(0)=\sum\limits_{i=-\infty}^{+\infty}x_1(i)x_2(-i)=\sum\limits_{i=0}^{0}x_1(i)x_2(-i)=x_1(0)x_2(0)=1\times 4=4$；

$k=1$ 时，$x(1)=\sum\limits_{i=0}^{1}x_1(i)x_2(1-i)=x_1(0)x_2(1)+x_1(1)x_2(0)=3+12=15$；

$k=2$ 时，$x(2)=\sum\limits_{i=0}^{2}x_1(i)x_2(2-i)=x_1(0)x_2(2)+x_1(1)x_2(1)+x_1(2)x_2(0)$
$=2+9+8=19$。

同理可得 $x(3)=13,x(4)=7,x(5)=2$，以及 $k>5$ 时，$x(k)=0$。

于是，褶积和为 $x(k)=(4,15,19,13,7,2,0,\cdots)$ $(k\geqslant 0)$，其图形如图 4.2(f)所示。

2. 褶积和的几种算法

褶积和的计算方法很多，且各有特点，应用时视具体条件而定。这里列举几种常见的计算方法。

1）数字求和法

设 $x(k)=(x_0,x_1,x_2,x_3),y(k)=(y_0,y_1,y_2)$，则 $z(k)=x(k)*y(k)$ 的计算可按下述方法进行。

先将两序列之一按逆序排列，然后数据起始点对齐相乘，并依次按图 4.3 所示步骤进行操作。概括起来，数字求和法可分为四个步骤。

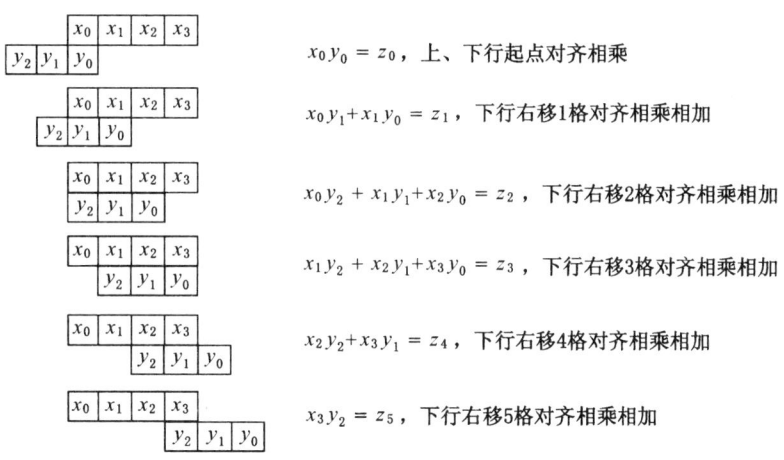

图 4.3 数字求和法计算褶积和

(1)折叠：将 $y(\tau)$ 按纵轴反转变为 $y(-\tau)$；
(2)位移：将 $y(-\tau)$ 沿横轴移动 k，可得 $y(k-\tau)$；
(3)相乘：将 $y(k-\tau)$ 和 $x(\tau)$ 对应相乘；
(4)求和：将相乘的序列值相加，即得褶积和 $z(k)$。

2）列表法

由因果序列褶积和定义式(4.21)可知，求和符号内 $x_1(i)$ 的序号 i 与 $x_2(k-i)$ 的序号 $(k-i)$ 之和等于 k。如果将各 $x_1(k)(k=0,1,2,\cdots)$ 的值排成一行，将各 $x_2(k)(k=0,1,2,\cdots)$ 的值排成一列，如图 4.4 所示。在图中各行与列的交叉点处，记入相应的乘积。可以看出，沿斜线

(图中虚线)上各 $x_1(i) \cdot x_2(j)$ 的序号之和也是常数,对照褶积和的定义式(4.21)可知,沿斜线上各数值之和就是褶积和。

$x_1(k)$ $x_2(k)$	$x_1(0)$	$x_1(1)$	$x_1(2)$	$x_1(3)$	⋯
$x_2(0)$	$x_1(0)x_2(0)$	$x_1(1)x_2(0)$	$x_1(2)x_2(0)$	$x_1(3)x_2(0)$	⋯
$x_2(1)$	$x_1(0)x_2(1)$	$x_1(1)x_2(1)$	$x_1(2)x_2(1)$	$x_1(3)x_2(1)$	⋯
$x_2(2)$	$x_1(0)x_2(2)$	$x_1(1)x_2(2)$	$x_1(2)x_2(2)$	$x_1(3)x_2(2)$	⋯
$x_2(3)$	$x_1(0)x_2(3)$	$x_1(1)x_2(3)$	$x_1(2)x_2(3)$	$x_1(3)x_2(3)$	⋯
⋮	⋮	⋮	⋮	⋮	⋮

图 4.4 列表法求褶积和

3) 矩阵运算法

对于 $z(k)=x(k)*y(k)$ 的运算,可以先表示成矩阵形式,再通过矩阵运算完成褶积和的运算。

设 $x(k)=\{x_0,x_1,\cdots,x_n\}$,$y(k)=\{y_0,y_1,\cdots,y_m\}$,则 $z(k)=x(k)*y(k)$ 可用 $n+m+1$ 阶矩阵表示为

$$z(k)=x(k)*y(k)=\begin{bmatrix} x_0 & 0 & 0 & \cdots & 0 & 0 & \cdots & 0 & 0 \\ x_1 & x_0 & 0 & \cdots & 0 & 0 & \cdots & 0 & 0 \\ x_2 & x_1 & x_0 & \cdots & 0 & 0 & \cdots & 0 & 0 \\ \vdots & \vdots & \vdots & & \vdots & \vdots & & \vdots & \vdots \\ x_n & x_{n-1} & x_{n-2} & \cdots & x_0 & 0 & \cdots & 0 & 0 \\ 0 & x_n & x_{n-1} & \cdots & x_1 & x_0 & \cdots & 0 & 0 \\ \vdots & \vdots & \vdots & & \vdots & \vdots & & \vdots & \vdots \\ 0 & 0 & 0 & \cdots & x_m & x_{m-1} & \cdots & x_1 & x_0 \end{bmatrix} \begin{bmatrix} y_0 \\ y_1 \\ y_2 \\ \vdots \\ y_m \\ 0 \\ \vdots \\ 0 \end{bmatrix} = \begin{bmatrix} z_0 \\ z_1 \\ z_2 \\ \vdots \\ z_n \\ z_{n+1} \\ \vdots \\ z_{m+n} \end{bmatrix}$$

3. 褶积和的性质

性质 1 $[ax_1(k)]*x_2(k)=a[x_1(k)*x_2(k)]$,其中 a 为常数;

性质 2 $x_1(k)*[x_2(k)*x_3(k)]=[x_1(k)*x_2(k)]*x_3(k)$,即褶积和服从结合律;

性质 3 $x_1(k)*x_2(k)=x_2(k)*x_1(k)$,即褶积和服从交换律;

性质 4 $x_1(k)*[x_2(k)+x_3(k)]=x_1(k)*x_2(k)+x_1(k)*x_3(k)$,即褶积和服从分配律;

性质 5 任一序列 $x(k)$ 与单位冲激序列 $\delta(k)$ 的褶积和等于序列 $x(k)$ 本身,即
$$x(k)*\delta(k)=\delta(k)*x(k)=x(k)$$

性质 6 若 $x_1(k)*x_2(k)=x(k)$,则

$$x_1(k) * x_2(k-k_1) = x_1(k-k_1) * x_2(k) = x(k-k_1)$$
$$x_1(k-k_1) * x_2(k-k_2) = x_1(k-k_2) * x_2(k-k_1) = x(k-k_1-k_2)$$

应用这些性质,除可进行理论分析外,往往还可以使褶积和的运算得到简化。

4.2 相关

在信号分析与处理中,相关(correlation)是一个非常重要的概念,不仅它本身有着重要的物理和几何意义,而且在滤波等处理中也有着重要作用。相关分析是定量研究两个函数之间线性相关程度的一种数学方法。

4.2.1 相关系数

在信号分析与处理过程中,经常要比较两个波形是否相似。从直观上看,图 4.5(a)中两个波形不太相似,因为形态差异太大;图 4.5(b)中的两个波形的振幅起伏趋势差不多,只要将 $y(t)$ 乘上一个常数 a,就会与 $x(t)$ 更相似了。因此,图 4.5(b)中的两个波形的相似程度要比图 4.5(a)中两个波形的相似程度好。

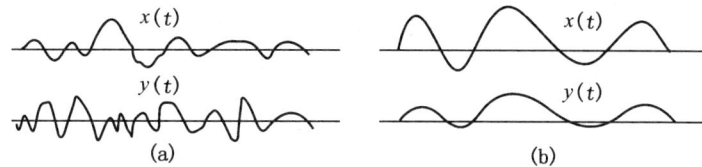

图 4.5 波形相似性比较

以上是定性描述两个信号(波形)的相似性,那么如何定量地衡量这种相似性呢?参照信号正交分解的原理,当用一个信号 $y(t)$ 去近似另一个信号 $x(t)$ 时,$x(t)$ 可表示为

$$x(t) = a_{xy} y(t) + x_e(t) \tag{4.22}$$

式中 a_{xy}——实系数;

$x_e(t)$——近似误差。

按照最小均方差准则,由式(4.22)可得这种近似的均方误差为

$$\varepsilon = \overline{x_e^2(t)} = \int_{-\infty}^{+\infty} x_e^2(t) \mathrm{d}t = \int_{-\infty}^{+\infty} [x(t) - a_{xy} y(t)]^2 \mathrm{d}t \tag{4.23}$$

为求得使均方差最小的 a_{xy} 值,必须使

$$\frac{\partial \varepsilon}{\partial a_{xy}} = \frac{\partial}{\partial a_{xy}} \left\{ \int_{-\infty}^{+\infty} [x(t) - a_{xy} y(t)]^2 \mathrm{d}t \right\} = 0$$

由此可求得用 $y(t)$ 表示 $x(t)$ 的最佳系数 a_{xy},即

$$a_{xy} = \frac{\int_{-\infty}^{+\infty} x(t) y(t) \mathrm{d}t}{\int_{-\infty}^{+\infty} y^2(t) \mathrm{d}t} \tag{4.24}$$

将其代入式(4.23)得到这种近似的最小均方误差为

$$\varepsilon_{\min} = \overline{x_e^2(t)} = \int_{-\infty}^{+\infty} x^2(t) \mathrm{d}t - \frac{\left[\int_{-\infty}^{+\infty} x(t) y(t) \mathrm{d}t\right]^2}{\int_{-\infty}^{+\infty} y^2(t) \mathrm{d}t} \tag{4.25}$$

式(4.25)中第二个等号右边第一项表示了原信号 $x(t)$ 的能量。

若将式(4.25)用原信号能量归一化成为相对误差,则有

$$\bar{\varepsilon}_{\min} = \frac{\overline{x_e^2(t)}}{\int_{-\infty}^{+\infty} x^2(t)\mathrm{d}t} = 1 - \frac{\left[\int_{-\infty}^{+\infty} x(t)y(t)\mathrm{d}t\right]^2}{\int_{-\infty}^{+\infty} x^2(t)\mathrm{d}t \int_{-\infty}^{+\infty} y^2(t)\mathrm{d}t} \tag{4.26}$$

若令

$$\rho_{xy} = \frac{\int_{-\infty}^{+\infty} x(t)y(t)\mathrm{d}t}{\sqrt{\int_{-\infty}^{+\infty} x^2(t)\mathrm{d}t}\sqrt{\int_{-\infty}^{+\infty} y^2(t)\mathrm{d}t}} \tag{4.27}$$

则相对误差可表示为

$$\bar{\varepsilon}_{\min} = 1 - \rho_{xy}^2 \tag{4.28}$$

通常将 ρ_{xy} 称为信号 $x(t)$ 与 $y(t)$ 的相关系数。在 $x(t)$ 和 $y(t)$ 都是实函数的情况下,由式(4.27)可知,ρ_{xy} 为一实数。此外,根据积分的施瓦兹(Schwartz)不等式

$$\left|\int_{-\infty}^{+\infty} x(t)y(t)\mathrm{d}t\right|^2 \leqslant \int_{-\infty}^{+\infty} x^2(t)\mathrm{d}t \int_{-\infty}^{+\infty} y^2(t)\mathrm{d}t$$

不难证明$|\rho_{xy}|\leqslant 1$。相关系数 ρ_{xy} 可以用来描述两信号波形的相似程度。

当 $x(t)=a_{xy}y(t)$,且 $a_{xy}>0$ 时,信号 $x(t)$ 和 $y(t)$ 的波形相同,仅有幅度上的放大或缩小,由式(4.27)可得 $\rho_{xy}=1$;

当 $x(t)=a_{xy}y(t)$,且 $a_{xy}<0$ 时,信号 $x(t)$ 和 $y(t)$ 的波形相同,极性相反,幅度上也可能有放大或缩小,由式(4.27)可得 $\rho_{xy}=-1$。

这就是说,$|\rho_{xy}|=1$ 表明两个信号的波形是相同的,一个信号可以用另一个信号乘以一个非零实数来表示,这种表示的相对误差 $\bar{\varepsilon}_{\min}$ 为 0,表明这种表示是精确的。两个信号间的这种关系可以认为它们是完全线性相关的。

若相关系数 $\rho_{xy}=0$,它等价于式(4.27)的分子项为 0,即 $\int_{-\infty}^{+\infty} x(t)y(t)\mathrm{d}t=0$,表明信号 $x(t)$ 和 $y(t)$ 在 $(-\infty,\infty)$ 区间上相互正交,用一个信号表示另一个信号的相对误差 $\bar{\varepsilon}_{\min}$ 为 100%,或者说两个信号的波形毫无相似之处,无法用一个信号去近似表示另一个信号,也可以说两个信号是线性无关的。

一般情况下,$0<|\rho_{xy}|<1$,这时既不能用一个信号精确地表示另一个信号,两个信号也不相互正交,而可以用一个信号近似地表示另一信号,其近似程度就用$|\rho_{xy}|$来描述。$|\rho_{xy}|$越接近于 1,表示近似程度越高,近似误差越小;反之,$|\rho_{xy}|$越接近于 0,表示近似误差越大。

以上描述是针对能量型信号的。对于功率型信号,相关系数定义为

$$\rho_{xy} = \frac{\lim_{T\to\infty} \frac{1}{2T} \int_{-T}^{T} x(t)y(t)\mathrm{d}t}{\sqrt{\lim_{T\to\infty} \frac{1}{2T} \int_{-T}^{T} x^2(t)\mathrm{d}t} \sqrt{\lim_{T\to\infty} \frac{1}{2T} \int_{-T}^{T} y^2(t)\mathrm{d}t}} \tag{4.29}$$

两个实信号的相关系数及其特性可以推广到一般的复信号,此时 a_{xy} 和 ρ_{xy} 应为复数,$|\rho_{xy}|\leqslant 1$ 意味着相关系数的模小于等于 1。

由于 $x(t)$ 与 $y(t)$ 的能量往往是确定的,因此按式(4.27),ρ_{xy} 的大小就由分子确定。称

$$r_{xy} = \int_{-\infty}^{+\infty} x(t)y(t)\mathrm{d}t \tag{4.30}$$

为 $x(t)$ 与 $y(t)$ 的未归一化的相关系数，也常简称相关系数，r_{xy} 也是衡量两个波形 $x(t)$ 与 $y(t)$ 之间相似性或线性相关性的一种度量。

4.2.2 相关函数

1. 相关函数的定义与计算

在讨论相关系数时，考虑的是两个相对固定波形的相似性，但实际中经常遇到的是更为复杂的情况，例如，在地震勘探中，由同一震源引起的经过同一反射面到达地面的两个不同接收点的两个波 $x_1(t)$ 和 $x_2(t)$。雷达探测中也有类似情况，雷达站接收到的来自两个不同距离目标的反射信号，两者也只是到达时间不同而已。在这种情况下，就必须考虑两者在时移过程中的相似性，把 $x_2(t)$ 延迟一个时间 τ，再考察 $x_1(t)$ 与 $x_2(t-\tau)$ 的相似性，即计算在时移过程中的相关系数，也就是本节要讨论的相关函数。

如果 $x_1(t)$ 与 $x_2(t)$ 是能量有限信号，且为实函数，它们之间的相关函数定义为

$$r_{12}(\tau) = \int_{-\infty}^{+\infty} x_1(t) x_2(t-\tau) \mathrm{d}t = \int_{-\infty}^{+\infty} x_1(t+\tau) x_2(t) \mathrm{d}t \tag{4.31}$$

$$r_{21}(\tau) = \int_{-\infty}^{+\infty} x_1(t-\tau) x_2(t) \mathrm{d}t = \int_{-\infty}^{+\infty} x_1(t) x_2(t+\tau) \mathrm{d}t \tag{4.32}$$

显然，相关函数 $r(\tau)$ 是两信号之间时差的函数，注意式(4.31)、式(4.32)中下标 1 与 2 的顺序不能交换，一般情况下 $r_{12}(\tau) \neq r_{21}(\tau)$。

不难证明

$$r_{12}(\tau) = r_{21}(-\tau) \tag{4.33}$$

若 $x_1(t)$ 与 $x_2(t)$ 是同一信号，即 $x_1(t) = x_2(t) = x(t)$，此时相关函数无需加注下标，以 $r(\tau)$ 表示[也可记为 $r_{xx}(\tau)$ 或 $r_{yy}(\tau)$ 等形式]，称为自相关函数

$$r(\tau) = \int_{-\infty}^{+\infty} x(t) x(t-\tau) \mathrm{d}t = \int_{-\infty}^{+\infty} x(t+\tau) x(t) \mathrm{d}t \tag{4.34}$$

显然，自相关函数有如下特性

$$r(\tau) = r(-\tau)$$

即实函数的自相关函数是时移 τ 的偶函数。

与自相关函数相对应，如果参与相关的两个信号是不同的信号，则其相关函数称为互相关函数。

若 $x_1(t)$ 与 $x_2(t)$ 是功率有限信号，式(4.31)与式(4.32)的定义失去意义，此时的相关函数可定义为

$$r_{12}(\tau) = \lim_{T \to \infty} \left[\frac{1}{T} \int_{-\frac{T}{2}}^{\frac{T}{2}} x_1(t) x_2(t-\tau) \mathrm{d}t \right] \tag{4.35}$$

$$r_{21}(\tau) = \lim_{T \to \infty} \left[\frac{1}{T} \int_{-\frac{T}{2}}^{\frac{T}{2}} x_2(t) x_1(t-\tau) \mathrm{d}t \right] \tag{4.36}$$

以及

$$r(\tau) = \lim_{T \to \infty} \left[\frac{1}{T} \int_{-\frac{T}{2}}^{\frac{T}{2}} x(t) x(t-\tau) \mathrm{d}t \right] \tag{4.37}$$

若 $x_1(t)$ 与 $x_2(t)$ 为复函数且为能量有限信号，相关函数的定义为

$$r_{12}(\tau)=\int_{-\infty}^{+\infty}x_1(t)x_2^*(t-\tau)\mathrm{d}t=\int_{-\infty}^{+\infty}x_2^*(t)x_1(t+\tau)\mathrm{d}t \tag{4.38}$$

$$r_{21}(\tau)=\int_{-\infty}^{+\infty}x_2(t)x_1^*(t-\tau)\mathrm{d}t=\int_{-\infty}^{+\infty}x_1^*(t)x_2(t+\tau)\mathrm{d}t \tag{4.39}$$

以及

$$r(\tau)=\int_{-\infty}^{+\infty}x(t)x^*(t-\tau)\mathrm{d}t=\int_{-\infty}^{+\infty}x^*(t)x(t+\tau)\mathrm{d}t \tag{4.40}$$

同时相关函数具有如下性质

$$r_{12}(\tau)=r_{21}^*(-\tau) \tag{4.41}$$

$$r(\tau)=r^*(-\tau) \tag{4.42}$$

类似地,功率有限信号的相关函数可定义为

$$r_{12}(\tau)=\lim_{T\to\infty}\left[\frac{1}{T}\int_{-\frac{T}{2}}^{\frac{T}{2}}x_1(t)x_2^*(t-\tau)\mathrm{d}t\right] \tag{4.43}$$

$$r_{21}(\tau)=\lim_{T\to\infty}\left[\frac{1}{T}\int_{-\frac{T}{2}}^{\frac{T}{2}}x_2(t)x_1^*(t-\tau)\mathrm{d}t\right] \tag{4.44}$$

$$r(\tau)=\lim_{T\to\infty}\left[\frac{1}{T}\int_{-\frac{T}{2}}^{\frac{T}{2}}x(t)x^*(t-\tau)\mathrm{d}t\right] \tag{4.45}$$

相关函数存在的条件是

$$\int_{-\infty}^{+\infty}x_1^2(t)\mathrm{d}t<\infty,\int_{-\infty}^{+\infty}x_2^2(t)\mathrm{d}t<\infty,\int_{-\infty}^{+\infty}x^2(t)\mathrm{d}t<\infty$$

例 4.3 求 $x(t)=\begin{cases}\mathrm{e}^{-\alpha t},t\geqslant 0\\ 0,t<0\end{cases}(\alpha>0)$ 的自相关函数。

解: $x(t)=\begin{cases}\mathrm{e}^{-\alpha t},t\geqslant 0\\ 0,t<0\end{cases}(\alpha>0)$ 自相关函数为

$$\begin{aligned}r(\tau)&=\int_{-\infty}^{+\infty}x(t)x(t-\tau)\mathrm{d}t\\ &=\int_{-\infty}^{+\infty}\mathrm{e}^{-\alpha t}u(t)\mathrm{e}^{-\alpha(t-\tau)}u(t-\tau)\mathrm{d}t\\ &=\mathrm{e}^{\alpha\tau}\int_{-\infty}^{+\infty}\mathrm{e}^{-2\alpha t}u(t)u(t-\tau)\mathrm{d}t\end{aligned}$$

当 $\tau\geqslant 0$ 时

$$r(\tau)=\mathrm{e}^{\alpha\tau}\int_{\tau}^{+\infty}\mathrm{e}^{-2\alpha t}\mathrm{d}t=\frac{1}{2\alpha}\mathrm{e}^{-\alpha\tau}$$

当 $\tau<0$ 时

$$r(\tau)=\mathrm{e}^{\alpha\tau}\int_{0}^{+\infty}\mathrm{e}^{-2\alpha t}\mathrm{d}t=\frac{1}{2\alpha}\mathrm{e}^{\alpha\tau}$$

因此

$$r(\tau)=\frac{1}{2\alpha}\mathrm{e}^{-|\tau|\alpha}$$

2. 相关函数的性质

了解相关函数的性质，对于加深理解和实现计算都很有用。故本节不加证明地给出相关函数的一些重要性质，要详细了解可参考有关资料。

1) 自相关函数的性质

(1) 自相关函数 $r(\tau)$ 的极大值在 $\tau=0$ 处。

(2) 实函数的自相关函数 $r(\tau)$ 是 τ 的偶函数，即 $r(\tau)=r(-\tau)$。

(3) 当 $|\tau|\to\infty$ 时，$r(\tau)\to 0$。

(4) 自相关函数 $r(\tau)$ 与信号的波形无关，只与信号所包含的频率成分 $|X(\omega)|$ 有关，即 $r(\tau)$ 只与信号的振幅谱有关，与相位谱无关。因此，具有相同自相关函数的信号，也具有相同的振幅谱或功率谱。

2) 互相关函数的性质

(1) 当 $|\tau|\to\infty$ 时，$r_{12}(\tau)\to 0$。

(2) 互相关函数 $r_{12}(\tau)$ 的极值不一定在 $\tau=0$ 处，它的极值大小为 $\sqrt{r_{11}(0)r_{22}(0)}$。

(3) $r_{12}(\tau)=r_{21}(-\tau)$，即 $r_{12}(\tau)$ 是 $r_{21}(\tau)$ 对纵轴的反转。

(4) 互相关函数只包含 $x_1(t)$ 和 $x_2(t)$ 所共有的频率成分。

4.2.3 相关定理

对于两个信号 $x_1(t)$ 和 $x_2(t)$，其褶积运算与相关运算非常相似，即

$$x_1(\tau) * x_2(\tau) = \int_{-\infty}^{+\infty} x_1(t) x_2(\tau-t) dt$$

$$r_{12}(\tau) = \int_{-\infty}^{+\infty} x_1(t) x_2(t-\tau) dt$$

由此可见，两种运算都有一个位移、相乘、求和(积分)的过程，差别仅在于褶积运算要先进行反转，所以有

$$r_{12}(\tau) = \int_{-\infty}^{+\infty} x_1(t) x_2(t-\tau) dt = x_1(\tau) * x_2(-\tau)$$

即可以通过两个信号的褶积运算求取它们的相关函数，只要在褶积运算之前先对一个信号进行反转即可。

由傅里叶变换的时域褶积定理建立了时域褶积和频域相乘的对应关系，那么相关函数在频域有没有类似的关系呢？

由相关函数的定义可知

$$r_{12}(\tau) = \int_{-\infty}^{+\infty} x_1(t) x_2^*(t-\tau) dt$$

取傅里叶变换

$$\mathscr{F}[r_{12}(\tau)] = \int_{-\infty}^{+\infty} r_{12}(\tau) e^{-j\omega\tau} d\tau = \int_{-\infty}^{+\infty} \left[\int_{-\infty}^{+\infty} x_1(t) x_2^*(t-\tau) dt \right] e^{-j\omega\tau} d\tau$$

$$= \int_{-\infty}^{+\infty} x_1(t) \left[\int_{-\infty}^{+\infty} x_2^*(t-\tau) e^{-j\omega\tau} d\tau \right] dt$$

$$= \int_{-\infty}^{+\infty} x_1(t) X_2^*(\omega) e^{-j\omega t} dt = X_1(\omega) \cdot X_2^*(\omega)$$

即

$$\mathscr{F}[r_{12}(\tau)] = X_1(\omega) \cdot X_2^*(\omega) \tag{4.46}$$

同理可得

$$\mathscr{F}[r_{21}(\tau)] = X_1^*(\omega) \cdot X_2(\omega) \tag{4.47}$$

式(4.46)和式(4.47)所描述的关系就是相关定理,即两信号互相关函数的傅里叶变换等于其中第一个信号的变换与第二个信号变换取共轭后之积。

若 $x_2(t)$ 是实偶函数,由式(4.46)可知它的傅里叶变换 $X_2(\omega)$ 是实函数,此时相关定理与褶积定理具有相同的结果。作为一种特定的情况,自相关函数的傅里叶变换等于原信号的振幅谱的平方。

4.2.4 离散信号的相关函数

离散时间序列的相关计算和连续信号相同。设 $x_1(k)$ 和 $x_2(k)$ 是两个离散时间序列,$k=0,\pm1,\pm2,\cdots$,序列 $x_1(k)$ 和 $x_2(k)$ 的相关函数定义为

$$r_{12}(k) = \sum_{i=-\infty}^{+\infty} x_1(i) x_2(i-k) \tag{4.48}$$

例 4.4 已知离散信号 $x_1(k) = \begin{cases} 1, k=0,1,2,3 \\ 0, 其他 \end{cases}$,$x_2(k) = \begin{cases} 1, k=0 \\ \dfrac{1}{2}, k=1 \\ 0, 其他 \end{cases}$,求 $x_1(k)$ 与 $x_2(k)$ 的互相关函数。

解:首先绘出 $x_1(i)$ 与 $x_2(i)$ 的离散序列图,如图 4.6(a),(b)所示。

把 $x_2(i)$ 变成 $x_2(i-k)$,将平移后 $x_2(i-k)$ 与 $x_1(i)$ 对应相乘相加,就得到互相关函数 $r_{12}(k)$。

$k=1$ 时,如图 4.6(c)所示,则

$$r_{12}(1) = x_1(1)x_2(0) + x_1(2)x_2(1) = 1 \times 1 + 1 \times \frac{1}{2} = \frac{3}{2}$$

将 k 依次从 $-\infty$ 到 $+\infty$ 变化,就得互相关函数 $r_{12}(k)$,如图 4.6(d)所示。

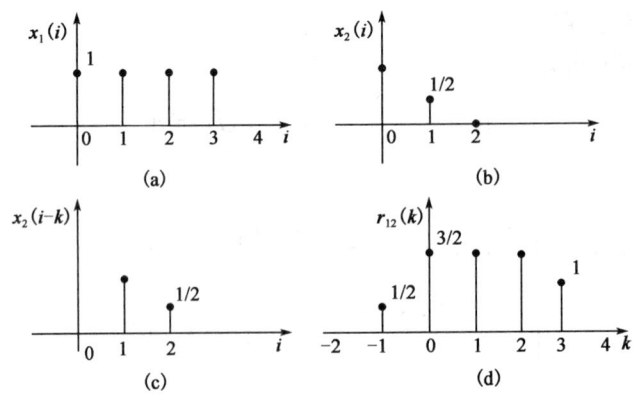

图 4.6 离散相关计算图解示意图

$$r_{12}(k) = \begin{cases} \frac{1}{2}, & k=-1 \\ \frac{3}{2}, & k=0 \\ \frac{3}{2}, & k=1 \\ \frac{3}{2}, & k=2 \\ 1, & k=3 \\ 0, & 其他 \end{cases}$$

在地震信号处理过程中,经常需要确定两个地震道的相似性和时间对齐的情况。假设有下面两个子波

子波 1:(2,1,-1,0,0)　　子波 2:(0,0,2,1,-1)

尽管两个子波波形相同,但是相对于子波 1,子波 2 位移了两个样点,这两个子波互相关的结果见表 4.1。通过互相关能够确定两个时间序列之间的相似程度,可以确定两个子波最相似的时间延迟,从表中可见,延迟为 -2 时产生了最大相关,说明子波 2 向后位移两个样点之后,两个子波具有最大的相似程度。

表 4.1　子波 1 和子波 2 的互相关

			2	1	−1	0	0				输出	延迟
0	0	2	1	−1							2	−4
	0	0	2	1	−1						1	−3
		0	0	2	1	−1					6	−2
			0	0	2	1	−1				1	−1
				0	0	2	1	−1			−2	0
					0	0	2	1	−1		0	1
						0	0	2	1	−1	0	2
							0	0	2	1	−1	0	3
								0	0	2	1	−1	0	4

一个时间序列与自身的互相关称为自相关。子波 1 的自相关结果如表 4.2 所示。应当注意的是,最大相关对应于 0 延迟,这是自相关的一个重要性质。此外,自相关函数具有对称的性质,这是实时序列的特性,因此在进行自相关计算时,只需要计算单边即可。

表 4.2　子波 1 的自相关

			2	1	−1	0	0				输出	延迟
2	1	−1	0	0							0	−4
	2	1	1	0	0						0	−3
		2	1	−1	0	0					−2	−2
			2	1	−1	0	0				1	−1
				2	1	−1	0	0			6	0
					2	1	−1	0	0		1	1
						2	1	1	0	0	−2	2
							2	1	1	0	0	0	3
								2	1	1	0	0	0	4

习 题

1. 已知 $x_1(t)$ 与 $x_2(t)$ 的波形如题 1 图所示,求 $x_1(t) * x_2(t)$,并画出波形。

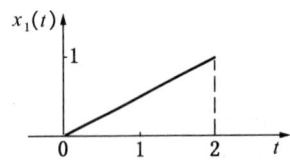 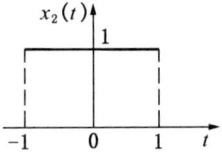

题 1 图

2. 求 $x_1(t)$ 与 $x_2(t)$ 的卷积。

(1) $x_1(t) = \begin{cases} e^{-\alpha t}, & t \geqslant 0 \\ 0, & t < 0 \end{cases}$, $x_2(t) = \begin{cases} e^{-\beta t}, & t \geqslant 0 \\ 0, & t < 0 \end{cases}$ $(\alpha, \beta > 0, \alpha \neq \beta)$

(2) $x_1(t) = u(t) - u(t-1)$, $x_2(t) = u(t) - u(t-2)$

(3) $x_1(t) = u(t)e^{-t}$, $x_2(t) = u(t-1)$

(4) $x_1(t) = f(t)$, $x_2(t) = \delta(t-t_0)$

(5) $x_1(t) = \cos\omega t$, $x_2(t) = \delta(t+1) - \delta(t-1)$

(6) $x_1(t) = u(t) - u(t-1)$, $x_2(t) = \begin{cases} e^{-\alpha t}, & t \geqslant 0 \\ 0, & t < 0 \end{cases}$ $(\alpha > 0)$

3. 求三角形脉冲 $x_\Delta(t) = \begin{cases} 1 - \dfrac{2}{\tau}|t|, & |t| < \dfrac{\tau}{2} \\ 0, & |t| > \dfrac{\tau}{2} \end{cases}$ 的谱函数(提示:可利用函数的特性和卷积定理)。

4. 设 $x(t) = u(t)\sin\omega_0 t$,试求 $\mathscr{F}[x(t)]$。

5. 设信号 $x_1(t)$ 的频谱是 $X_1(\omega)$,信号 $x_2(t)$ 的频谱是 $X_2(\omega)$,证明 $x_1(t)x_2(t)$ 的频谱 $X(\omega)$ 是

$$X(\omega) = \frac{1}{2\pi}\int_{-\infty}^{+\infty} X_1(u)X_2(\omega-u)\,du = \frac{1}{2\pi}X_1(\omega) * X_2(\omega)$$

6. 设信号 $x_1(t)$ 的频谱是 $X_1(\omega)$,信号 $x_2(t)$ 的频谱是 $X_2(\omega)$,证明 $x_1(t) * x_2(t)$ 的频谱是

$$X(\omega) = X_1(\omega)X_2(\omega)$$

7. 已知两个时限序列 $x_1(k) = \begin{cases} 1, & k=0,1,2 \\ 0, & k \text{ 为其他值} \end{cases}$, $x_2(k) = \begin{cases} k, & k=1,2,3 \\ 0, & k \text{ 为其他值} \end{cases}$,求 $x(k) = x_1(k) * x_2(k)$(建议用多种方法)。

8. 求 $x(t) = E\cos\omega_1 t$ 的自相关函数。

9. 已知 $x(t) = \begin{cases} 1, & 0 < t < T \\ 0, & \text{其他} \end{cases}$ 和 $y(t) = x(t-T)$,求它们的相关函数 $r_{xy}(\tau)$ 和 $r_{yx}(\tau)$。

第 5 章 离散傅里叶变换与快速傅里叶变换

第 2 章引入了傅里叶级数和傅里叶积分来分析连续信号和系统,第 3 章又介绍了离散时间信号及其傅里叶变换的定义,至此,是否已完成了对傅里叶分析——这一信号分析与处理的重要组成部分的讲述了呢？是否能够在计算机或其他数字设备上对信号进行频谱分析或傅里叶变换了呢？这就得依据信号数字处理的两大特点——有限性和离散性来考察。通过分析可以发现,还有两个问题没有解决：

第一,第 3 章中介绍的离散时间信号 $x(n)$ 是无限长的,而实际中计算机只能对有限长的离散时间序列进行处理,也就是说时域信号的有限性还没解决。

第二,所定义的离散信号的频谱(或傅里叶变换) $X(\omega)$ 是 ω 的周期连续函数,而计算机只允许输入、输出离散值,也就是说,如果把离散时间序列 $x(n)$ 输入计算机进行频谱分析,输出的只可能是离散的频谱序列。这样就提出一个问题：在什么条件下允许对离散信号的傅里叶变换进行离散采样,所得到的离散频谱序列恢复成连续形式时不至于因为采样而丢失某些原始信息？这样看来,频域的离散性问题也还未解决。

要解决这两个问题,就必须再引入一个新的概念,也是傅里叶分析中一个最重要的部分——有限离散傅里叶变换,简称离散傅里叶变换(DFT——Discrete Fourier Transform),其全称应为：有限长离散时间信号傅里叶变换的有限采样。它是解决频谱离散化的有效途径,并有着 DFT 的高效算法——快速傅里叶变换(FFT——Fast Fourier Transform),因而,离散傅里叶变换不仅在理论上有重要意义,而且在各种数字信号处理中起着重要作用。

5.1 离散傅里叶变换

关于离散傅里叶变换(DFT),通常有两种途径来讨论：一种是直接定义,即首先给出 DFT 的公式定义,然后再赋予它物理意义；另一种是首先讨论一个周期离散时间序列的离散傅里叶级数(DFS——Discrete Fourier Series),然后再通过周期离散时间序列与有限长离散时间序列之间的关系,利用已有知识得出相应的结论。两种途径各有利弊,此处采用第二种讨论途径来引入 DFT 的概念。

5.1.1 离散傅里叶级数

1. 周期离散时间序列及其频谱

设有一持续时间有限的非周期连续信号 $x(t)$,其持续时间为 T。$X(\omega)$ 为该信号所对应的频谱,它是一个无限带宽的连续频谱函数(图 5.1)。

如果以 T 为周期将 $x(t)$ 向两边延拓,则可得到一个以 T 为周期的周期连续信号 $x_p(t)$ (图 5.2)。由傅里叶级数知识可知,$x_p(t)$ 的频谱是离散频谱,记作 $X(k\omega_0)$ (在第 2 章中记作 c_n),其中 k 表示谱线数,$\omega_0 = \dfrac{2\pi}{T}$ 是基频,也是谱线间距,则有以下对应关系

$$x_p(t) \stackrel{\mathscr{F}}{\leftrightarrow} X(k\omega_0)$$

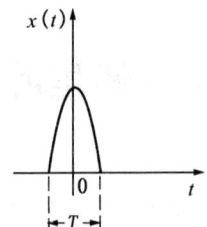 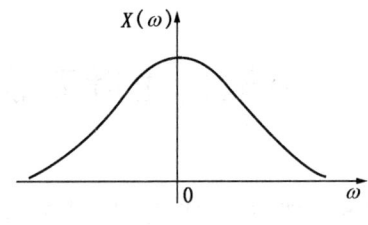

图 5.1　持续时间有限的非周期连续信号及其对应频谱

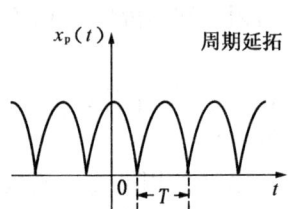 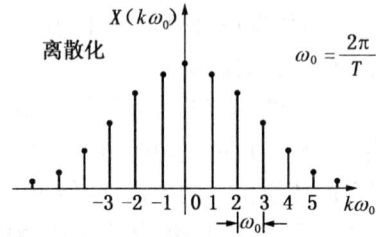

图 5.2　周期信号 $x_p(t)$ 及其对应的离散频谱 $X(k\omega_0)$

现在用采样间隔 Δ 对周期信号 $x_p(t)$ 进行离散采样,则得到周期性的离散序列 $x_p(n\Delta)$(其中 Δ 与第 3 章中的 T_s 相同)。由式(3.3)可知,这个过程可以看作 $x_p(n\Delta)$ 是由周期连续信号 $x_p(t)$ 与一个等间隔脉冲序列 $\sum\limits_{n=-\infty}^{+\infty}\delta(t-n\Delta)$ 相乘,即

$$x_p(n\Delta) = x_p(t) \cdot \sum_{n=-\infty}^{+\infty} \delta(t-n\Delta) \tag{5.1}$$

再由式(3.5)可知,"一个等间隔脉冲序列的傅里叶变换仍然是一个等间隔脉冲序列"(图 5.3),即

$$\sum_{n=-\infty}^{+\infty}\delta(t-n\Delta) \overset{\mathscr{F}}{\leftrightarrow} \frac{2\pi}{\Delta}\sum_{m=-\infty}^{+\infty}\delta\left(\omega-m\frac{2\pi}{\Delta}\right) = \frac{2\pi}{\Delta}\sum_{m=-\infty}^{+\infty}\delta(\omega-m\omega_s) \tag{5.2}$$

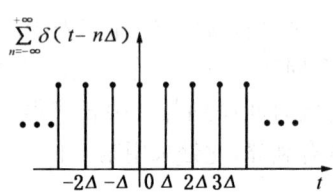 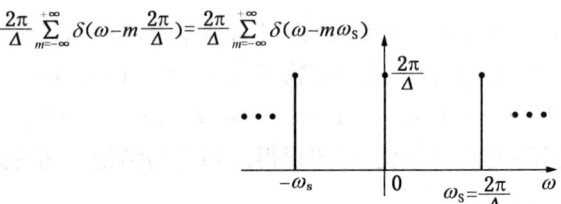

图 5.3　等间隔脉冲序列及其对应的频谱

根据傅里叶变换的频域褶积定理

$$x(t) \cdot y(t) \overset{\mathscr{F}}{\leftrightarrow} \frac{1}{2\pi}[X(\omega) * Y(\omega)]$$

则可得到周期性的离散序列 $x_p(n\Delta)$ 对应的频谱为

$$\begin{aligned}
x_p(n\Delta) \overset{\mathscr{F}}{\leftrightarrow} X_p(k\omega_0) &= \frac{1}{2\pi}\left[X(k\omega_0) * \frac{2\pi}{\Delta}\sum_{m=-\infty}^{+\infty}\delta(\omega-m\omega_s)\right] \\
&= \frac{1}{\Delta}\left[X(k\omega_0) * \sum_{m=-\infty}^{+\infty}\delta(\omega-m\omega_s)\right] \\
&= \frac{1}{\Delta}\sum_{m=-\infty}^{+\infty} X(k\omega_0-m\omega_s)
\end{aligned}$$

当 $\Delta = \dfrac{T}{N}$ 时

$$\omega_0 = \dfrac{2\pi}{T} = \dfrac{2\pi}{N\Delta}$$

而

$$\omega_S = \dfrac{2\pi}{\Delta} = \dfrac{2\pi N}{T} = N\omega_0$$

$$X_p(k\omega_0) = \dfrac{1}{\Delta} \sum_{m=-\infty}^{+\infty} X[(k-mN)\omega_0]$$

所以有

$$x_p(n\Delta) \overset{\mathscr{F}}{\leftrightarrow} \dfrac{1}{\Delta} \sum_{m=-\infty}^{+\infty} X[(k-mN)\omega_0] \tag{5.3}$$

可以看出，$X_p(k\omega_0)$ 是 $X(k\omega_0)$ 的周期性重复，其周期 $\omega_S = N\omega_0$（图 5.4）。

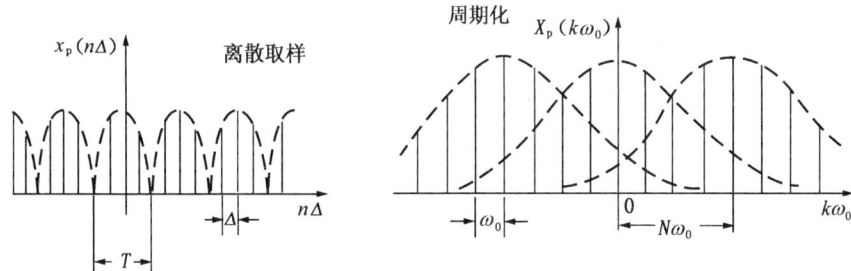

图 5.4　周期离散序列 $x_p(n\Delta)$ 及其对应的周期性离散频谱 $X_p(k\omega_0)$

综上所述，周期为 T、采样间隔为 $\Delta = \dfrac{T}{N}$ 的周期性离散时间序列 $x_p(n\Delta)$ 所对应的频谱函数 $X_p(k\omega_0)$ 也是一个周期性的离散序列，不过是周期性离散频谱序列。它的谱线间隔（也即频率采样间隔）为 $\omega_0 = \dfrac{2\pi}{T}$，周期为 $\omega_S = \dfrac{2\pi}{\Delta} = N\omega_0$，即

$$x_p(n\Delta) = x_p(n\Delta + rN\Delta) \overset{\mathscr{F}}{\leftrightarrow} X_p(k\omega_0) = X_p(k\omega_0 + mN\omega_0) \tag{5.4}$$

其中，$n \geq 0; k \leq N-1; r, m = 0, \pm 1, \pm 2, \cdots$

式（5.4）表明：$x_p(n\Delta)$ 每隔 N 个样点重复一次，其对应的频谱序列 $X_p(k\omega_0)$ 也是每隔 N 条谱线重复一次。

2. 周期序列的离散傅里叶级数（DFS）

由周期信号的特点可知，对于一个周期信号，只需研究其在一个周期内的变化过程和规律，就能认识它在任何时间上的特点。现在就仅考虑 $x_p(n\Delta)$ 的一个周期（N 个样点）内信号与频谱的对应关系，利用傅里叶级数关系式来获得所需要的 DFS 的数学表达式。

由第 2 章可知，一个周期为 T 的周期连续信号 $x_p(t)$ 的傅里叶级数展开为

$$x_p(t) = \sum_{n=-\infty}^{+\infty} c_n e^{jn\omega_0 t} \tag{5.5}$$

式中，$\omega_0 = \dfrac{2\pi}{T}$，$c_n = \dfrac{1}{T} \int_{-\frac{T}{2}}^{\frac{T}{2}} x_p(t) e^{-jn\omega_0 t} dt$ 为傅里叶级数系数，相当于 $x_p(t)$ 对应的频谱，即 $x_p(t) \overset{\mathscr{F}}{\leftrightarrow} c_n$。对于一个周期为 T、采样间隔为 $\Delta = \dfrac{T}{N}$ 的周期离散时间序列 $x_p(n\Delta)$，把 $n\omega_0 = k\omega_0$，

$t=n\Delta$ 代入式(5.5),用傅里叶级数展开得

$$x_p(n\Delta)=\sum_{k=-\infty}^{+\infty}X_p(k\omega_0)e^{jk\omega_0 n\Delta}$$

$$=\sum_{k=-\infty}^{+\infty}X_p(k\omega_0)e^{j\frac{2\pi}{T}kn\frac{T}{N}}$$

$$=\sum_{k=-\infty}^{+\infty}X_p(k\omega_0)e^{j\frac{2\pi}{N}kn} \tag{5.6}$$

Δ 和 ω_0 分别是时间和频率抽样间隔,是固定不变的,故式(5.6)可简化为

$$x_p(n)=\sum_{k=-\infty}^{+\infty}X_p(k)e^{j\frac{2\pi}{N}kn} \tag{5.7}$$

由刚才的讨论中可知,周期为 N 个样点的周期性离散时间序列对应的周期性离散频谱序列只需 N 条谱线就能反映其频率分布情况,因此对式(5.7)中 $x_p(n)$ 的傅里叶级数展开式可以只用 N 条谱线的组合来表示,即

$$x_p(n)=\sum_{k=0}^{N-1}X_p(k)e^{j\frac{2\pi}{N}kn} \tag{5.8}$$

为了处理方便,把式(5.8)右边乘上一个常数 $\frac{1}{N}$,这样不会引起任何实质性变化,从而有

$$x_p(n)=\frac{1}{N}\sum_{k=0}^{N-1}X_p(k)e^{j\frac{2\pi}{N}kn} \tag{5.9}$$

这就是说:对于周期离散时间序列 $x_p(n)$,可以看成是由 N 个复振幅为 $\frac{1}{N}X_p(k)$ 的周期离散谐波 $\frac{1}{N}X_p(k)e^{j\frac{2\pi}{N}kn}$ ($k=0,1,2,\cdots,N-1$)叠加而成。这是用 $X_p(k)$ 来表示 $x_p(n)$;反之,也可以用 $x_p(n)$ 来表示 $X_p(k)$。为此,引入指数序列的一个性质(这个性质很容易得到验证):

$$\frac{1}{N}\sum_{n=0}^{N-1}e^{j\frac{2\pi}{N}(k-r)n}=\begin{cases}1,k=r\\0,k\neq r\end{cases} \tag{5.10}$$

用 $e^{-j\frac{2\pi}{N}nr}$ 乘以式(5.9)两边,并从 $n=0$ 到 $N-1$ 求和,有

$$\sum_{n=0}^{N-1}x_p(n)e^{-j\frac{2\pi}{N}nr}=\sum_{n=0}^{N-1}\left[\frac{1}{N}\sum_{k=0}^{N-1}X_p(k)e^{j\frac{2\pi}{N}kn}\right]e^{-j\frac{2\pi}{N}nr}$$

$$=\sum_{k=0}^{N-1}X_p(k)\cdot\left[\frac{1}{N}\sum_{n=0}^{N-1}e^{j\frac{2\pi}{N}(k-r)n}\right]$$

由式(5.10)可知,只有当 $k=r$ 时括号里的指数序列求和才有非零值,即

$$\sum_{n=0}^{N-1}x_p(n)e^{-j\frac{2\pi}{N}nr}=X_p(r)$$

换成通常用的频率变量 k,则有

$$X_p(k)=\sum_{n=0}^{N-1}x_p(n)e^{-j\frac{2\pi}{N}kn} \tag{5.11}$$

由此可知,周期离散时间序列 $x_p(n)$ 与其对应的周期离散频谱序列 $X_p(k)$ 之间可通过傅里叶级数来计算。不过由于两者都是离散求和,故而把这对公式称为离散傅里叶级数(DFS)。这对关系式记为

$$\begin{cases} X_p(k) = \sum_{n=0}^{N-1} x_p(n) e^{-j\frac{2\pi}{N}kn}, k=0,1,2,\cdots,N-1 \\ x_p(n) = \frac{1}{N}\sum_{k=0}^{N-1} X_p(k) e^{j\frac{2\pi}{N}kn}, n=0,1,2,\cdots,N-1 \end{cases} \quad (5.12)$$

这里应该记住,$x_p(n)$与$X_p(k)$都是周期性的序列。这里仅考虑了一个周期的作用,但是它们实际上都是以N为周期的周期性序列,即每隔N点(或N条谱线)重复一次。

有了周期性离散时间序列和周期性离散频谱序列之间的对应关系,再来研究有限长离散时间序列及其频谱的关系式DFT。

5.1.2 离散傅里叶变换(DFT)——有限长序列的离散频域表示

1. 有限长离散时间序列和周期性离散时间序列的关系

根据对DFS的讨论可知,周期性离散时间序列$x_p(n)$是通过下述过程得到的,即

$$x(t) \xrightarrow[T]{\text{周期延拓}} x_p(t) \xrightarrow[\Delta=\frac{T}{N}]{\text{离散采样}} x_p(n)$$

还可以通过另外一个过程得到

$$x(t) \xrightarrow[\Delta=\frac{T}{N}]{\text{离散采样}} x(n) \xrightarrow[N]{\text{周期延拓}} x_p(n)$$

第二个过程说明:周期性离散时间序列$x_p(n)$可以由非周期的有限长离散时间序列$x(n)$以N为周期进行延拓而构成。因此,可以根据第二个过程写出它们两者之间的关系式,即

$$x_p(n) = \sum_{r=-\infty}^{+\infty} x(n+rN) = x((n))_N \quad (5.13)$$

式中 $x((n))_N$——$x(n)$以N为周期进行延拓。

同理,如果要用周期性离散时间序列$x_p(n)$来表示有限长序列,则可在周期性离散时间序列$x_p(n)$中任意截取一个周期,就得到有限长序列$x(n)$。一般都取n从0到$N-1$这个周期(称为主周期),即

$$\begin{aligned} x(n) &= \begin{cases} x_p(n), 0 \leq n \leq N-1 \\ 0, \text{其他} \end{cases} \\ &= x_p(n) R_N(n) \end{aligned} \quad (5.14)$$

$$R_N(n) = \begin{cases} 1, 0 \leq n \leq N-1 \\ 0, \text{其他} \end{cases}$$

式中 $R_N(n)$——矩形序列。

2. DFT公式的导出

由上面的讨论知道:

周期性离散序列=有限长离散序列的周期延拓;

有限长离散序列=周期性离散序列的主周期截取=周期离散序列的主值序列。

对于时间序列有上述关系,对于频域也同样有

$$X_p(k) = \sum_{r=-\infty}^{+\infty} X(k+rN) = X((k))_N \quad (5.15)$$

及

$$X(k) = \begin{cases} X_p(k), & 0 \leq k \leq N-1 \\ 0, & \text{其他} \end{cases}$$
$$= X_p(k)R_N(k)$$

根据离散傅里叶级数公式(5.12),仅考虑一个周期内的样值,再把式(5.12)中的 $x_p(n)$ 换成 $x(n)$, $X_p(k)$ 换成 $X(k)$,并令 n,k 不在主周期内时为零,从而可得到有限长离散时间序列的傅里叶变换公式

$$\begin{cases} X(k) = \begin{cases} \sum_{n=0}^{N-1} x(n) \mathrm{e}^{-\mathrm{j}\frac{2\pi}{N}kn}, & 0 \leq k \leq N-1 \\ 0, & \text{其他} \end{cases} \\ x(n) = \begin{cases} \dfrac{1}{N} \sum_{k=0}^{N-1} X(k) \mathrm{e}^{\mathrm{j}\frac{2\pi}{N}kn}, & 0 \leq n \leq N-1 \\ 0, & \text{其他} \end{cases} \end{cases} \quad (5.16)$$

这就是离散傅里叶变换(DFT)公式对。在以下的讨论中,与连续时间信号的傅里叶变换一样,仍用如下的符号表明离散傅里叶变换对

$$x(n) \overset{\mathscr{F}}{\leftrightarrow} X(k)$$

由式(5.16)可知:N 点的有限长序列,其频谱也仅有 N 个样点。N 点的有限长离散信号 $x(n)$ 可以由 N 个复振幅为 $\dfrac{1}{N}X(k)$ 离散谐波叠加,然后取 N 个值而构成。利用式(5.16),已知 $x(n)$ 就能唯一地确定 $X(k)$;同样,已知 $X(k)$ 也就唯一地确定了 $x(n)$。但要记住的是:在涉及 DFT 关系的场合,有限长序列总是表示成周期序列的一个周期。

比较 DFT 和 DFS 不难看出,DFT 是借助 DFS 推导出来的,两者具有相同的形式,只是各量的取值范围不同。

例 5.1 已知时间序列 $x(n)=\{1,0,0,1\}$,求其频谱序列 $X(k)$。

解:由 DFT 公式 $X(k) = \sum\limits_{n=0}^{N-1} x(n) \mathrm{e}^{-\mathrm{j}\frac{2\pi}{N}kn}$ 可知

$$X(k) = \sum_{n=0}^{3} x(n) \mathrm{e}^{-\mathrm{j}\frac{2\pi}{N}kn} \quad (k=0,1,2,3)$$

所以

$$X(0) = \sum_{n=0}^{3} x(n) \mathrm{e}^{-\mathrm{j}\frac{2\pi}{4}n \cdot 0} = \sum_{n=0}^{3} x(n) = 1+0+0+1 = 2$$

$$X(1) = \sum_{n=0}^{3} x(n) \mathrm{e}^{-\mathrm{j}\frac{2\pi}{4}n \cdot 1} = \sum_{n=0}^{3} x(n)(-\mathrm{j})^n = 1+0+0+\mathrm{j} = 1+\mathrm{j}$$

$$X(2) = \sum_{n=0}^{3} x(n) \mathrm{e}^{-\mathrm{j}\frac{2\pi}{4}n \cdot 2} = \sum_{n=0}^{3} x(n) \mathrm{e}^{-\mathrm{j}n\pi} = \sum_{n=0}^{3} x(n)(-1)^n = 1+0+0+(-1) = 0$$

$$X(3) = \sum_{n=0}^{3} x(n) \mathrm{e}^{-\mathrm{j}\frac{2\pi}{4}n \cdot 3} = \sum_{n=0}^{3} x(n)(\mathrm{j})^n = 1+0+0-\mathrm{j} = 1-\mathrm{j}$$

即

$$X(k) = \{2, 1+\mathrm{j}, 0, 1-\mathrm{j}\}$$

其振幅谱序列为 $|X(k)| = \{2, \sqrt{2}, 0, \sqrt{2}\}$,其相位谱序列为 $\phi(k) = \left\{0, \dfrac{\pi}{4}, \text{不定}, -\dfrac{\pi}{4}\right\}$,其图形见图 5.5。

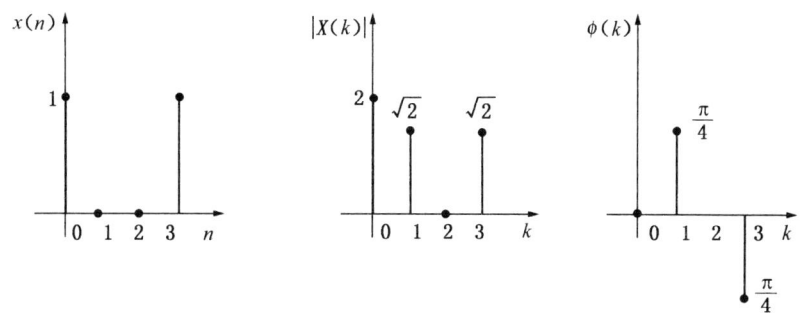

图 5.5 有限长序列及其频谱举例

至此为止,共介绍了五类信号及其频谱特点(表 5.1)。

表 5.1 信号及频谱特点

信 号	频 谱 特 点	使用的数学方法
周期连续信号	离散谱	傅里叶级数
非周期连续信号	连续谱	傅里叶积分
离散时间信号	周期连续谱	离散傅里叶变换
周期离散信号	离散周期谱	DFS
有限长离散信号	有限长离散谱	DFT

3. DFT 的性质

离散傅里叶变换具有一些很有用的性质,这里简单介绍几个最常用的基本性质。有关这些性质的证明很多书中都有介绍,故此处就不再证明了,仅直接引用。学习这些性质时,若与第 2 章中所介绍的连续信号的傅里叶变换性质相比较,可以找出它们的共同点和不同之处。

1)线性叠加性质

若
$$x_1(n) \overset{\mathscr{F}}{\leftrightarrow} X_1(k), x_2(n) \overset{\mathscr{F}}{\leftrightarrow} X_2(k)$$

且两序列长度相同,则
$$ax_1(n)+bx_2(n) \overset{\mathscr{F}}{\leftrightarrow} aX_1(k)+bX_2(k) \quad (a,b \text{ 均为常数}) \tag{5.17}$$

此性质表明:序列线性组合的 DFT 等于它们各自 DFT 的线性组合。

例 5.2 已知 $x_1(n)=\{2,0,0,0\} \overset{\mathscr{F}}{\leftrightarrow} X_1(k)=\{2,2,2,2\}$

$$x_2(n)=\{0,1,0,0\} \overset{\mathscr{F}}{\leftrightarrow} X_2(k)=\{1,-j,-1,j\}$$

求 $x_3(n)=\{4,1,0,0\} \overset{\mathscr{F}}{\leftrightarrow} X_3(k)$。

解: 因为 $x_3(n)=2x_1(n)+x_2(n)$,则由性质得
$$X_3(k)=2X_1(k)+X_2(k)=2\{2,2,2,2\}+\{1,-j,-1,j\}$$
$$=\{5,4-j,3,4+j\}$$

注意:当序列 $x_1(n),x_2(n)$ 长度不等时,不能简单地相加,而应该把短的那个序列人为地用充零的办法加长,使两序列长度相等后,求出短序列充零后对应的频谱再令其相加。

若
$$x_1(n), 0 \leqslant n \leqslant N_1-1$$
$$x_2(n), 0 \leqslant n \leqslant N_2-1$$

$N_1 \neq N_2$,不妨设 $N_1 < N_2$,则令

$$x_1(n) = \begin{cases} x_1(n), & 0 \leqslant n \leqslant N_1 - 1 \\ 0, & N_1 < n \leqslant N_2 - 1 \end{cases}$$

先求其 $X_1(k)$(且 $0 \leqslant k \leqslant N_2 - 1$),再利用性质求 $ax_1(n)$ 和 $bx_2(n)$ 之和的离散傅里叶变换。

2)循环移位性质

循环移位性质包括循环时移性质和循环频移性质。

(1)循环时移性质。

若

$$x(n) \overset{\mathscr{F}}{\leftrightarrow} X(k)$$

则

$$x((n-m))_N R_N(n) \overset{\mathscr{F}}{\leftrightarrow} \mathrm{e}^{-\mathrm{j}\frac{2\pi}{N}km} X(k) \tag{5.18}$$

式中 $x((n-m))_N R_N(n)$ 表示循环时移,是指 $x(n)$ 以 N 为周期进行周期延拓,变成周期序列 $x_p(n) = x((n))_N$,再在时间轴上移动 m 个样点,再取主周期的结果。图 5.6 表示了循环时移的过程。

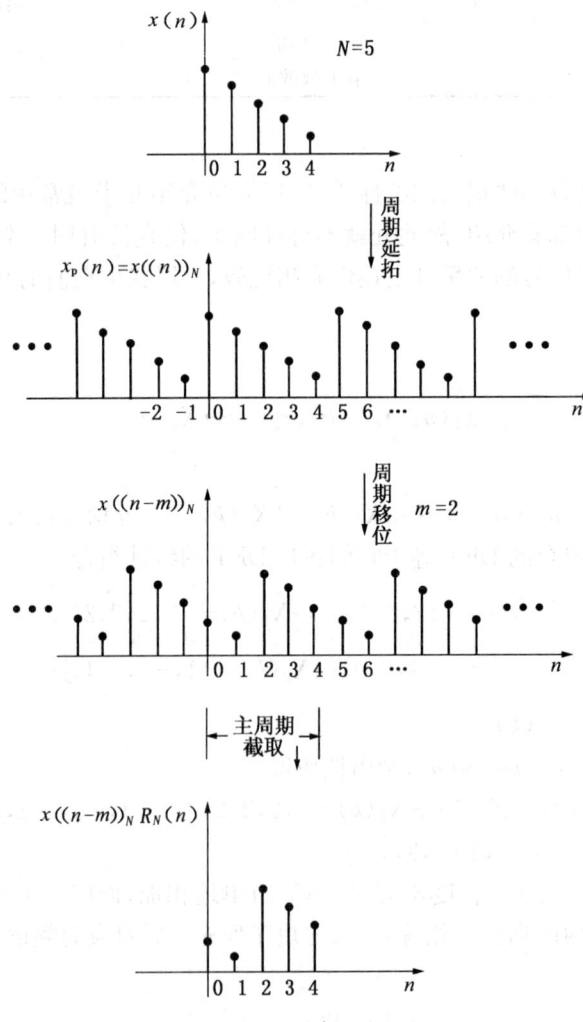

图 5.6 循环时移示意图

比较图 5.6 中的 $x(n)$ 与循环时移最终结果可见,循环时移实质上是 $x(n)$ 数据从右边移出去 m 个,又从左边补进来,因此,整个序列的长度应和原始序列长度相同,都是 N 个样点。它和线性时移不同,线性时移是 $x(n)$ 数据从右边沿时间轴移动 m 个点,空出的位置补零,因此整个序列的长度应为 $N+|m|$ 个样点。

例 5.3 已知 $x(n)=\{1,2,3,4,5\}$,求 $x(n-2)$ 和 $x((n-2))_N R_N(n)$。

解:因为 $x(n)=\{1,2,3,4,5\}$,所以
$$x(n-2)=\{0,0,1,2,3,4,5\}$$
$$x((n-2))_N R_N(n)=\{4,5,1,2,3\} \text{(图 5.7)}$$

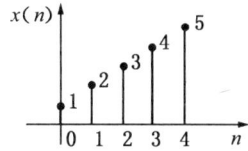

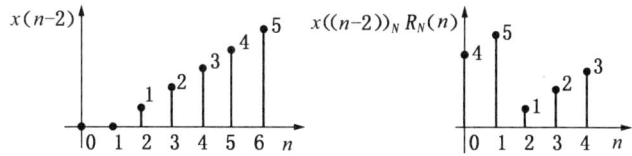

图 5.7 线性时移与循环时移对比图

根据式(5.18),若取 $x(n) \overset{\mathscr{F}}{\leftrightarrow} X(k)=|X(k)|e^{j\phi(k)}$,则循环时移后序列对应的频谱为
$$e^{-j\frac{2\pi}{N}km}X(k)=|X(k)|e^{j\left[\phi(k)-\frac{2\pi}{N}km\right]}$$
这就表明:序列经过循环时移后,其离散傅里叶变换的幅值不变,仅相位发生了线性移动。

例 5.4 已知序列 $x(n)=\{1,0,0,1\} \overset{\mathscr{F}}{\leftrightarrow} X(k)=\{2,1+j,0,1-j\}$,试求 $x_1(n)=\{1,1,0,0\}$ 的傅里叶变换 $X_1(k)$;$x_2(n)=\{0,1,1,0\}$ 的傅里叶变换 $X_2(k)$;$x_3(n)=\{0,0,1,1\}$ 的傅里叶变换 $X_3(k)$。

解:因为 $x_1(n)=x((n-1))_N R_N(n)$,所以利用循环时移性质有
$$X_1(k)=e^{-j\frac{2\pi}{4}k}X(k)=(-j)^k X(k)=(-j)^k\{2,1+j,0,1-j\}$$
$$=\{2,1-j,0,1+j\}$$
同理
$$X_2(k)=e^{-j\frac{2\pi}{4}k \cdot 2}X(k)=e^{-jk\pi}X(k)=(-1)^k X(k)=\{2,-1-j,0,-1+j\}$$
$$X_3(k)=e^{-j\frac{2\pi}{4}k \cdot 3}X(k)=e^{-j\frac{3k\pi}{2}}X(k)=(j)^k X(k)=\{2,-1+j,0,-1-j\}$$

可以看出 $|X(k)|=|X_1(k)|=|X_2(k)|=|X_3(k)|=\{2,\sqrt{2},0,\sqrt{2}\}$,正好符合这个性质的物理含义,即幅值不变。

(2)循环频移性质。

类似时域,频域也有一相似的结论
$$e^{j\frac{2\pi}{N}nl}x(n) \overset{\mathscr{F}}{\leftrightarrow} X((k-l))_N R_N(k) \tag{5.19}$$

3)循环反转性质

若
$$x(n) \overset{\mathscr{F}}{\leftrightarrow} X(k)$$

则
$$x((-n))_N R_N(n) \overset{\mathscr{F}}{\leftrightarrow} X((-k))_N R_N(k) \quad (5.20)$$

式中 $x((-n))_N R_N(n)$ 表示循环反转,是指 $x(n)$ 以 N 为周期进行周期延拓,变成周期序列 $x_p(n) = x((n))_N$,再反转,再取主周期的结果。图 5.548 表示了循环反转的过程。

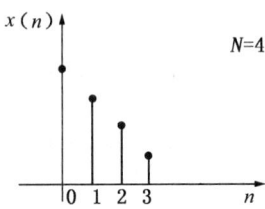

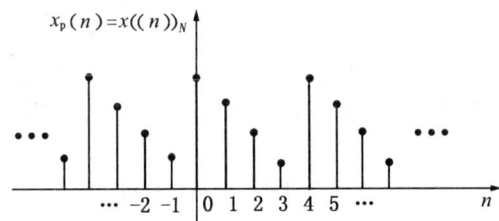

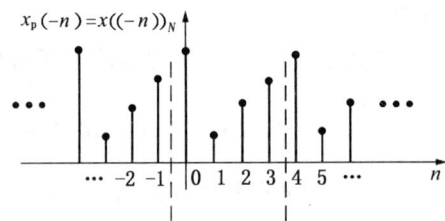

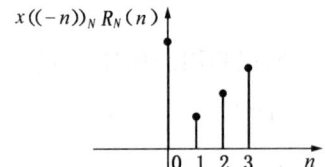

图 5.8 循环反转示意图

比较图 5.8 中的 $x(n)$ 与循环反转最终结果可见,循环反转实质上是 $x(n)$ 的第一个值不动,后面的各值反转,它和线性反转也完全不同。

例 5.5 已知 $x(n) = \{1, 2, 3, 4\}$,求 $x(-n)$ 和 $x((-n))_N R_N(n)$。

解:因为
$$x(n) = \{1, 2, 3, 4\}$$

所以
$$x(-n) = \{4, 3, 2, \overset{n=0}{1}\}$$

$$x((-n))_N R_N(n)=\{1,4,3,2\} \quad (\text{图 5.9})$$

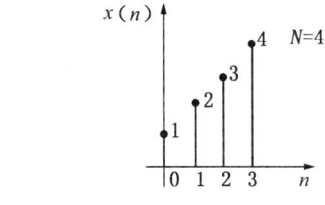

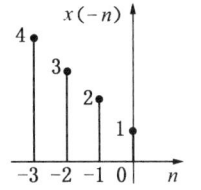 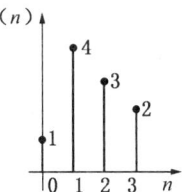

图 5.9　线性反转与循环反转对比图

循环反转性质表明：信号循环反转对应的离散傅里叶变换，就是原信号离散傅里叶变换的循环反转。

例 5.6　已知 $x(n)=\{1,1,0,0\} \overset{\mathscr{F}}{\leftrightarrow} X(k)=\{2,1-j,0,1+j\}$，求 $x_1(n)=\{1,0,0,1\}$ 的傅里叶变换 $X_1(k)$。

解：因为

$$x_1(n)=x((-n))_N R_N(n)$$

所以

$$X_1(k)=X((-k))_N R_N(k)=\{2,1+j,0,1-j\}$$

这与例 5.4 的结果是相同的，这说明一道题可以利用不同的性质来求解。

4) 对称性质

若

$$x(n) \overset{\mathscr{F}}{\leftrightarrow} X(k)$$

则

$$X(n) \overset{\mathscr{F}}{\leftrightarrow} Nx((-k))_N R_N(k) \tag{5.21}$$

或

$$\frac{1}{N}X((-n))_N R_N(n) \overset{\mathscr{F}}{\leftrightarrow} x(k) \tag{5.22}$$

这个性质表明：如果一个有限长时间序列的形式与另一个已知序列的 DFT 形式相同，那么这个时间序列的 DFT 就一定等同于那个已知序列的反转形式，两者仅差一个常数倍。这和连续傅里叶变换中的对称性是类似的，不过应注意这里的反转是本节循环反转性质所提到的"循环反转"，而不是一般的线性反转。

例 5.7　已知 $x(n)=\{1,0,0,0\} \overset{\mathscr{F}}{\leftrightarrow} X(k)=\{1,1,1,1\}$，求 $x_1(n)=\{1,1,1,1\}$ 的傅里叶变换 $X_1(k)$。

解：因为

$$x_1(n)=X(n)$$

由对称性质可知
$$X_1(k)=Nx((-k))_N R_N(k)=4\{1,0,0,0\}=\{4,0,0,0\}$$

5)奇偶虚实性质

若 $x(n)$ 是一实序列,则其离散傅里叶变换 $X(k)$ 具有下述特性

$$\begin{cases} X_R(k)=X_R(N-k) \\ X_I(k)=-X_I(N-k) \end{cases} \tag{5.23}$$

式中　N——序列长度。

这表明:实序列的离散傅里叶变换,其实部是关于 $\frac{N}{2}$ 点偶对称的,而虚部是关于 $\frac{N}{2}$ 点奇对称的。根据这一性质,对实序列计算离散谱时,没有必要计算 $0 \leqslant k \leqslant N-1$ 内所有值,只要计算 $0 \leqslant k \leqslant \frac{N}{2}$ 内的值即可,从而可以节省一半的工作量。

例 5.8　已知 $x(n)=\{1,0,1,0,0,0,0,0\}$,求其傅里叶变换 $X(k)$。

解:这里 $N=8$,只需要算出 $X(0) \sim X(4)$ 即可,利用公式可算出
$$X(0)=2, X(1)=1-j, X(2)=0, X(3)=1+j, X(4)=2$$
从而可写出
$$X(5)=1-j, X(6)=0, X(7)=1+j$$
所以
$$X(k)=\{2,1-j,0,1+j,2,1-j,0,1+j\}$$

类似地,关于实序列 $x(n)$ 的振幅谱和相位谱序列也有以下的关系

$$\begin{cases} |X(k)|=|X(N-k)| \\ \phi(k)=-\phi(N-k) \end{cases} \tag{5.24}$$

即振幅谱关于 $\frac{N}{2}$ 点偶对称,相位谱关于 $\frac{N}{2}$ 点奇对称。如例 5.8 中

$$|X(k)|=\{2,\sqrt{2},0,\sqrt{2},2,\sqrt{2},0,\sqrt{2}\}$$

$$\phi(k)=\left\{0,-\frac{\pi}{4},\text{不定},\frac{\pi}{4},0,-\frac{\pi}{4},\text{不定},\frac{\pi}{4}\right\}$$

6)序列的总和

长度为 N 的时间序列 $x(n)$,各样点值的总和就等于该序列在零频率处的谱值,即

$$\sum_{n=0}^{N-1} x(n)=X(k)|_{k=0}=X(0) \tag{5.25}$$

证明:因为 DFT 的正变换公式为

$$X(k)=\sum_{n=0}^{N-1} x(n)e^{-j\frac{2\pi}{N}kn} \quad (0 \leqslant k \leqslant N-1)$$

当 $k=0$ 时

$$X(0)=\sum_{n=0}^{N-1} x(n)e^0=\sum_{n=0}^{N-1} x(n)$$

利用这个性质,一方面可以快速地求取序列各样点值的和,另一方面则可方便地求取序列的零频率值。

7) 序列的初值

序列的初值指序列的初始值等于该序列在各个频率分量上的谱值之和除以 N，即

$$x(0)=\frac{1}{N}\sum_{k=0}^{N-1}X(k) \tag{5.26}$$

证明：因为 DFT 的逆变换公式为

$$x(n)=\frac{1}{N}\sum_{k=0}^{N-1}X(k)\mathrm{e}^{\mathrm{j}\frac{2\pi}{N}kn} \quad (0\leqslant n\leqslant N-1)$$

当 $n=0$ 时

$$x(0)=\frac{1}{N}\sum_{k=0}^{N-1}X(k)\mathrm{e}^{0}=\frac{1}{N}\sum_{k=0}^{N-1}X(k)$$

例 5.9 已知 $x(n)=\{1,0,5,0\} \overset{\mathscr{F}}{\leftrightarrow} X(k)=\{6,-4,6,-4\}$，利用序列的总和、序列的初值性质来验证 $X(0)$ 及 $x(0)$。

解：因为 $N=4$，根据序列的总和性质可知

$$X(0)=\sum_{n=0}^{N-1}x(n)=\sum_{n=0}^{3}x(n)=6$$

而根据序列的初值性质可知

$$x(0)=\frac{1}{N}\sum_{k=0}^{N-1}X(k)=\frac{1}{4}\sum_{k=0}^{3}X(k)=1$$

可见，根据性质计算出的结果与所给数据完全符合。

8) 帕斯瓦尔(Parseval)定理

若

$$x(n)\overset{\mathscr{F}}{\leftrightarrow}X(k)$$

则

$$\sum_{n=0}^{N-1}|x(n)|^{2}=\frac{1}{N}\sum_{k=0}^{N-1}|X(k)|^{2} \tag{5.27}$$

证明：

$$\begin{aligned}\sum_{n=0}^{N-1}|x(n)|^{2} &= \sum_{n=0}^{N-1}x(n)x^{*}(n) \\ &= \sum_{n=0}^{N-1}x(n)\left[\frac{1}{N}\sum_{k=0}^{N-1}X(k)\mathrm{e}^{\mathrm{j}\frac{2\pi}{N}kn}\right]^{*} \\ &= \frac{1}{N}\sum_{k=0}^{N-1}X^{*}(k)\sum_{n=0}^{N-1}x(n)\mathrm{e}^{-\mathrm{j}\frac{2\pi}{N}kn} \\ &= \frac{1}{N}\sum_{k=0}^{N-1}X^{*}(k)X(k) \\ &= \frac{1}{N}\sum_{k=0}^{N-1}|X(k)|^{2}\end{aligned}$$

此定理表明：一个序列在时域计算的能量与在频域计算的能量是相等的。

例 5.10 用序列 $x(n)=\{1,1,0,0\}$ 验证帕斯瓦尔定理。

解：因为

$$x(n)\overset{\mathscr{F}}{\leftrightarrow}X(k)=\{2,1-\mathrm{j},0,1+\mathrm{j}\}$$

$$\sum_{n=0}^{N-1}|x(n)|^2=1^2+1^2=2$$

$$\frac{1}{4}\sum_{k=0}^{3}|X(k)|^2=\frac{1}{4}(2^2+1^2+1^2+0^2+1^2+1^2)=2$$

恰好满足式(5.27)。

9) 人为加长序列

前面讲线性叠加性质时已经提到,当进行线性叠加的两个序列长度不等时,必须把较短的序列人为地加长,使两序列长度相等后再相加,然后才能运用性质。这样就出现了一个问题:人为地通过补零加长序列,是否会对序列的频谱产生影响?或者说,加长后的序列的离散傅里叶变换和原始序列的离散傅里叶变换之间存在什么关系?这里仅讨论一种特殊情况:后边补零加长序列,且加长后的序列长度是原始序列长度的整数倍。

设

$$x(n) \quad (0\leqslant n\leqslant N-1)$$

现令

$$g(n)=\begin{cases}x(n), & 0\leqslant n\leqslant N-1\\ 0, & N< n\leqslant M-1\end{cases}$$

其中 $M=rN$(r 为一正整数),现要讨论 $X(k)(0\leqslant k\leqslant N-1)$ 与 $G(k)(0\leqslant k\leqslant M-1)$ 之间的关系。已知

$$X(k)=\sum_{n=0}^{N-1}x(n)\mathrm{e}^{-\mathrm{j}\frac{2\pi}{N}kn} \quad (0\leqslant k\leqslant N-1)$$

而

$$G(k)=\sum_{n=0}^{M-1}g(n)\mathrm{e}^{-\mathrm{j}\frac{2\pi}{M}kn}$$

$$=\sum_{n=0}^{N-1}x(n)\mathrm{e}^{-\mathrm{j}\frac{2\pi}{rN}kn} \quad (0\leqslant k\leqslant M-1)$$

如令 $X(k)$ 的谱线间隔为 ω_0,应有 $\omega_0=\dfrac{2\pi}{N}$(这里考虑 Δ 固定的情况,所以不必写上 Δ),再令 $G(k)$ 的谱线间隔为 ω_1,则有 $\omega_1=\dfrac{2\pi}{M}=\dfrac{2\pi}{rN}=\dfrac{\omega_0}{r}$。所以

$$G(k\omega_1)=\sum_{n=0}^{N-1}x(n)\mathrm{e}^{-\mathrm{j}\frac{\omega_0}{r}kn}=X\left(\frac{k}{r}\omega_0\right)$$

显然,当 $\dfrac{k}{r}$ 为整数时

$$G(k\omega_1)=X\left(\frac{k}{r}\omega_0\right) \quad (k=0,1,2,\cdots,M-1) \tag{5.28}$$

式(5.28)表明,$G(k)$ 和 $X(k)$ 是完全对应的,只不过 $X(k)$ 的谱线间隔 ω_0 要比 $G(k)$ 的谱线间隔 ω_1 大 r 倍。例如,$r=2$,则 $M=2N$,由式(5.28)可知

$$k=0 \text{ 时}, G(0)=X(0)$$
$$k=2 \text{ 时}, G(2)=X(1)$$
$$k=4 \text{ 时}, G(4)=X(2)$$
$$\cdots$$
$$k=2N-2 \text{ 时}, G(2N-2)=X(N-1)$$

中间 $k=1,3,5,\cdots$ 时的 $G(k)$ 则为 $X(k)$ 的线性插值。由此可知，把序列人为地加长 $r-1$ 倍，其对应的 DFT 是在原序列的 DFT 基础上又加密了 $(r-1)N$ 根谱线；反之，原序列 $x(n)$ 的离散傅里叶变换 $X(k)$ 也可以看作 $G(k)$ 的某种抽取。下面举一个具体的例子加以说明。

例 5.11 已知 $\quad x_1(n)=\{1,0,1,0\}\overset{F}{\leftrightarrow}X_1(k)=\{2,0,2,0\}$

$$x_2(n)=\{1,0,1,0,0,0,0,0\}\overset{F}{\leftrightarrow}X_2(k)$$
$$=\{2,1-j,0,1+j,2,1-j,0,1+j\}$$

请找出两序列及其对应 DFT 之间的关系，并用图说明。

解：由题可知，$x_2(n)$ 是 $x_1(n)$ 人为加长一倍（$N=4,r=2$）后的结果，所以有

$$X_2(k)=X_1\left(\frac{k}{2}\right) \quad (k=0,1,2,\cdots,7)$$

即 $X_2(k)$ 是 $X_1(k)$ 的加密，而 $X_1(k)$ 则是 $X_2(k)$ 的抽取（每隔一个点抽取一个值）。两个序列和对应的振幅谱序列如图 5.10 所示，确实存在上述关系。

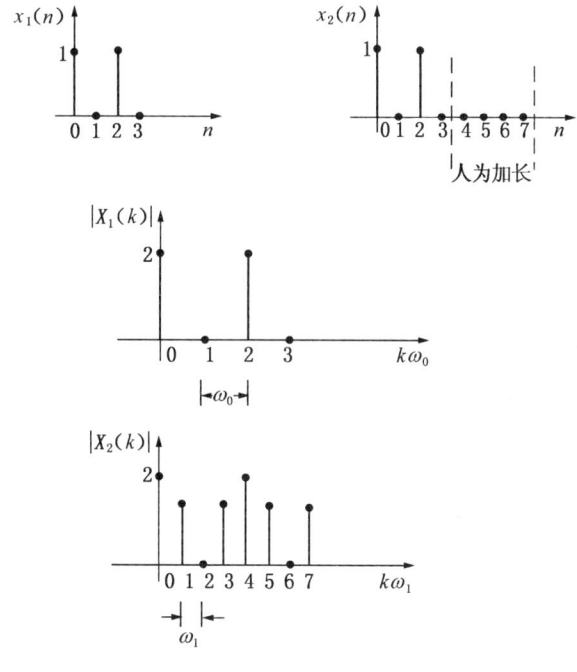

图 5.10 人为加长序列后的 DFT

由图 5.10 可见，序列补零后再求 DFT，得到的谱线图比原序列的谱线刻画频率分布情况更为细致，$X_2(k)$ 的谱线恰好落在 $X_1(k)$ 的谱线及其均分点上。

这里是以 $M=rN$ 为例讨论问题的，当加长后的序列长度 $M\neq rN$ 时，$G(k)$ 和 $X(k)$ 之间仍然存在某种对应关系。不过这时 $G(k)$ 的谱线不是恰好落在 $X(k)$ 的谱线及其均分点上，而是在 $X(k)$ 的某些插值点上。

总之，通过补零来人为地加长序列不会改变序列所含的频率成分，而仅仅是使频谱序列的显示更为细致（因谱线间隔加密）。试想一下，人为地加长序列，只是在序列的后部加上一些零值而使序列长度增加了，并没有赋予该序列新的信息，因此对应的频谱也就是时间序列所包含的谐波不会发生变化［在式(5.28)的推导中，离散谐波 $e^{-j\frac{2\pi}{M}kn}$ 和 $e^{-j\frac{2\pi}{N}kn}$ 的个数均为 N 个］，而仅是由于序列长度改变了，相应的谱线间隔就缩小了，使得显示更加细致。这里反复强调这点是

因为在本章第3节中讲离散傅里叶变换的快速算法时,不可避免地要加长序列(FFT一般都要求 $N=2^k$,而野外记录通常又都不是2的整数次幂,必须通过补零来达到 $N=2^k$),有了这个结论后就不必担心补零后序列的DFT与补零前序列的DFT有什么质的变化了。

5.2 循环褶积

5.2.1 循环褶积的定义

由第2章中介绍的傅里叶变换性质可知,频域乘积必然对应于时域的褶积,那么,对于离散傅里叶变换,这种频域乘积与时域褶积的对应关系是否仍然成立? 若不成立,那么频域两个离散傅里叶变换相乘对应于时域两个时间序列间的什么运算呢? 用式子来描述这个问题即为:如果 $x(n)\overset{F}{\leftrightarrow}X(k), y(n)\overset{F}{\leftrightarrow}Y(k)$ ($0 \leqslant n,k \leqslant N-1$),那么 $X(k) \cdot Y(k)$ 的傅里叶反变换是否为 $x(n) * y(n)$? 如若不是,是 $x(n)$ 和 $y(n)$ 的什么运算关系?

这里先给出结论

$$X(k) \cdot Y(k) \overset{F}{\leftrightarrow} x(n) \circledast y(n) = f(n) \tag{5.29}$$

其中

$$f(n) = x(n) \circledast y(n) = \sum_{m=0}^{N-1} x(m) y((n-m))_N R_N(n) \tag{5.30}$$

或

$$f(n) = x(n) \circledast y(n) = \sum_{m=0}^{N-1} y(m) x((n-m))_N R_N(n) \tag{5.31}$$

称为 $x(n)$ 与 $y(n)$ 的 N 点循环褶积。显然,循环褶积是满足交换律的。

那么循环褶积如何实现呢? 这里以式(5.30)为依据,大致可分成这样几步来实现:

(1) $x(m)$ 相对固定不动;
(2) $y(m)$ 周期延拓,得 $y((m))_N$;
(3) 褶迭反转,得 $y((-m))_N$;
(4) 时移得 $y((n-m))_N$;
(5) 与 $x(m)$ 对应项相乘,得 $f(n)$。

这里需注意:由于公式后乘有 $R_N(n)$,表示仅取 0 到 $N-1$ 的值,这就意味着第(4)步中的时移 n 只需由 $n=0$ 变化至 $n=N-1$ 即可。循环褶积的整个过程见图 5.11。

综上可以看出,$x(n),y(n)$ 及它们的循环褶积 $f(n)$ 都是 N 点序列,而并非像前面讲线性褶积时提到的:如 $x(n)$ 为 N 点序列,$y(n)$ 为 N 点序列,则它们线性褶积 $x(n) * y(n)$ 的长度必为 $2N-1$。造成这个不同的根本原因在于公式(5.30)中是 $y((n-m))_N R_N(n)$ 而不是线性褶积中的 $y(n-m)$,而由 DFT 的性质可知,$y((n-m))_N R_N(n)$ 实际上就是 $y(n)$ 的循环反转、循环时移。也就是说:$x(n) \circledast y(n)$ 这一循环褶积,实际上就是 $x(n)$ 与 $y(n)$ 褶积后的循环时移的相乘相加,故而称作循环褶积;线性褶积中的 $y(n-m)$ 是 $y(n)$ 的线性反转、线性时移,所以将 $x(n) * y(n)$ 称为线性褶积。

为了能较快地计算循环褶积,这里引入一种简便方法。从图 5.11 可看出,虽然是 $x(m)$ 与 $y(m)$ 的周期序列 $y((m))_N$ 在作运算,但由于 $x(m)$ 仅有 4 个点,而且最后还要取 $R_N(n)$,使时移

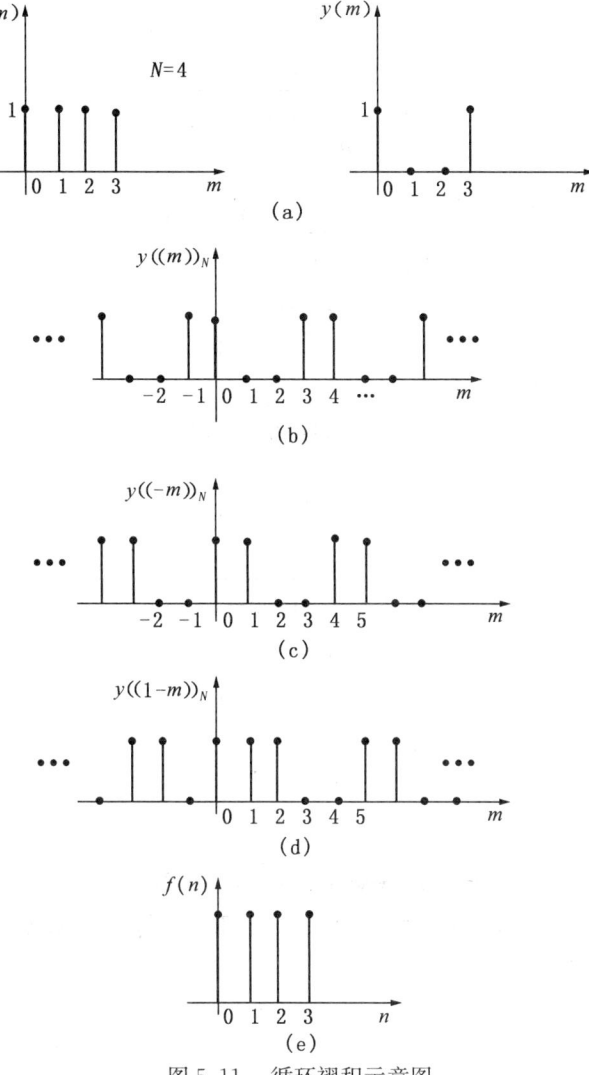

图 5.11 循环褶积示意图

量仅有 4 个,所以可从中得出实现循环褶积的一个简单的方法:仍取 $x(m)$ 相对固定不动,但对 $y(m)$ 则直接写出其循环反转序列,再循环时移、相乘相加,就可得到相应的结果。

例 5.12 已知 $x(n)=\{1,1,1,1\}$, $y(n)=\{1,0,0,1\}$,求 $f_1(n)=x(n)*y(n)$ 及 $f(n)=x(n)⊛y(n)$(4 点循环褶积)。

解:先计算 $f_1(n)=x(n)*y(n)$。

$$
\begin{array}{lcccccc}
 & & & m=0 & & & \\
\text{固定 } x(m) & & & 1 & 1 & 1 & 1 \\
\text{线性反转 } y(m) & 1 & 0 & 0 & 1 & & \\
\text{所以} & & & f_1(0)=1 & & & \\
 & & & m=0 & & & \\
 & & & 1 & 1 & 1 & 1 \\
\text{线性时移}(n=1) & & 1 & 0 & 0 & 1 & \\
 & & & f_1(1)=0+1=1 & & &
\end{array}
$$

线性时移($n=2$)

$$\begin{array}{cccccccc} & & & m=0 & & & & \\ & & & 1 & 1 & 1 & 1 & \\ \hline & & & 1 & 0 & 0 & 1 & \\ \end{array}$$

$$f_1(2)=0+0+1=1$$

线性时移($n=3$)

$$\begin{array}{cccccccc} & & & m=0 & & & & \\ & & & 1 & 1 & 1 & 1 & \\ \hline & & & & 1 & 0 & 0 & 1 \\ \end{array}$$

$$f_1(3)=1+0+0+1=2$$

线性时移($n=4$)

$$f_1(4)=1+0+0=1$$

线性时移($n=5$)

$$f_1(5)=1+0=1$$

线性时移($n=6$)

$$f_1(6)=1$$

所以

$$f_1(n)=x(n)*y(n)=\{\overset{n=0}{1},1,1,2,1,1,1\}.$$

再计算 $f(n)=x(n)\circledast y(n)$（4 点循环褶积）。由于要求作 4 点循环褶积，而 $x(n)$，$y(n)$ 均为 4 点序列，因此可以直接计算。

固定 $x(m)$

循环反转 $y(m)$

$$\begin{array}{cccc} m=0 & & & \\ 1 & 1 & 1 & 1 \\ 1 & 1 & 0 & 0 \\ \end{array}$$

所以 $f(0)=1+1=2$

循环时移（$n=1$）

$$f(1)=1+1=2$$

循环时移（$n=2$）

$$f(2)=1+1=2$$

循环时移（$n=3$）

$$f(3)=1+1=2$$

所以
$$f(n)=x(n)⊛y(n)=\{\overset{n=0}{2},2,2,2\}。$$

从例 5.12 可见,循环褶积结果与线性褶积结果明显不同,表现在两个方面:

(1)两者数据长度不等,线性褶积的结果为 $2N-1$ 项,而循环褶积的结果只有 N 项;

(2)两者数据也不同,线性褶积相乘相加项由 1 到 N 项不定,而循环褶积始终有 N 个值相乘然后再相加。

为了进一步说明循环褶积的计算,现再举一例。

例 5.13 已知 $x(n)=\{1,1,1,1\}, y(n)=\{1,0,0,1\}$,求 $f(n)=x(n)⊛y(n)$(6 点循环褶积)。

解: 此例题已知条件与例 5.12 完全一样,只不过是作 6 点循环褶积,而由于所给 $x(n)$, $y(n)$ 均为 4 点序列,故先将 $x(n), y(n)$ 尾部充零,使其均成为 6 点序列,再进行循环褶积运算。

	$m=0$
固定 $x(m)$	1　1　1　1　0　0
循环反转 $y(m)$	1　0　0　1　0　0
所以	$f(0)=1+1=2$
	$m=0$
	1　1　1　1　0　0
循环时移 $(n=1)$	0　1　0　0　1　0
	$f(1)=1$
	$m=0$
	1　1　1　1　0　0
循环时移 $(n=2)$	0　0　1　0　0　1
	$f(2)=1$
	$m=0$
	1　1　1　1　0　0
循环时移 $(n=3)$	1　0　0　1　0　0
	$f(3)=1+1=2$
	$m=0$
	1　1　1　1　0　0
循环时移 $(n=4)$	0　1　0　0　1　0
	$f(4)=1$
	$m=0$
	1　1　1　1　0　0
循环时移 $(n=5)$	0　0　1　0　0　1
	$f(5)=1$

所以
$$f(n)=x(n)⊛y(n)=\{2,1,1,2,1,1\}$$

显然,与例 5.12 的结果不同。由此可知,同是循环褶积,但由于要求褶积的长度不同,所得的结果也是不一样的。

同理,时域两个序列相乘,也对应于频域两个 DFT 作循环褶积:

$$x(n) \cdot y(n) \overset{\mathscr{F}}{\leftrightarrow} \frac{1}{N}[X(k) \circledast Y(k)] \qquad (0 \leqslant n,k \leqslant N-1) \tag{5.32}$$

由于循环褶积在实际生产中用处很少,介绍它的目的主要是想找出循环褶积与线性褶积之间的关系,从而利用离散傅里叶变换计算线性褶积。因此,关于式(5.29)及式(5.32)的证明就不多介绍了(读者可以参阅有关书籍)。

5.2.2 线性褶积与循环褶积的关系

例 5.12 的两个序列 $x(n)=\{1,1,1,1\}$ 及 $y(n)=\{1,0,0,1\}$ 的线性褶积结果为

$$f_1(n) = x(n) * y(n) = \{\overset{n=0}{1},1,1,2,1,1,1\}$$

而 4 点循环褶积结果为

$$f(n) = x(n) \circledast y(n) = \{2,2,2,2\}$$

显然,$f_1(n) \neq f(n)$。两者一是长度不等,二是数据不同,但可注意到,在 $n=3$ 时,两序列的值 $f_1(3)=f(3)$,这是偶然的还是必然的呢?要搞清楚这个问题,先得找出 $f(n)$ 和 $f_1(n)$ 的关系。

已知循环褶积

$$f(n) = x(n) \circledast y(n) = \sum_{m=0}^{N-1} x(m) y((n-m))_N R_N(n) \tag{5.33}$$

这表示:$f(n)$ 实际上是有限长序列 $x(n)$ 和周期序列 $y_p(n)=y((n))_N$ 作褶积,然后再取其主值序列。因此,可以把式(5.33)表示成

$$f(n) = [x(n) * y((n))_N] R_N(n) \tag{5.34}$$

这是线性褶积的一种特殊情况。由于 $y((n))_N$ 本身是由有限长序列 $y(n)$ 经过周期延拓形成的,周期为 N,所以可以把 $y((n))_N$ 表示成

$$y((n))_N = y(n) * P_N(n) \tag{5.35}$$

$$P_N(n) = \begin{cases} 1, n=rN \\ 0, n \neq rN \end{cases} \qquad (r=0, \pm 1, \pm 2, \cdots) \tag{5.36}$$

式中 $P_N(n)$ ——一个周期为 N 的周期序列。

这样,式(5.34)就可写成

$$f(n) = \{x(n) * [y(n) * P_N(n)]\} R_N(n) \tag{5.37}$$

根据褶积的交换律,可把式(5.37)写成

$$f(n) = \{[x(n) * y(n)] * P_N(n)\} R_N(n) \tag{5.38}$$

式(5.38)表明:$x(n)$ 与 $y(n)$ 的 N 点循环褶积等于 $x(n)$ 和 $y(n)$ 先作线性褶积,再将褶积结果以 N 为周期进行周期延拓,然后再取主值序列。

根据前面讲线性褶积时提到的,两个长度为 N 的有限长序列作线性褶积,其长度为 $2N-1$。现在是以 N 为周期进行延拓,势必产生混叠,所以可以说循环褶积是线性褶积加上混叠。用具体的式子来表示,则有

$$f(n) = \left[\sum_{r=-\infty}^{+\infty} f_1(n+rN)\right] R_N(n) \tag{5.39}$$

式中 $f(n)$ ——循环褶积 $x(n) \circledast y(n)$,长度为 N;

$f_1(n)$ ——线性褶积 $x(n) * y(n)$,长度为 $2N-1$。

式(5.39)中,中括号内的求和式就表示长度为 $2N-1$ 的线性褶积结果 $f_1(n)$ 以 N 为周期

进行延拓。图 5.12 以具体数据为例说明了这个混叠情况。

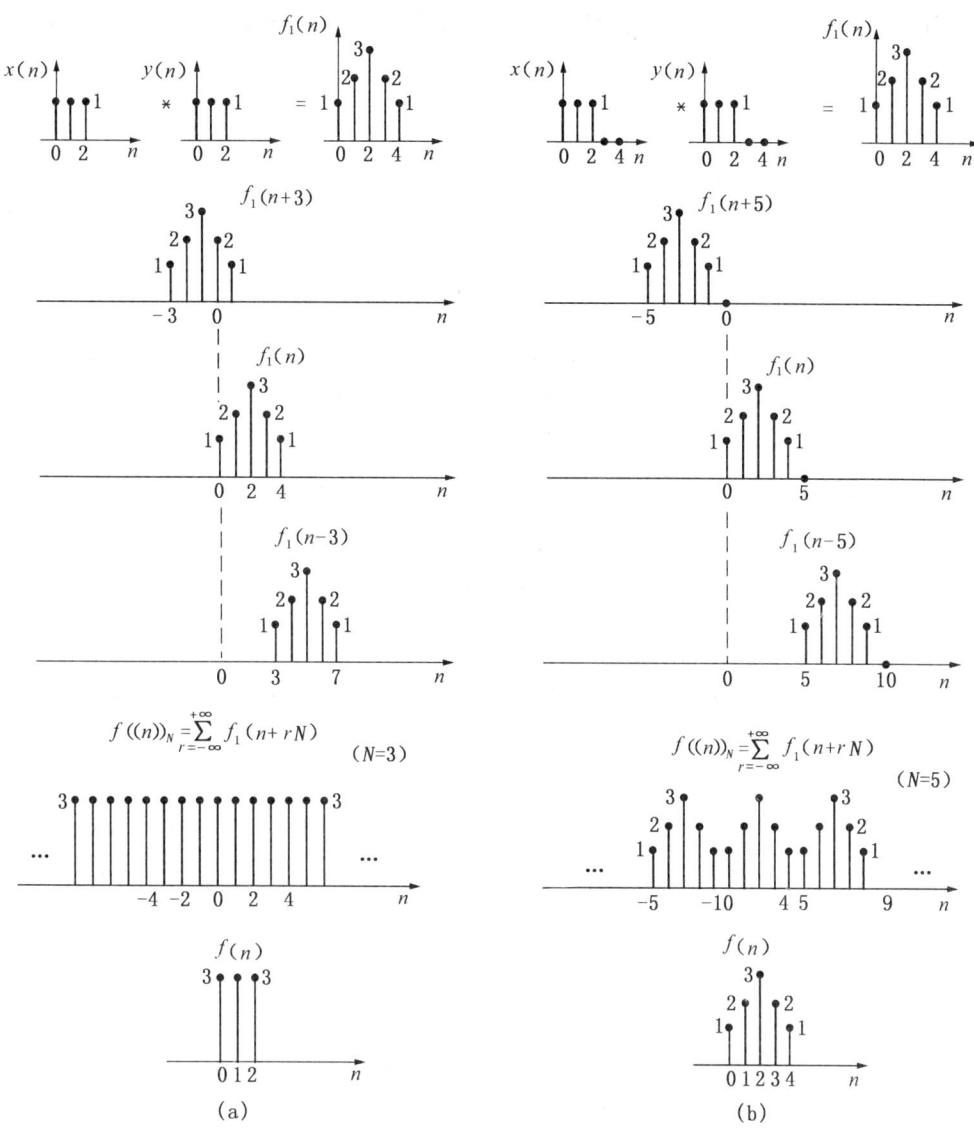

图 5.12 循环褶积和线性褶积关系示意图
(a)有混叠时的循环褶积和线性褶积;(b)无混叠时的循环褶积和线性褶积

图 5.12(a)是 $x(n)$ 和 $y(n)$(均为 3 点序列,即 $N=3$)直接作线性褶积和 3 点循环褶积的关系,将 $f_1(n)$ 作周期为 3 的周期延拓,再取主值区间$[0,N-1=2]$上的值,得到循环褶积结果 $f(n)$,由于有混叠存在,线性褶积 $f_1(n)$ 和循环褶积 $f(n)$ 不等。

由图 5.12(a)可以看到,使线性褶积和循环褶积不等的关键,就在于这种混叠现象。造成这种混叠现象的根本原因就在于线性褶积长度为 $2N-1$,而周期延拓的周期为 N,二者不匹配,从而使线性褶积在周期重复时造成首尾相绕,俗称"卷绕"。试想,如果把线性褶积 $f_1(n)$ 按周期重复扩大,使得以扩大后的周期进行重复延拓生成的周期序列的主值序列就是线性褶积结果序列本身,这样势必就会有 $f(n)=f_1(n)$ 了。

图 5.12(b)就是将 $x(n)$ 和 $y(n)$ 均补零(长度增至 $L=2N-1=5$ 后),作线性褶积和 5 点循环褶积的关系,由于没有混叠现象存在,故此时线性褶积 $f_1(n)$ 和循环褶积 $f(n)$ 相等。

关于线性褶积和循环褶积之间的具体关系,可以通过一个定理——循环褶积定理来阐述。

循环褶积定理:设 $x(n)$ 和 $y(n)$ 是长度分别为 M 和 L 的有限长时间序列,当 n 满足

$$\begin{cases} 0 \leqslant n \leqslant N-1 & (a) \\ n \geqslant M+L-1-N & (b) \end{cases} \quad (5.40)$$

时,循环褶积(N 点循环褶积)

$$f(n) = x(n) \circledast y(n)$$

和线性褶积

$$f_1(n) = x(n) * y(n)$$

相等(关于此定理的详细证明,请读者参阅参考文献[3])。下面来分析一下这个定理。

(1)当 $N \geqslant M+L-1$ 时,式(5.40)(b)中不等式右边的值 $M+L-1-N \leqslant 0$,这也符合式(5.40)中的(a),所以,由循环褶积定理可知,这时 $f(n)$ 处处等于 $f_1(n)$;

(2)当 $N < \dfrac{M+L}{2}$ 时,根据式 (5.40)(a) $n \leqslant N-1$,根据式(5.40)中的(b)

$$n \geqslant M+L-1-N \geqslant 2N-1-N = N-1$$

即要求 $n \leqslant N-1$ 和 $n \geqslant N-1$ 同时成立,这样的 n 不存在,所以,此时 $f(n)$ 处处不等于 $f_1(n)$;

(3)当 $\dfrac{M+L}{2} \leqslant N < M+L-1$ 时,$f(n)$ 与 $f_1(n)$ 部分相等。

例 5.14 已知 $x(n)=\{1,1,1,1\}$,$y(n)=\{1,0,0,1,0,0\}$,判断 $f(n)=x(n) \circledast y(n)$(10 点循环褶积)及 $f(n)=x(n) \circledast y(n)$(6 点循环褶积)与 $f_1(n)=x(n)*y(n)$ 的关系。

解: $\qquad f_1(n) = x(n)*y(n) = \{1,1,1,2,1,1,1,0,0\}$

当 $N=10$ 时,由于 $N \geqslant M+L-1=9$,根据循环褶积定理可判定 $f(n)$ 与 $f_1(n)$ 处处相等,求出 $f(n)=x(n) \circledast y(n)=\{1,1,1,2,1,1,1,0,0,0\}$,可见 $f(n)$ 与 $f_1(n)$ 完全相等[$f(n)$ 末尾的零可以视为没有]。

当 $N=6$ 时,由于 $5 = \dfrac{M+L}{2} \leqslant N < M+L-1=9$,根据循环褶积定理可判定 $f(n)$ 与 $f_1(n)$ 部分相等,即

$$\left. \begin{array}{l} 0 \leqslant n \leqslant N-1=5 \\ n \geqslant M+L-1-N=3 \end{array} \right\} \Rightarrow 3 \leqslant n \leqslant 5 \text{ 时}, f(n)=f_1(n)$$

具体求出 $f(n)=x(n) \circledast y(n)=\{2,1,1,2,1,1\}$,可见,当 $3 \leqslant n \leqslant 5$ 时,$f(n)$ 与 $f_1(n)$ 确实相等。

根据上述讨论,可以得出这样一个结论:要想使两个序列的循环褶积等价于它们的线性褶积,只需将这两个序列的长度都扩充为 N 点($N \geqslant M+L-1$,即为两序列原始长度之和减一),再作 N 点循环褶积即可。

5.2.3 用 DFT 计算线性褶积

在信号和系统的分析中,最常见的是线性时不变系统。对于这类系统,其输出信号 $y(n)$ 等于输入信号 $x(n)$ 与该系统的单位脉冲响应 $h(n)$ 的线性褶积,因此,线性褶积的计算在实际中是相当重要的,而直接计算两个序列的线性褶积往往是不太容易的。由前面的讨论可知,循环褶积可以通过频域序列的相乘运算来求得,而两个有限长序列的线性褶积在一定条件下可等同于它们的循环褶积,这样,就可以利用 DFT 来计算线性褶积了。

设 $\qquad x(n) \overset{\mathscr{F}}{\leftrightarrow} X(k), h(n) \overset{\mathscr{F}}{\leftrightarrow} H(k)$

则
$$y(n)=x(n) \circledast h(n)(N \text{ 点循环褶积}) \overset{\mathscr{F}}{\leftrightarrow} Y(k)=X(k)H(k)$$
因此,循环褶积 $y(n)$ 可以通过对 $Y(k)$ 作 DFT 的反变换求得,即
$$y(n)=\text{IDFT}[Y(k)]=\text{IDFT}[X(k)H(k)]$$
如果循环褶积的长度为 N,满足 $N \geqslant M+L-1$[M,L 分别是 $x(n)$ 与 $h(n)$ 的长度],则此循环褶积就等于 $x(n)$ 与 $h(n)$ 的线性褶积。图 5.13 表示了用 DFT 求线性褶积 $y(n)=x(n)*h(n)$ 的过程。

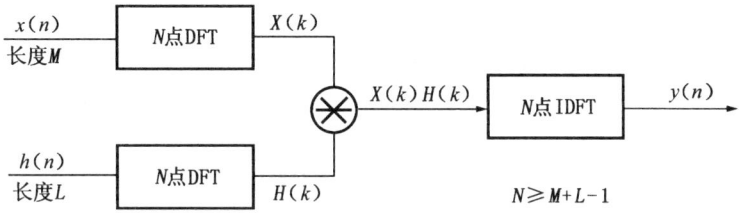

图 5.13 用 DFT 求线性褶积

因此,把线性褶积的运算变成 DFT 的相乘运算过程中,主要运用的是 DFT 的正变换与反变换,在下一节将会看到,DFT 的正变换和反变换都有快速算法,这就是说,线性褶积可以实现快速算法。

例 5.15 已知 $x(n)=\{0,1\}, y(n)=\{1,1,1\}$,要求利用 DFT 来计算 $f_1(n)=x(n)*y(n)$。

解: 由于这里 $M=2, L=3, N$ 应取 $3+2-1=4$,则把 $x(n)$ 和 $y(n)$ 都扩充为 4 点序列,有
$$x(n)=\{0,1,0,0\} \overset{\mathscr{F}}{\leftrightarrow} \{1,-j,-1,j\}$$
$$y(n)=\{1,1,1,0\} \overset{\mathscr{F}}{\leftrightarrow} \{3,-j,1,j\}$$
所以有
$$F(k)=\{3,-1,-1,-1\}$$
再求 IDFT,得
$$f(n)=\{0,1,1,1\}=f_1(n)$$
直接用线性褶积计算方法来求取,也得到同样的结果。

由于例题中的数据都很短,可以直接用线性褶积计算公式来计算,但在实际生产中往往要计算长序列的褶积,这时依次乘加是很费时间的,而利用 DFT 来求取,则由于 DFT 本身存在着快速算法而会使计算时间大大缩短。

5.3 快速傅里叶变换

离散傅里叶变换在实际应用中是非常重要的,利用它可以计算信号的频谱、线性褶积和功率谱等。但是,当 N 很大时,DFT 的计算量太大,使 DFT 的应用受到限制。1965 年,J. W. Cooley 和 J. W. Tukey 提出了快速计算 DFT 的算法,简称 FFT(Fast Fourier Transform),大大地减少了计算量。所以,FFT 并不是与 DFT 不同的另一种变换,而是为了减少 DFT 计算次数的一种有效的算法。因而要很好理解 FFT,首先必须对前面介绍的 DFT 要有

充分的理解。

5.3.1　FFT的基本思想

1. 直接计算DFT的问题

长为N的有限长序列$x(n)$的DFT为

$$X(k)=\sum_{n=0}^{N-1}x(n)\mathrm{e}^{-\mathrm{j}\frac{2\pi}{N}kn}=\sum_{n=0}^{N-1}x(n)W_N^{kn} \quad (k=0,1,\cdots,N-1) \tag{5.41}$$

反变换(IDFT)为

$$x(n)=\frac{1}{N}\sum_{k=0}^{N-1}X(k)\mathrm{e}^{\mathrm{j}\frac{2\pi}{N}kn}=\frac{1}{N}\sum_{k=0}^{N-1}X(k)W_N^{-kn} \quad (n=0,1,\cdots,N-1) \tag{5.42}$$

式中　W_N——权因子，$W_N=\mathrm{e}^{-\mathrm{j}\frac{2\pi}{N}}$。

比较式(5.41)与式(5.42)不难发现,两者的差别仅在于W_N的指数符号不同及差一个比例因子$\frac{1}{N}$,故式(5.41)和式(5.42)的运算量是相同的。只要讨论其中之一的算法,则另一式的算法便与它极为相似。下面就只讨论DFT正变换运算。

一般来说,$x(n)$和W_N^{kn}都是复数,$X(k)$也是复数。因此,每计算一个$X(k)$值,需要N次$x(n)W_N^{kn}$形式的复数乘法和$N-1$次复数加法运算。$X(k)$共有N个点(k从0取到$N-1$),所以完成全部DFT运算总共需要N^2次复数乘法和$N(N-1)$次复数加法。复数运算实际上是由实数运算来完成的,所以式(5.41)可表示为

$$\begin{aligned}X(k)&=\sum_{n=0}^{N-1}x(n)W_N^{kn}\\&=\sum_{n=0}^{N-1}[\mathrm{Re}x(n)+\mathrm{jIm}x(n)][\mathrm{Re}W_N^{kn}+\mathrm{jIm}W_N^{kn}]\\&=\sum_{n=0}^{N-1}[\mathrm{Re}x(n)\mathrm{Re}W_N^{kn}-\mathrm{Im}x(n)\mathrm{Im}W_N^{kn}]\\&\quad+\mathrm{j}\sum_{n=0}^{N-1}[\mathrm{Re}x(n)\mathrm{Im}W_N^{kn}+\mathrm{Im}x(n)\mathrm{Re}W_N^{kn}]\end{aligned} \tag{5.43}$$

由式(5.43)可见,一个复数乘法运算必须用4个实数乘法和2个实数加法(实部、虚部分别相加)来实现,而一次复数加法则需2次实数相加。因而,每计算一个$X(k)$需要$4N$次实数乘法和$2N+2(N-1)=2(2N-1)$次实数加法,所以,要完成整个DFT运算共需要$4N^2$次实数乘法和$N\times2(2N-1)=2N(2N-1)$次实数加法。

由上面的统计可见,直接计算DFT时,乘法次数与加法次数都与N^2成正比,N越大,运算工作量将显著增加。如$N=10$时,需要进行100次复数相乘；$N=1024$时,需要1048576次复数相乘,即一百多万次复数乘法运算。对于实时性很强的信号处理来说,迫切需要改进对DFT的计算方法以减少总的运算次数。

2. 改善DFT运算效率的基本途径

研究DFT计算,发现在DFT计算中有很多重复的计算可以省去。充分利用W_N^{kn}的对称性和周期性,可以提高DFT的运算速率。

(1)W_N^{kn}的对称性：

$$W_N^{k(N-n)}=W_N^{-kn}=(W_N^{kn})^*$$

(2) W_N^{kn} 的周期性:
$$W_N^{kn} = W_N^{k(n+N)} = W_N^{(k+N)n}$$

利用 W_N^{kn} 的周期性和对称性，DFT 运算中有些项就可合并。由于 $W_N^{k(N-n)} = (W_N^{kn})^*$，对于虚、实部而言，有

$$\text{Re}W_N^{k(N-n)} = \text{Re}W_N^{kn}, \quad \text{Im}W_N^{k(N-n)} = -\text{Im}W_N^{kn}$$

故式(5.43)中的对称项可归并为

$$\text{Re}x(n)\text{Re}W_N^{kn} + \text{Re}x(N-n)\text{Re}W_N^{k(N-n)}$$
$$= [\text{Re}x(n) + \text{Re}x(N-n)]\text{Re}W_N^{kn}$$

和

$$-\text{Im}x(n)\text{Im}W_N^{kn} - \text{Im}x(N-n)\text{Im}W_N^{k(N-n)}$$
$$= -[\text{Im}x(n) - \text{Im}x(N-n)]\text{Im}W_N^{kn}$$

式中其他各项也可以找到类似的合并方法。这样，乘法次数大约可以减少一半。

利用 W_N^{kn} 的周期性和对称性，可使长序列的 DFT 分解为短序列的 DFT。由于 DFT 的运算量是与 N^2 成正比的，如果 N 点的 DFT 能分解为若干短序列 DFT 的组合，则显然可以达到减少运算量、快速计算序列 DFT 的目的。FFT 正是基于这一基本思想而发展起来的。从上述分析可以看出，这种 FFT 算法把 N 取为 2 的整数次幂，即 $N = 2^m$，m 为正整数，称这种 FFT 为基—2FFT。

把长序列分解为短序列的过程称为抽取。抽取可以在时域进行，也可以在频域进行。FFT 的算法很多，各有优缺点，但基本上可以分成两大类，即时间抽取(Decimation In Time, DIT)法和频率抽取(Decimation In Frequency, DIF)法。

5.3.2 时间抽取法

时间抽取(DIT)法，是按时间奇偶将长序列不断地变为短序列，结果使输入长序列为混序排列，输出序列为顺序排列。

1. 算法原理

时间抽取法，利用 W_N^{kn} 的周期性和对称性，将 DFT 的计算分解成逐次变小的 DFT 计算。分解过程遵循两条规则：

(1) 对时间进行奇偶分；
(2) 对频率进行前后分。

把长为 N 的输入序列 $x(n)$ 进行 DFT，即

$$X(k) = \sum_{n=0}^{N-1} x(n) W_N^{kn} \quad (k = 0, 1, \cdots, N-1)$$
$$N = 2^m$$

式中　m——正整数。

若把 $x(n)$ 按 n 进行奇偶分，则 $x(n)$ 的 DFT 变为

$$X(k) = \sum_{n=\text{偶}} x(n) W_N^{kn} + \sum_{n=\text{奇}} x(n) W_N^{kn} \quad (0 \leqslant k \leqslant N-1) \tag{5.44}$$

当 n 为偶数时，$n = 2r$；n 为奇数时，$n = 2r+1$；$r = 0, 1, \cdots, \dfrac{N}{2} - 1$。

由式(5.44)得

$$X(k) = \sum_{r=0}^{\frac{N}{2}-1} x(2r) W_N^{2rk} + \sum_{r=0}^{\frac{N}{2}-1} x(2r+1) W_N^{(2r+1)k} = \sum_{r=0}^{\frac{N}{2}-1} x(2r) W_N^{2rk} + W_N^k \sum_{r=0}^{\frac{N}{2}-1} x(2r+1) W_N^{2rk}$$

由于

$$W_N^2 = e^{-j\frac{2\pi}{N}2} = e^{-j\frac{2\pi}{N/2}} = W_{\frac{N}{2}}$$

上式又可以表示为

$$X(k) = \sum_{r=0}^{\frac{N}{2}-1} x(2r) W_{\frac{N}{2}}^{rk} + W_N^k \sum_{r=0}^{\frac{N}{2}-1} x(2r+1) W_{\frac{N}{2}}^{rk} \tag{5.45}$$

令

$$A(k) = \sum_{r=0}^{\frac{N}{2}-1} x(2r) W_{\frac{N}{2}}^{rk} \qquad (k=0,1,\cdots,\frac{N}{2}-1) \tag{5.46}$$

$$B(k) = \sum_{r=0}^{\frac{N}{2}-1} x(2r+1) W_{\frac{N}{2}}^{rk} \qquad (k=0,1,\cdots,\frac{N}{2}-1) \tag{5.47}$$

分别是序列 $x(2r)$ 和 $x(2r+1)$ 的 $\frac{N}{2}$ 点 DFT，那么

$$X(k) = A(k) + W_N^k B(k) \qquad (k=0,1,\cdots,\frac{N}{2}-1) \tag{5.48}$$

式(5.48)表明，一个 N 点的 DFT 可分解为两个 $\frac{N}{2}$ 点的 DFT；反过来，这两个 $\frac{N}{2}$ 点的 DFT 又可合并成为一个 N 点的 DFT。值得指出的是，$x(2r)$,$x(2r+1)$ 的长度为 $\frac{N}{2}$，它们的 DFT 为 $A(k)$,$B(k)$，其点数也是 $\frac{N}{2}$，即 $k=0,1,\cdots,\frac{N}{2}-1$，而 $X(k)$ 为 N 个点，因而按式(5.48)计算得到的只是 $X(k)(k=0,1,\cdots,N-1)$ 的前面一半项数的结果。若需用 $A(k)$ 和 $B(k)$ 来表示全部的 $X(k)$ 值，还必须应用权因子 W_N 的周期性。即

$$W_{\frac{N}{2}}^{rk} = W_{\frac{N}{2}}^{r(k+\frac{N}{2})}$$

于是有

$$A(k+\frac{N}{2}) = \sum_{r=0}^{\frac{N}{2}-1} x(2r) W_{\frac{N}{2}}^{r(k+\frac{N}{2})} = \sum_{r=0}^{\frac{N}{2}-1} x(2r) W_{\frac{N}{2}}^{rk}$$

比较式(5.46)有

$$A(k+\frac{N}{2}) = A(k) \tag{5.49}$$

同理

$$B(k+\frac{N}{2}) = B(k) \tag{5.50}$$

式(5.49)、式(5.50)说明，后半部分 k 值（$\frac{N}{2} \leq k \leq N-1$）所对应的 $A(k)$ 和 $B(k)$ 与前半部分 k 值（$0 \leq k \leq \frac{N}{2}-1$）所对应的 $A(k)$ 和 $B(k)$ 值是完全重复的。又由于

$$W_N^{(k+\frac{N}{2})} = W_N^{\frac{N}{2}} W_N^k = -W_N^k$$

则

$$X(k+\frac{N}{2})=A(k+\frac{N}{2})+W_N^{(k+\frac{N}{2})}B(k+\frac{N}{2})$$
$$=A(k)-W_N^k B(k) \qquad (k=0,1,\cdots,\frac{N}{2}-1) \qquad (5.51)$$

将式(5.48)与式(5.51)联立起来

$$\begin{cases} X(k)=A(k)+W_N^k B(k) \\ X(k+\frac{N}{2})=A(k)-W_N^k B(k) \end{cases} \quad (k=0,1,\cdots,\frac{N}{2}-1) \qquad (5.52)$$

式(5.52)表明，一个 N 点的 DFT 可以用 $A(k)$ 和 $B(k)$ 在 $k=0,1,\cdots,\frac{N}{2}-1$ 范围内的值表示。

由于 $\frac{N}{2}=2^{m-1}$ 仍然是偶数，则式(5.52)中的 $A(k)$ 和 $B(k)$ 又可以继续分解为两个 $\frac{N}{4}$ 点的 DFT 运算，即

$$\begin{cases} A(k)=C(k)+W_{\frac{N}{2}}^k D(k) \\ A(k+\frac{N}{4})=C(k)-W_{\frac{N}{2}}^k D(k) \end{cases} \quad (k=0,1,\cdots,\frac{N}{4}-1) \qquad (5.53)$$

式(5.53)中

$$\begin{cases} C(k)=\sum_{l=0}^{\frac{N}{4}-1} x(4l) W_{\frac{N}{4}}^{lk} \\ D(k)=\sum_{l=0}^{\frac{N}{4}-1} x(4l+2) W_{\frac{N}{4}}^{lk} \end{cases} \quad (k=0,1,\cdots,\frac{N}{4}-1) \qquad (5.54)$$

同理

$$\begin{cases} B(k)=G(k)+W_{\frac{N}{2}}^k H(k) \\ B(k+\frac{N}{4})=G(k)-W_{\frac{N}{2}}^k H(k) \end{cases} \quad (k=0,1,\cdots,\frac{N}{4}-1) \qquad (5.55)$$

式(5.55)中

$$\begin{cases} G(k)=\sum_{l=0}^{\frac{N}{4}-1} x(4l+1) W_{\frac{N}{4}}^{lk} \\ H(k)=\sum_{l=0}^{\frac{N}{4}-1} x(4l+3) W_{\frac{N}{4}}^{lk} \end{cases} \quad (k=0,1,\cdots,\frac{N}{4}-1) \qquad (5.56)$$

依次分解，直至最后分解为 2 点的 DFT 运算为止。

2. 时间抽取 $N=2^m$ 点 FFT 算法流程图

为了用图表示这一分解过程，引入一个蝶形运算流图，例如式(5.52)的蝶形运算流图如图 5.14 所示。

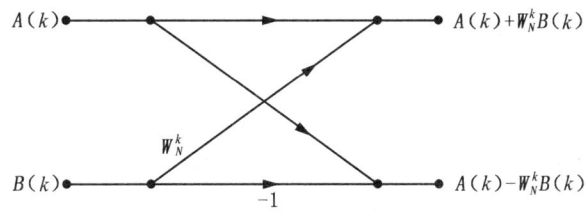

图 5.14 按时间抽取蝶形运算流图

图中左边两路输入,右上路相加输出,右下路相减输出。如果在某一支路上信号需要进行相乘运算,则在该支路标上一个箭头,相乘系数标在箭头旁边。若支路上没有标出箭头及系数,则该支路的传输比为1。

引入蝶形运算流图后,一个8点运算的分解过程如图5.15所示。

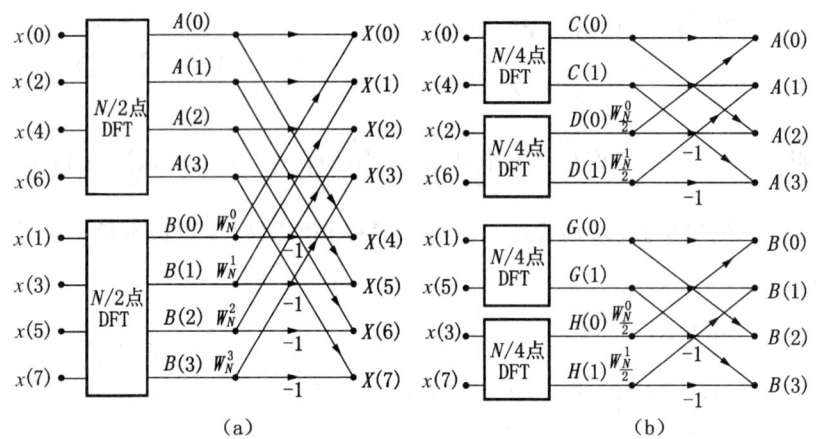

图 5.15 按时间抽取的 8 点 DFT 分解过程
(a) 8 点 DFT 分解为两个 4 点 DFT;(b) 4 点 DFT 分解为两个 2 点 DFT

图 5.15(b) 中,$W_{N/2}^0 = W_N^0$,$W_{N/2}^1 = W_N^2$。显然,将如图 5.15(b) 所示的分解移进图 5.15(a) 中,便得到一个 8 点 DFT 分解为 4 个 2 点 DFT 的运算流图(图 5.16)。

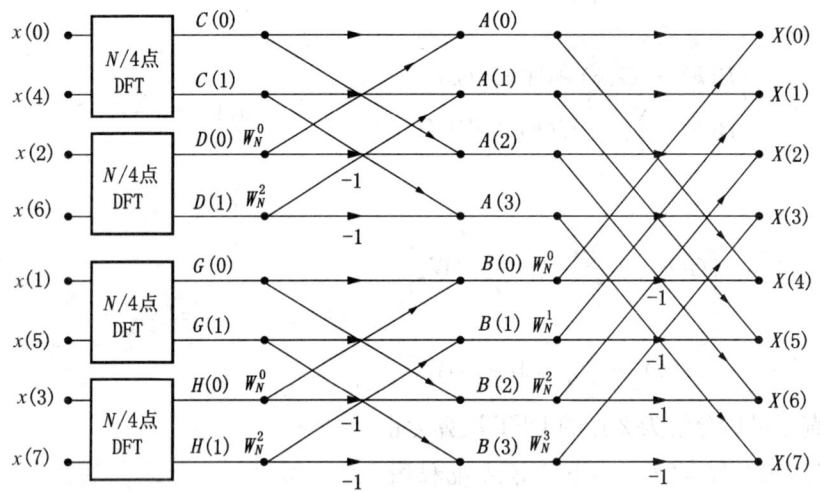

图 5.16 按时间抽取 8 点 DFT 分解为 4 个 2 点 DFT 的运算流图

因为 $N=8$,图中 $\frac{N}{4}$ 点的 DFT 就是 2 点的 DFT。2 点的 DFT 不能再分解。

由以上讨论可知,$N=8$ 点的 DFT,经过两次分解后,最后得到 4 个 $\frac{N}{4}=2$ 点的 DFT,即 $C(k)$,$D(k)$,$G(k)$ 和 $H(k)$,$k=0,1$,分别由式(5.54)和式(5.56)给出,最后输出的 $X(k)$ 分别由 $A(k)$ 和 $B(k)$ 组合的蝶形结构运算求出。

按时间抽取的完整的 8 点 DFT 算法流图如图 5.17 所示。为了比较和统一运算结果,使图看起来直观,分解过程中的中间变量 $A(k),B(k),C(k),D(k),G(k)$ 和 $H(k)$ 按分解级别依次用 $x_i(k)$ 来表示,第一级迭代中只有加减运算,故采用系数 W_N^0 的蝶形运算来表示(因为 $W_N^0=1$)。

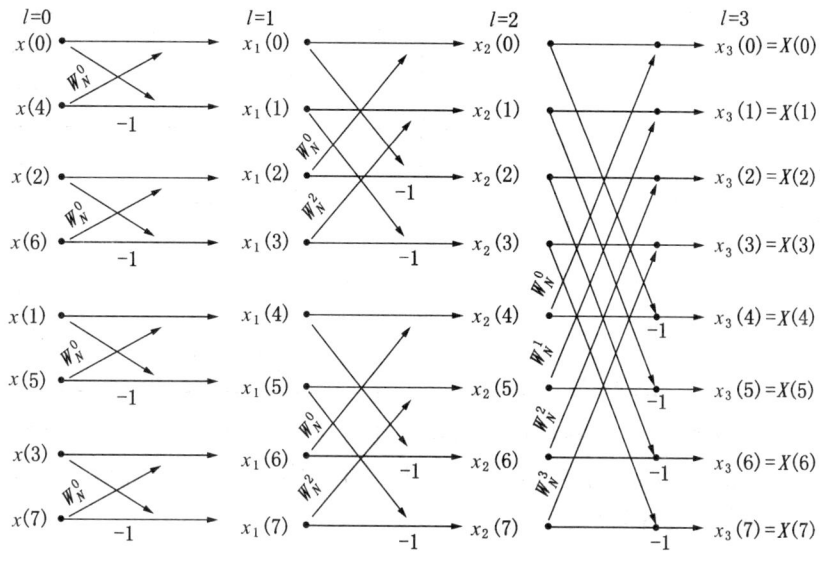

图 5.17 按时间抽取 8 点 FFT 算法流图

3. 时间抽取法的特点

由图 5.17 可以归纳出时间抽取 $N=2^m$ 点 FFT 算法流图的几个特点。

1)蝶形运算

$N=2^m$ 点 DFT 计算通过 m 次分解后,最后完全成为 2 点的 DFT 运算,这样的 m 次分解,就构成 $x(n)$ 到 $X(k)$ 的 m 级蝶形运算。例如,如图 5.17 所示的 8 点算法流图中有 3 级迭代运算(迭代级用 l 来表示,l 从 0 变到 m),每一级均由 $\frac{N}{2}$ 个蝶形运算构成,在图 5.17 中每一级有 4 个蝶形运算。每一个蝶形有一次复乘和两次复数加法(加、减各一次)运算,因此,每一级运算都需要 $\frac{N}{2}$ 次复乘和 N 次复加,这样 m 级运算总的计算量为 $\frac{N}{2} \cdot m = \frac{N}{2}\log_2 N$ 次复乘和 $N \cdot m = N \cdot \log_2 N$ 次复加。

实际的计算量比以上的数字还要少一些,因为 $W_N^0=0$,$W_N^{\frac{N}{2}}=-1$,$W_N^{\pm\frac{N}{4}}=\pm j$,这几个系数实际上不用乘法运算。而直接计算 DFT 的复乘为 N^2 次,复加为 $N(N-1)$ 次,由于计算机进行乘法所需时间比加法多得多,如果计算时间只考虑与乘法次数成正比,则直接计算 DFT 算法与 FFT 算法的计算量之比为

$$\frac{N^2}{\frac{N}{2}\log_2 N} = \frac{2N}{\log_2 N}$$

表 5.2 列出了不同 N 值的 FFT 算法与直接计算 DFT 的运算量比较。

表 5.2　FFT 算法与 DFT 算法比较

N	N^2	$\frac{N}{2} \cdot \log_2 N$	$N^2 / \left(\frac{N}{2} \cdot \log_2 N\right)$
2	4	1	4.0

N	N^2	$\frac{N}{2}\cdot\log_2 N$	$N^2 \big/ \left(\frac{N}{2}\cdot\log_2 N\right)$
4	16	4	4.0
8	64	12	5.4
16	256	32	8.0
32	1024	80	12.8
64	4096	192	21.4
128	16384	448	36.6
256	65536	1024	64.0
512	262144	2304	113.8
1024	1048576	5120	204.8
2048	4196304	11264	372.4

由表 5.2 可知,当 N 较大时,按时间抽取法将比直接计算 DFT 法运算次数少两个数量级。例如,$N=2048$ 时,如果直接运算需要 6 小时,采用 FFT 只需要 1 分钟就完成了。这样的速度增益使得用 FFT 解决信号处理问题成为可能。

2) 原位计算

时间抽取 FFT 算法的另一个重要特点是可以采用原位计算方式。所谓原位计算,就是当数据输入到存储器中以后,每一级运算的结果仍然储存在这同一组存储器中,直到最后输出,中间无需其他的存储器。例如,图(5.17)中,每一级的蝶形运算可以写成

$$\begin{cases} x_l(n)=x_{l-1}(n)+W_N^p x_{l-1}(n') \\ x_l(n')=x_{l-1}(n)-W_N^p x_{l-1}(n') \end{cases} \quad (l=1,2,\cdots,m) \tag{5.57}$$

N 个输入数据 $x(n)$ 经第一次迭代运算后得出新的 N 个数 $x_1(k)$,然后这些新得到的数据经第二次迭代运算,又得到另外 N 个数 $x_2(k)$。依此类推,直到输出最后的结果 $x_l(k)=x_m(k)=X(k)$。在迭代计算中,每个蝶形运算的输出数据可以存放在原来存储输入的单元中,实行原位计算。因此,这种运算只需要 N 个复数的存储单元,既可存放输入的原始数据,又可存放中间结果,而且还可以存放最后的计算结果,节省了大量的存储单元,这是 FFT 算法的一大优点。

3) 蝶形的类型随迭代次数成倍增加

由图 5.17 的 8 点 FFT 的三次迭代运算可以看出系数 W_N^p 的变化。在第一级迭代中,只有一种类型的蝶形运算系数,即 W_N^0,参加蝶形运算的两个数据点相距间隔为 1。在第二级迭代中,有两种类型的蝶形运算系数,分别是 W_N^0 和 W_N^2,参加蝶形运算的两个数据点间隔为 2。在第三级迭代中,有四种类型的蝶形运算系数,分别是 $W_N^0, W_N^1, W_N^2, W_N^3$,参加蝶形运算的两个数据点间隔为 4。可见,每一次迭代的蝶形运算系数类型比前一迭代增加一倍,间隔也增大一倍。最后一次迭代的蝶形运算系数类型最多,参加蝶形运算的两个数据点的间隔也最大。数据点间隔和 W_N^p 的按级(纵向)排列规则如表 5.3 所示。

表 5.3　时间抽取 N 点 FFT 运算流图两数据点间隔和 W_N^p 排列规则

级 数	两数据点间隔	W_N^p
m(右)	2^{m-1}	$W_N^0, W_N^1, W_N^2, \cdots, W_N^{\frac{N}{2}-1}$
$m-1$	2^{m-2}	$W_N^0, W_N^2, W_N^4, \cdots, W_N^{\frac{N}{2}-2}$
$\vdots$	$\vdots$	$\vdots$

续表

级 数	两数据点间隔	W_N^P
3	4	$W_N^0, W_N^{\frac{N}{8}}, W_N^{\frac{2N}{8}}, W_N^{\frac{3N}{8}}$
2	2	$W_N^0, W_N^{\frac{N}{4}}$
1(左)	1	W_N^0

4) 码位倒置

由图 5.17 看出，输入数据 $x(n)$ 是"混序"排列的，即为 $x(0), x(4), x(2), x(6), x(1), x(5)$，$x(3)$ 和 $x(7)$ 的顺序，不是自然顺序。然而经 m 级($m=3$)迭代计算后，存储单元中依次存放着 $X(0), X(1), X(2), X(3), X(4), X(5), X(6)$ 和 $X(7)$，即输出是按正序列排列的。这里所说的输入为"混序"，并不是杂乱无章的，而是遵循着一定的规律。若把输入 $x(n)$ 的序号用 m 位二进制代码来表达，便可发现，在自然序中应是 $x(1)$ 的地方，在混序中却是 $x(4)$，即在 $x(001)$ 处存放着的是 $x(100)$，100 恰好是 001 的码位倒置。所以说，输入的顺序恰恰是自然序输入的码位倒置。将这种关系示于表 5.4 中。

表 5.4 码位倒置表示

自然序	二进制表示	码位倒置	码位倒置(混序)
$x(0)$	$x(000)$	$x(000)$	$x(0)$
$x(1)$	$x(001)$	$x(100)$	$x(4)$
$x(2)$	$x(010)$	$x(010)$	$x(2)$
$x(3)$	$x(011)$	$x(110)$	$x(6)$
$x(4)$	$x(100)$	$x(001)$	$x(1)$
$x(5)$	$x(101)$	$x(101)$	$x(5)$
$x(6)$	$x(110)$	$x(011)$	$x(3)$
$x(7)$	$x(111)$	$x(111)$	$x(7)$

"混序"是时间抽取法的原理造成的。图 5.17 中，$x(n)$ 首先分成偶序列和奇序列：其上半部分为偶序列[$x(0), x(2), x(4), x(6)$]，用二进制表示为[$x(000), x(010), x(100), x(110)$]；其下部分为奇序列[$x(1), x(3), x(5), x(7)$]，用二进制表示为[$x(001), x(011), x(101), x(111)$]。如果将 $x(n)$ 表示为 $x(n_2 n_1 n_0)$，显然 n_2, n_1 和 n_0 分别为 1 或 0，最低位为 n_0。当 $n_0=0$ 时，为偶数，出现在图的上半部分；当 $n_0=1$ 时，为奇数，出现在图的下半部分。接着奇偶序列又按各自的排列顺序再次分成奇偶序列。显然，对第一次分成的偶序列在第二次分奇偶序列时是由 n_1 来决定的，当 $n_1=0$ 时为偶数，排在上面；当 $n_1=1$ 时为奇数，排在下面。同理，对第一次分成的奇序列也可以这样来处理。如此进行下去，如图 5.18 所示，称为树状图。这是时间抽取法输入序列的序数产生混序的原因。上述讨论，对 $N=2^m$ 的一般情况完全适合。

然而，在实际运算中，如果数据 $x(n)$ 按码位倒置顺序输入，那是非常不方便的。因此，数据总是按自然顺序存储的，然后再通过变址运算，将自然顺序的存储转换成码位倒置顺序存储，就可以进行 FFT 的原位运算了。

5.3.3 频率抽取法

频率抽取(DIF)法，是按奇偶原则把输出长序列 $X(k)$ 逐步分解成越来越短的序列。由于 $X(k)$ 是在频域进行抽取，故称为频率抽取法。

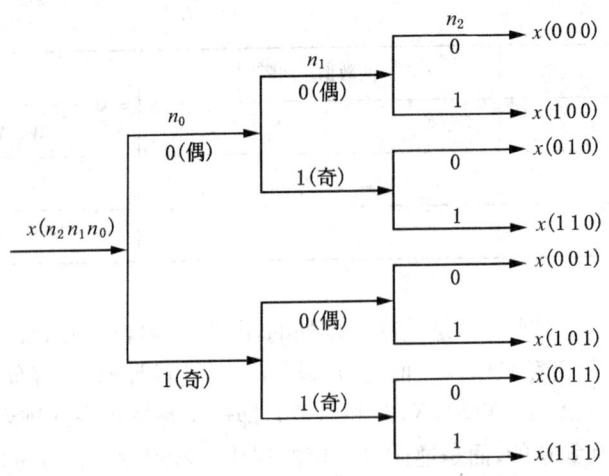

图 5.18 混序产生流图

1. 算法原理

在时域按奇偶抽取,使输出序列 $X(k)$ 分成前后两组,根据对偶原理,如果在时域中把 $x(n)$ 分成前后两组,则必然使频域的 $X(k)$ 变为奇偶抽取分组。为此,把长度为 N 的输入序列 $x(n)$,按 n 的顺序分成前后两半:前半部分子序列为

$$x(n) \qquad (0 \leqslant n \leqslant \frac{N}{2}-1)$$

后半部分子序列为

$$x(n+\frac{N}{2}) \qquad (0 \leqslant n \leqslant \frac{N}{2}-1)$$

其 DFT 为

$$\begin{aligned}
X(k) &= \sum_{n=0}^{N-1} x(n) W_N^{kn} \\
&= \sum_{n=0}^{\frac{N}{2}-1} x(n) W_N^{nk} + \sum_{n=\frac{N}{2}}^{N-1} x(n) W_N^{nk} \\
&= \sum_{n=0}^{\frac{N}{2}-1} x(n) W_N^{nk} + \sum_{n=0}^{\frac{N}{2}-1} x(n+\frac{N}{2}) W_N^{nk} W_N^{\frac{Nk}{2}} \\
&= \sum_{n=0}^{\frac{N}{2}-1} \left[x(n) + W_N^{\frac{Nk}{2}} x(n+\frac{N}{2}) \right] W_N^{nk} \qquad (k=0,1,\cdots,N-1)
\end{aligned} \qquad (5.58)$$

由于 $W_N = \mathrm{e}^{-\mathrm{j}\frac{2\pi}{N}} \neq W_{\frac{N}{2}}$,因而式(5.58)中两个求和式并不代表 $\frac{N}{2}$ 点的 DFT,而 $W_N^{\frac{N}{2}} = -1$,$W_N^{\frac{N}{2}k} = (-1)^k$,故式(5.58)变为

$$X(k) = \sum_{n=0}^{\frac{N}{2}-1} \left[x(n) + (-1)^k x(n+\frac{N}{2}) \right] W_N^{nk} \qquad (k=0,1,\cdots,N-1) \qquad (5.59)$$

当 k 为偶数时,$(-1)^k=1$;k 为奇数时,$(-1)^k=-1$。因此,按 k 的奇偶可将 $X(k)$ 分为两部分,令

$$\begin{cases} k=2r \\ k=2r+1 \end{cases} \qquad (r=0,1,\cdots,\frac{N}{2}-1)$$

则

$$X(2r) = \sum_{n=0}^{\frac{N}{2}-1}\left[x(n)+x\left(n+\frac{N}{2}\right)\right]W_N^{2rn}$$

$$= \sum_{n=0}^{\frac{N}{2}-1}\left[x(n)+x\left(n+\frac{N}{2}\right)\right]W_{\frac{N}{2}}^{rn} \tag{5.60}$$

$$X(2r+1) = \sum_{n=0}^{\frac{N}{2}-1}\left[x(n)-x\left(n+\frac{N}{2}\right)\right]W_N^{(2r+1)n}$$

$$= \sum_{n=0}^{\frac{N}{2}-1}\left[x(n)-x\left(n+\frac{N}{2}\right)\right]W_N^n W_{\frac{N}{2}}^{rn} \tag{5.61}$$

其中,式(5.60)为输入序列前一半与后一半之和的$\frac{N}{2}$点的 DFT;式(5.61)为输入序列前一半与后一半之差与W_N^n之积的$\frac{N}{2}$点的 DFT。

令

$$\begin{cases} a(n)=\left[x(n)+x\left(n+\frac{N}{2}\right)\right] \\ b(n)=\left[x(n)-x\left(n+\frac{N}{2}\right)\right]W_N^n \end{cases} \quad \left(n=0,1,\cdots,\frac{N}{2}-1\right) \tag{5.62}$$

则

$$\begin{cases} X(2r)=\sum_{n=0}^{\frac{N}{2}-1}a(n)W_{\frac{N}{2}}^{rn} \\ X(2r+1)=\sum_{n=0}^{\frac{N}{2}-1}b(n)W_{\frac{N}{2}}^{rn} \end{cases} \quad \left(n=0,1,\cdots,\frac{N}{2}-1\right) \tag{5.63}$$

式(5.62)的运算关系可以用如图 5.19 所示的蝶形运算来表示。这样,就将一个 N 点的 DFT 按频率 k 的奇偶分解为两个$\frac{N}{2}$点的 DFT。

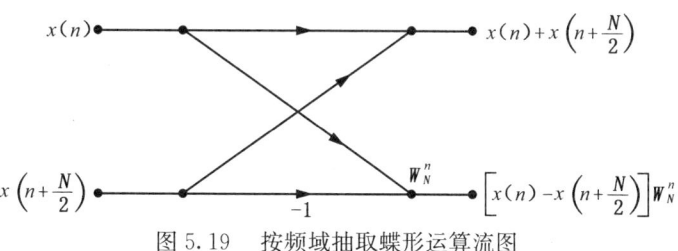

图 5.19 按频域抽取蝶形运算流图

与时间抽取法的推导过程一样,由于 $N=2^m$,$\frac{N}{2}$ 仍为偶数,因此,可以将$\frac{N}{2}$点的 DFT 的输出再分解为偶数组和奇数组,这样将$\frac{N}{2}$点的 DFT 进一步分解为 2 个$\frac{N}{4}$点的 DFT。这两个$\frac{N}{4}$点 DFT 的输入也是将$\frac{N}{2}$点的 DFT 的输入上下对半分开,通过蝶形运算而形成。这样的分解可以一直进行下去,直到分解 m 步后变成了求$\frac{N}{2}$个 2 点的 DFT 为止,而这$\frac{N}{2}$个 2 点 DFT 的计算结果(共 N 个值)就是 $x(n)$ 的 N 点 DFT 的结果 $X(k)$。$N=8$ 时的分解过程如图 5.20 所示。一个 $N=8$ 时的完整的按频率抽取的 FFT 算法流图如图 5.21 所示。

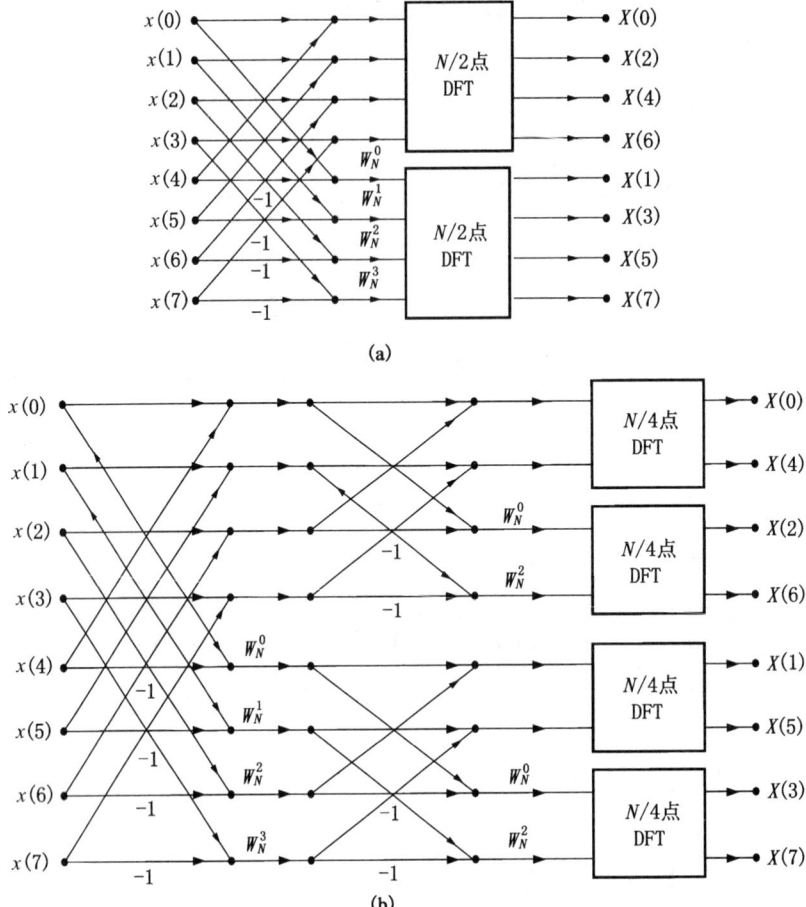

图 5.20 按频域抽取 8 点 DFT 的分解过程
(a)8 点 DFT 分解为两个 4 点 DFT；(b)8 点 DFT 分解为 4 个 2 点 DFT

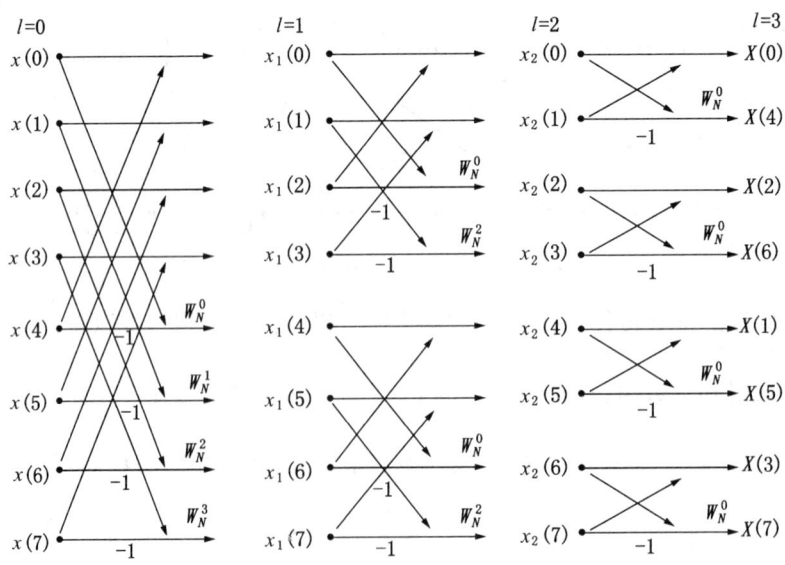

图 5.21 按频域抽取 8 点 FFT 算法流图

2. DIT 与 DIF 的比较

从图 5.17 与图 5.21 看出，DIT 与 DIF 两种算法，既存在着差异，有着各自的特点，又存在着相似的地方，归纳如下。

1）DIT 与 DIF 两种算法的差异

(1) DIF 的输入是自然顺序，而输出却是混序，这与 DIT 刚好相反。但这并不是实质性的差异，尽管 DIF 的输出是混序的，但只要运算完毕后经过整序，便可得到自然序的输出，而整序的规律和时间抽取法相同。

(2) DIF 中，每一级的蝶形运算可以写成

$$\begin{cases} x_l(n) = x_{l-1}(n) + x_{l-1}(n') \\ x_l(n') = [x_{l-1}(n) - x_{l-1}(n')]W_N^p \end{cases} \quad (l=1,2,\cdots,m) \quad (5.64)$$

比较式(5.57)和式(5.64)可见，其差异在于：DIF 中复数乘法出现在减法运算之后，而在 DIT 中却出现在加减法运算之前。

2）DIT 与 DIF 两种算法的相似处

(1) 由式(5.64)可见，频率抽取法中的一个蝶形计算，包括 1 次复乘法和 2 次复加法运算。从图 5.21 中可以看出，整个流图共需要 $m(\log_2 N)$ 级迭代运算，每级共有 $\dfrac{N}{2}$ 个蝶形。因此，与 DIT 的计算量是相等的。

(2) 两种算法均有同址计算的优点，这是因为 DIF 算法的基本运算也是蝶形运算。

FFT 算法除上面介绍的两种之外，还有许多其他的形式，这里就不多介绍了。

5.3.4　FFT 逆变换

5.3.2 和 5.3.3 中所讨论的 FFT 算法完全适用于 IDFT（反离散傅里叶变换）。IDFT 的快速算法一般称作 IFFT。由于 DFT 的对称性，IFFT 算法与前面所述的 FFT 算法几乎完全相同，只需作两个小的改动。从离散傅里叶变换公式

$$X(k) = \sum_{n=0}^{N-1} x(n) W_N^{kn} \quad (\text{DFT}) \quad (5.65)$$

及反变换公式

$$x(n) = \frac{1}{N} \sum_{k=0}^{N-1} X(k) W_N^{-kn} \quad (\text{IDFT}) \quad (5.66)$$

可以看出两者的差别在于：

(1) 权因子 W^{kn} 和 W^{-kn} 的指数相差一个负号；

(2) 相差一个常数因子 $\dfrac{1}{N}$。

由式(5.66)得

$$x(n) = \frac{1}{N}\left[\sum_{k=0}^{N-1} X^*(k) W_N^{kn}\right]^* = \frac{1}{N}[X^*(k) \text{ 的 FFT 函数}]^* \quad (5.67)$$

因此，求 $X(k)$ 的 IFFT 可分下列三步：

(1) 先取 $X(k)$ 的共轭，得 $X^*(k)$；

(2) 对 $X^*(k)$ 作 FFT，得到 $Nx^*(n)$；

(3) 再取 $x^*(n)$ 的共轭，并除以 N，即得 $x(n)$。

当然，这仅是求取反变换的一种设想，还可以有不同的考虑，但有一个共同的着眼点就是利用已有的 FFT 算法程序模块，而不要另行编制一个 IFFT 的子程序。

5.3.5 FFT 的应用

由于 FFT 仅是 DFT 的一种快速算法，因此，凡是可以利用 DFT 变换来进行分析、综合、变换和处理的地方，都可以利用 FFT 算法及数字计算技术来加以实现。FFT 在数字通信、语音信号处理、图像处理、匹配滤波器以及功率谱估算、仿真、系统分析、数值分析等各个领域都得到广泛的应用。下面简要地讨论 FFT 在对信号进行谱分析、计算线性褶积和相关分析等几个方面的应用。

1. 利用 FFT 对信号进行谱分析

所谓谱分析，是在频域内研究信号的某种特征随频率的分布，如振幅谱、相位谱和功率谱；或者说，计算信号的频谱，并由此计算出振幅谱、相位谱和功率谱。这有助于了解信号的特点，因而对信号进行谱分析是相当重要的。

1) 谱分析的步骤

若有一离散时间信号 $x(n)(0 \leqslant n \leqslant N_0 - 1)$，需进行谱分析，则应按以下步骤进行。

(1) 数据准备，即把 $x(n)$ 的长度扩充为 $N = 2^m$ (m 为正整数)

$$x(n) = \begin{cases} x(n), & 0 \leqslant n \leqslant N_0 - 1 \\ 0, & N_0 < n \leqslant N - 1 \end{cases} \tag{5.68}$$

(2) 用 FFT 计算频谱

$$X(k) = \sum_{n=0}^{N-1} x(n) e^{-j\frac{2\pi}{N}kn} = \sum_{n=0}^{N-1} x(n) W_N^{kn} \quad (0 \leqslant k \leqslant N-1) \tag{5.69}$$

当 $k = 0, 1, \cdots, \frac{N}{2}$ 时，$X(k)$ 表示对应于频率 $f = \frac{k}{N\Delta}$ 的频谱值，而 $X(k)$ 一般是由实部 $U(k)$ 和虚部 $V(k)$ 组成的复数，即

$$X(k) = U(k) + jV(k) \quad (k = 0, 1, \cdots, \frac{N}{2})$$

(3) 由频谱计算振幅谱、相位谱和功率谱。

$$\left.\begin{aligned} \text{振幅谱} \quad & |X(k)| = \sqrt{U^2(k) + V^2(k)} \\ \text{相位谱} \quad & \phi(k) = \arctan \frac{V(k)}{U(k)} \\ \text{功率谱} \quad & G(k) = |X(k)|^2 = U^2(k) + V^2(k) \end{aligned}\right\} (k = 0, 1, \cdots, \frac{N}{2}) \tag{5.70}$$

2) 谱分析中参数的选择

在实际资料处理中，离散时间信号 $x(n)$ 是从连续时间信号 $x(t)$ 经采样得到的。而对于一个连续时间信号 $x(t)$，通常用两个参数来描述其频谱特点：

f_c——截频，$x(t)$ 所含有的最高频率，以 Hz 为单位。

f_δ——频率分辨间隔或称分辨率，以 Hz 为单位。

当对 $x(t)$ 的振幅谱 $|X(k)|$ 取离散值观察时，各离散值的频率间隔不得大于 f_δ。这样，信号所含的各频率分量的差异如大于 f_δ 时，就能从图形上识别出来。一般来讲，当 $|X(k)|$ 曲线摆动较大时，f_δ 可取小些；而当 $|X(k)|$ 曲线较平滑时，f_δ 就可取得大些。

离散信号则对信号样点个数 N 和抽样间隔 Δ 有一定的要求，根据抽样定理

$$\Delta \leqslant \frac{1}{2f_c} \tag{5.71}$$

确定 Δ。

对于 N,如信号是无限长信号,对其离散抽样 $x(n\Delta)(n\geqslant 0)$ 应用样点个数为 N 的离散信号 $x(n\Delta)(0\leqslant n\leqslant N-1)$ 近似代替,就要求被省略部分 $x(n\Delta)(n\geqslant N)$ 的能量很小,即

$$\frac{\sum_{n=N}^{+\infty}x^2(n\Delta)}{\sum_{n=0}^{N-1}x^2(n\Delta)} \approx 0 \tag{5.72}$$

另外,根据 DFT 公式,有限长离散信号的有限离散频谱的谱线间距(频率 f 的间隔)是 $\frac{1}{N\Delta}$,而连续信号的频率分辨率是不大于 f_δ,所以应有

$$\frac{1}{N\Delta} \leqslant f_\delta \quad \text{或} \quad N \geqslant \frac{1}{\Delta f_\delta} \tag{5.73}$$

根据式(5.71)和式(5.73),对 N 的要求为

$$N \geqslant \frac{2f_c}{f_\delta} \tag{5.74}$$

$N\Delta$ 表示进行频谱分析的信号记录长度,由式(5.73)可知,信号记录长度 $N\cdot\Delta$ 必须大于或等于 $\frac{1}{f_\delta}$,因此称

$$T_{\min} = \frac{1}{f_\delta} \tag{5.75}$$

为最小记录长度。所以,在通常情况下,选取 Δ 时要使其满足式(5.71),选取 N 时要使其满足式(5.73),也就是要求信号长度不得小于最小记录长度 $T_{\min}$。

例 5.16 已知某信号的截频 $f_c=125\text{Hz}$,频率分辨间隔要求为 $f_\delta=2\text{Hz}$,要对信号作频谱分析,$T_{\min}$ 为多少?Δ 应满足什么条件?N 应取多少?

解: 根据式(5.75),有

$$T_{\min} = \frac{1}{f_\delta} = \frac{1}{2} = 0.5(\text{s})$$

根据抽样定理,有

$$\Delta \leqslant \frac{1}{2f_c} = \frac{1}{2\times 125} = 0.004(\text{s}) = 4(\text{ms})$$

最后根据式(5.74),有

$$N \geqslant \frac{2f_c}{f_\delta} = 125$$

若要求 $N=2^m$,可取 $N=2^7=128$。

2. 利用 FFT 计算线性褶积——快速褶积

所谓快速褶积,就是利用 FFT 来求线性褶积,因其利用了 DFT 的快速算法 FFT,使计算速度加快,故而称为快速褶积。由于在前一节中已讲过利用 DFT 求取线性褶积的数学公式及步骤,这里只是把计算 DFT 的地方用 FFT 代替,所以仅列出有关步骤,然后再同一般褶积进行一些比较。

设离散信号 $x(n)$ 和 $y(n)$ 长度分别为 M 和 L,在一般情况下,可有以下计算步骤:

(1) 选择 $N=2^m$,使之满足 $2^{m-1}<M+L-1\leqslant 2^m$;
(2) 扩充 $x(n)$ 和 $y(n)$ 的长度为 N;
(3) 利用 FFT 分别对扩充后的 $x(n)$ 和 $y(n)$ 求离散频谱 $X(k)$ 和 $Y(k)(0\leqslant k\leqslant N-1)$;
(4) 计算 $F(k)=X(k)Y(k)$;
(5) 对 $F(k)$ 求 IFFT 得 $f(n)$,就是所要求的线性褶积 $f(n)=x(n)*y(n)$。

这样的计算,虽然在频域上绕了一大圈,但因 FFT 算法的效率很高,实际上使褶积计算更加快速。以下来估计一下上述步骤所需的运算次数。

上面一共作了 3 次 N 点 FFT、N 次复数乘法,根据前面得到的 FFT 算法的运算次数,可以算得整个计算所需的运算次数为:复数加法 $3N\log_2 N$ 次、复数乘法 $(3\frac{N}{2}\log_2 N+N)$ 次。

如直接求取线性褶积 $f(n)=x(n)*y(n)$,则由公式

$$f(n)=\sum_{m=0}^{L-1}y(m)x(n-m) \quad (0\leqslant n\leqslant M+L-2)$$

可以估计出其所需运算次数为:复数加法 $(L-1)(M+L-1)$ 次、复数乘法 $L(M+L-1)$ 次。

显然,当 M 和 L 较大时,直接计算就要比快速褶积费时多得多,这时应使用快速褶积;当 M 和 L 都较小时,直接计算也可以。具体情况应具体分析,灵活掌握。

3. 利用 FFT 求相关——快速相关

用 FFT 计算相关函数,称为快速相关。它与快速褶积类似,所不同的是前者应用离散相关定理,而后者应用离散褶积定理,但同样都要注意到离散傅里叶变换固有的周期性,也同样用补零的方法来处理。

若两个实离散时间信号 $x(n)$ 及 $y(n)$ 的互相关函数定义为

$$r_{xy}(\tau)=\sum_{n=0}^{N-1}x(n)y(n-\tau)=\sum_{n=0}^{N-1}x(n+\tau)y(n) \tag{5.76}$$

则可以很容易证明 $r_{xy}(\tau)$ 的离散傅里叶变换

$$R_{xy}(k)=X(k)Y^*(k)$$

如果 $x(n)$ 的长度为 M,$y(n)$ 的长度为 L,则利用 FFT 求相关的计算步骤如下:
(1) 选择 $N=2^m$,使之满足 $2^{m-1}<M+L-1\leqslant 2^m$;
(2) 扩充 $x(n)$ 和 $y(n)$ 的长度为 N;
(3) 利用 FFT 分别对扩充后的 $x(n)$ 和 $y(n)$ 求离散频谱 $X(k)$ 和 $Y(k)(0\leqslant k\leqslant N-1)$;
(4) 计算 $Y(k)$ 的共轭 $Y^*(k)$;
(5) 计算乘积 $X(k)Y^*(k)$;
(6) 计算 FFT 逆变换 IFFT$[X(k)Y^*(k)]$,便是所求的 $x(n)$ 与 $y(n)$ 的互相关函数 $r_{xy}(\tau)$。

如果 $x(n)=y(n)$,则求得的是自相关函数。顺便指出一点,快速相关计算所需时间实质上与快速褶积计算所需时间是一样的,因而关于计算所需时间和结论与快速褶积一样,在此就不多讨论了。

5.4 希尔伯特变换

希尔伯特(Hilbert)变换是信号分析中的一种重要工具,它在研究信号的瞬时特性(瞬时振幅、瞬时相位、瞬时频率)、对已调信号进行检波、降低信号的抽样速率以及在分析非线性与

非平稳信号等方面有其应用。

对于一个复时间信号 $z(t)=x(t)+\mathrm{j}\hat{x}(t)$，若它在 t_0 及相邻区间内处处可导，那么称复时间信号 $z(t)$ 在 t_0 处解析。如果 $z(t)$ 在区间 D 内每点解析，则称 $z(t)$ 是 D 区间内的解析信号。若复时间信号 $z(t)$ 为时域因果信号，则 $z(t)$ 的傅里叶变换 $Z(\omega)$ 为频域解析信号；若复时间信号 $z(t)$ 为时域解析信号，则 $z(t)$ 的傅里叶变换 $Z(\omega)$ 为频域因果信号。希尔伯特变换理论是根据解析信号的解析性与因果性的对应关系而建立起来的。

5.4.1 连续时间信号的希尔伯特变换

设 $x(t)$ 为实信号，由它构成的时域解析信号 $z(t)$ 表示为

$$z(t)=x(t)+\mathrm{j}\hat{x}(t) \tag{5.77}$$

而 $z(t)$ 傅里叶变换为

$$Z(\omega)=X(\omega)+\mathrm{j}\hat{X}(\omega) \tag{5.78}$$

由于时域解析信号 $z(t)$ 与频域因果信号 $Z(\omega)$ 的对应关系可知，$\hat{X}(\omega)$ 应为

$$\hat{X}(\omega)=\begin{cases}-\mathrm{j}X(\omega), & \omega>0 \\ +\mathrm{j}X(\omega), & \omega<0\end{cases} \tag{5.79}$$

将式(5.79)代入式(5.78)得

$$Z(\omega)=\begin{cases}2X(\omega), & \omega>0 \\ 0, & \omega<0\end{cases} \tag{5.80}$$

为了得到时域信号 $\hat{x}(t)$ 的计算式，将式(5.80)表示的频域因果信号 $Z(\omega)$ 写为

$$Z(\omega)=2X(\omega)U(\omega) \tag{5.81}$$

对 $U(\omega)$ 作奇、偶分解，得

$$U(\omega)=\frac{1}{2}[1+\mathrm{sgn}(\omega)] \tag{5.82}$$

将式(5.82)代入式(5.81)，得

$$Z(\omega)=X(\omega)+X(\omega)\mathrm{sgn}(\omega) \tag{5.83}$$

将式(5.83)代入式(5.82)，可得频域信号 $\hat{X}(\omega)$ 的计算式为

$$\hat{X}(\omega)=-\mathrm{j}X(\omega)\mathrm{sgn}(\omega) \tag{5.84}$$

若将 $H(\omega)=-\mathrm{jsgn}(\omega)$ 看成系统函数，$X(\omega)$ 和 $\hat{X}(\omega)$ 分别看成是系统的输入信号、输出信号，则式(5.84)可改写为

$$\hat{X}(\omega)=X(\omega)H(\omega) \tag{5.85}$$

系统函数 $H(\omega)$ 对输入信号 $X(\omega)$ 所起到的作用，可以由系统函数的振幅谱和相位谱的特点看出。

$$H(\omega)=-\mathrm{jsgn}(\omega)=\begin{cases}-\mathrm{j}, & \omega>0 \\ +\mathrm{j}, & \omega<0\end{cases} \tag{5.86}$$

若将系统记为 $H(\omega)=|H(\omega)|\mathrm{e}^{\mathrm{j}\phi(\omega)}$，那么系统函数的振幅谱和相位谱可分别表示为

$$\begin{cases} |H(\omega)|=1 \\ \phi(\omega)=\begin{cases}-\dfrac{\pi}{2},\omega>0 \\ +\dfrac{\pi}{2},\omega<0\end{cases}\end{cases} \tag{5.87}$$

说明希尔伯特变换不改变 $X(\omega)$ 的幅频特性,只改变 $X(\omega)$ 的相频特性,即 90°相移。

对式(5.85)中的 $X(\omega)$ 和 $H(\omega)$ 分别求傅里叶反变换为

$$X(\omega)\to x(t)$$

$$H(\omega)=-\mathrm{jsgn}(\omega)\to \frac{1}{\pi t}=h(t)$$

并根据时域褶积定理,可得希尔伯特变换的时域褶积式为

$$\hat{x}(t)=x(t)*\frac{1}{\pi t}=\frac{1}{\pi}\int_{-\infty}^{+\infty}\frac{x(\tau)}{t-\tau}\mathrm{d}\tau \tag{5.88}$$

将式(5.84)写成

$$\hat{X}(\omega)=-\mathrm{j}X(\omega)\mathrm{sgn}(\omega)=\mathrm{j}X(\omega)\mathrm{sgn}(-\omega)$$

并将上式两端乘以 $-\mathrm{jsgn}(-\omega)$,得

$$X(\omega)=-\mathrm{j}\hat{X}(\omega)\mathrm{sgn}(-\omega) \tag{5.89}$$

对式(5.89)中的 $\hat{X}(\omega)$ 和 $-\mathrm{jsgn}(\omega)$ 分别求傅里叶反变换为

$$\hat{X}(\omega)\to \hat{x}(t)$$

$$-\mathrm{jsgn}(-\omega)\to -\frac{1}{\pi t}$$

由时域褶积定理,可得希尔伯特反变换的时域褶积式为

$$x(t)=\hat{x}(t)*\frac{-1}{\pi t}=-\frac{1}{\pi}\int_{-\infty}^{+\infty}\frac{\hat{x}(t)}{t-\tau}\mathrm{d}\tau \tag{5.90}$$

称式(5.88)和式(5.90)为连续时间信号的希尔伯特变换对,说明解析信号 $z(t)$ 的实部 $x(t)$ 与虚部 $\hat{x}(t)$ 互为希尔伯特变换关系。

例 5.17 求信号 $x(t)=\cos\omega_0 t$ 的希尔伯特变换。

解法一: 设 $h(t)=1/(\pi t)$,应用式(5.84)和傅里叶反变换求 $\hat{x}(t)$,即

$$\hat{x}(t)=x(t)*h(t)\to \hat{X}(\omega)=X(\omega)[-\mathrm{jsgn}(\omega)]$$

周期信号的频谱密度函数一般式为

$$X(\omega)=2\pi\sum_{-\infty}^{+\infty}X(k\omega)\delta(\omega-k\omega_0)$$

式中的 $X(k\omega_0)$ 是周期信号傅里叶级数的展开系数。

由欧拉公式

$$\cos\omega_0 t=(\mathrm{e}^{\mathrm{j}\omega_0 t}+\mathrm{e}^{-\mathrm{j}\omega_0 t})/2$$

可知:当 $k=\pm 1$ 时,$X(k\omega_0)=1/2$;当 $k\neq \pm 1$ 时,$X(k\omega_0)=0$。

因此,$x(t)=\cos\omega_0 t$ 的傅里叶变换为 $X(\omega)=\pi[\delta(\omega+\omega_0)+\delta(\omega-\omega_0)]$,则

$$\hat{X}(\omega)=\pi[\delta(\omega+\omega_0)+\delta(\omega-\omega_0)][-\mathrm{jsgn}(\omega)]=\mathrm{j}\pi[\delta(\omega+\omega_0)-\delta(\omega-\omega_0)]$$

$$\hat{x}(t)=\frac{1}{2\pi}\int_{-\infty}^{+\infty}\hat{X}(\omega)\mathrm{e}^{\mathrm{j}\omega t}\mathrm{d}\omega=\sin\omega_0 t$$

解法二：对周期信号可直接应用式(5.87),求其希尔伯特变换。将 $x(t)=\cos\omega_0 t$ 看成是第一象限的信号,由于 $\omega_0>0$,由式(5.87)可知,对该信号减去 $\pi/2$,就可得到该信号的希尔伯特变换
$$\hat{x}(t) = \cos(\omega_0 t - \pi/2) = \sin\omega_0 t$$

5.4.2 连续时间信号的瞬时函数

设实信号 $x(t)$ 的希尔伯特变换为 $\hat{x}(t)$,则由它们构成的复时间解析信号为
$$z(t)=x(t)+\hat{x}(t)$$
其瞬时振幅或包络、瞬时相位和瞬时频率函数分别定义为

$$a(t) = |z(t)| = \sqrt{x^2(t)+\hat{x}^2(t)} \tag{5.91}$$

$$\varphi(t) = \arctan\frac{\hat{x}(t)}{x(t)} \tag{5.92}$$

$$\mu(t) = \frac{\mathrm{d}\varphi(t)}{\mathrm{d}t} \tag{5.93}$$

5.4.3 离散时间信号的希尔伯特变换

设 $x(n)$ 的希尔伯特变换为 $\hat{x}(n)$,$h(n)$ 为连续时间希尔伯特变换单位冲激响应 $h(t)$ 的理想抽样结果。由于抽样信号的频率响应是周期为 2π 的周期信号,即频域变量 ω 在一个周期内的取值为 $-\pi \sim \pi$,因此 $h(n)$ 对应的离散时间傅里叶变换为

$$H(\omega)=\begin{cases} -\mathrm{j}, & 0<\omega<\pi \\ +\mathrm{j}, & -\pi<\omega<0 \end{cases} \tag{5.94}$$

求式(5.94)的离散时间傅里叶反变换,得离散时间希尔伯特变换的单位抽样响应为

$$h(n) = \frac{1}{2\pi}\int_{-\pi}^{0}\mathrm{j}\mathrm{e}^{\mathrm{j}\omega n}\mathrm{d}\omega - \frac{1}{2\pi}\int_{0}^{\pi}\mathrm{j}\mathrm{e}^{\mathrm{j}\omega n}\mathrm{d}\omega = \frac{1}{2\pi n}(2-\mathrm{e}^{-\mathrm{j}\omega n}-\mathrm{e}^{\mathrm{j}\omega n})$$
$$= \frac{1}{2\pi n}(2-2\cos n\pi) = \frac{1}{\pi n}(1-\cos n\pi)$$
$$= \frac{1-(-1)^n}{n\pi} = \begin{cases} 2/(n\pi), & n \text{ 为奇数} \\ 0, & n \text{ 为偶数} \end{cases} \tag{5.95}$$

于是,离散时间信号 $x(n)$ 的希尔伯特变换为

$$\hat{x}(n) = x(n) * h(n) = \frac{2}{\pi}\sum_{m=-\infty}^{+\infty}\frac{x(n-2m-1)}{2m+1} \tag{5.96}$$

由 $x(n)$ 和 $\hat{x}(n)$ 构成的解析信号为

$$z(n) = x(n) + \mathrm{j}\hat{x}(n) \tag{5.97}$$

用 DFT 的快速算法 FFT 也可以求离散信号 $x(n)$ 的希尔伯特变换 $\hat{x}(n)$,其步骤如下：

(1) 求 $x(n)$ 的 N 点 FFT；

(2) 构造 N 点频域序列 $\mathrm{sgn}(k)=\{0,1,\cdots,0,-1,\cdots,-1\}$,其中 ± 1 的个数为 $\frac{N}{2}-1$；

(3) 求 $X_1(k)=X(k)\mathrm{sgn}(k)$；

(4) 求 $\hat{x}(n)=-\mathrm{jIFFT}[X_1(k)]$。

例 5.18 已知 $x(n)=\{1,2,3,4\}_0$,用 FFT 求 $\hat{x}(n)=H[x(n)]$。

解：(1) 求 $X(k)=\mathrm{FFT}[x(n)]$

$$X(k)=\begin{bmatrix}1 & 1 & 1 & 1\\ 1 & -j & -1 & j\\ 1 & -1 & 1 & -1\\ 1 & j & -1 & -j\end{bmatrix}\begin{bmatrix}1\\ 2\\ 3\\ 4\end{bmatrix}=\begin{bmatrix}10\\ -2+2j\\ -2\\ -2-2j\end{bmatrix}$$

(2) 求 $X_1(k)=X(k)\mathrm{sgn}(k)$

$$\mathrm{sgn}(k)=\{0,1,0,-1\}$$
$$\times\ \ X(k)=\{10,-2+2j,-2,-2-2j\}$$
$$X_1(k)=\{0,-2+2j,0,2+2j\}$$

(3) 求 $x_1(n)=\mathrm{IFFT}[X_1(k)]$

$$x_1(n)=\frac{1}{4}\begin{bmatrix}1 & 1 & 1 & 1\\ 1 & j & -1 & -j\\ 1 & -1 & 1 & -1\\ 1 & -j & -1 & j\end{bmatrix}\begin{bmatrix}0\\ -2+2j\\ 0\\ 2+2j\end{bmatrix}=\begin{bmatrix}j\\ -j\\ -j\\ j\end{bmatrix}$$

(4) 求 $\hat{x}(n)=-jx_1(n)$

$$\hat{x}(n)=\{1,-1,-1,1\}$$

习 题

1. 已知周期序列 $x_p(n)=2\delta(n)+\delta(n-1)+\delta(n-3)(0\leqslant n\leqslant 3)$，试求 $X_p(k)$。

2. 如果 $x_p(n)$ 是一个周期为 N 的周期序列，那么它也是周期为 $2N$ 的周期序列。把 $x_p(n)$ 看作周期为 N 的周期序列时，其离散傅里叶级数为 $X_{p1}(k)$；把 $x_p(n)$ 看作周期为 $2N$ 的周期序列时，其离散傅里叶级数为 $X_{p2}(k)$。试找出 $X_{p1}(k)$ 和 $X_{p2}(k)$ 的关系。

3. 求下列序列的 DFT：
(1) $\{1,1,-1,1\}$　　(2) $\{1,j,-1,j\}$

4. 计算下列长度为 N 的有限长序列的 DFT：
(1) $x(n)=\delta(n)$　　(2) $x(n)=\delta(n-n_0)$　　$(0<n_0<N-1)$
(3) $x(n)=a^n$　　$(0\leqslant n\leqslant N-1)$

5. (1) 求 $x(n)=\{1,2,-1,3\}$ 的 DFT；(2) 由(1)的结果，求其 IDFT。

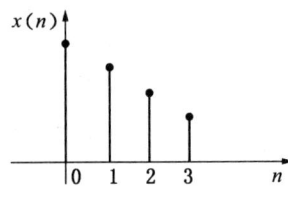

题6图

6. 题6图表示的是一个有限长序列 $x(n)$，试画出下列序列的草图。
(1) $x_1(n)=x((n-2))_N R_N(n)$　　(2) $x_2(n)=x((-n))_N R_N(n)$

7. 已知有限长序列 $x(n)$ 的离散傅里叶变换 $X(k)$，试利用循环频移性质求下列序列 $f(n)$ 对应的离散傅里叶变换 $F(k)$。
(1) $f(n)=x(n)\cos\dfrac{2\pi rn}{N}$
(2) $f(n)=x(n)\sin\dfrac{2\pi rn}{N}$

8. 已知 $x(n)=\{1,0,0,1\}$ 的离散傅里叶变换 $X(k)=\{2,1,+j,0,1,-j\}$，求下列序列对应的离散傅里叶变换：
(1) $x_1(n)=x((n-2))_N R_N(n)$　　(2) $x_2(n)=x((-n))_N R_N(n)$　　(3) $x_3(n)=2X(n)$

9. 长度为8的一个有限长序列具有8点离散傅里叶变换$X(k)$,如题9图(a)所示。如将一个长度为16的新序列定义为$y(n)=\begin{cases}x(\frac{n}{2}),n\text{为偶数}\\0,n\text{为奇数}\end{cases}$,试从题9图(b)的几个图中选出相当于$y(n)$的16点离散傅里叶变换的略图。

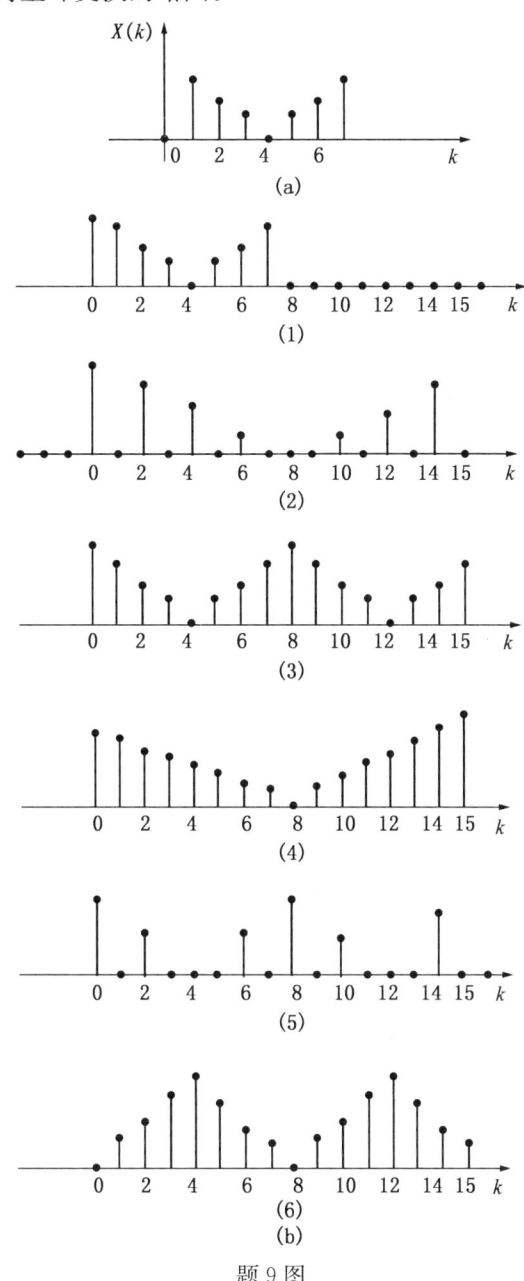

题9图

10. 已知$x(n)=0.5^n, n=0,1,2,3$;$h(n)=\cos\frac{\pi}{2}n, n=0,1,2,3$。

(1) 用DFT方法,求$y(n)=x(n)ⓧh(n)$;

(2) 用直接计算的方法,求$y(n)=x(n)ⓧh(n)$。

11. 题11图是一个五点序列$x(n)$。

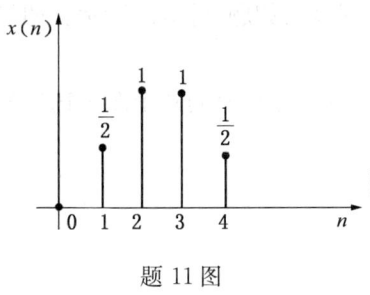
题 11 图

(1)试绘出 $x(n)$ 同 $x(n)$ 线性褶积的草图;
(2)试绘出 $x(n)$ 同 $x(n)$ 5 点循环褶积的草图;
(3)试绘出 $x(n)$ 同 $x(n)$ 10 点循环褶积的草图;
(4)若 $x(n)$ 同 $x(n)$ 的某个 N 点循环褶积同线性褶积相同,试问此时 N 的最小值是多少?

12. 设有两个序列 $x(n)$ 和 $y(n)$ 分别为

$$x(n)=0 \quad (n<0, n\geq 8)$$
$$y(n)=0 \quad (n<0, n\geq 20)$$

各计算其 20 点的 DFT,然后将两 DFT 相乘,再计算乘积的 IDFT。设 $r(n)$ 表示 IDFT,试指出 $r(n)$ 的哪些点等于 $x(n)*y(n)$ 时的对应点。

13. 设有一个 16 点序列 $x(0), x(1), \cdots, x(15)$,把它排成码位倒置的序列。

14. 已知 $x(n)=\{1,2,1,0\}$,利用蝶形流图法,计算 $X(k)$ 的数值。

15. 试画出 $N=16$ 时,按时间抽取法的 FFT 流图(输入序列按码位倒置顺序排列,输出为自然顺序排列)。

16. 试画出 $N=16$ 时,按频率抽取法的 FFT 流图(输入序列按自然顺序排列,输出为码位倒置顺序排列)。

17. 用 FFT 对一模拟信号作谱分析,已知频率分辨率为 $f_\delta \leq 5\text{Hz}$,信号最高频率 $f_c \leq 1.25\text{kHz}$,试求下列各参量:

(1)最小记录长度;(2)采样点间的最大采样间隔;(3)在一个记录长度中的最少点数。

18. 如果一台通用计算机平均每做一次复数乘法需时 $10\mu s$,每做一次复数加法需时 $2\mu s$,用其计算 $N=4096$ 点的 DFT,估计直接计算和用 FFT 计算分别各需多少时间。

19. 求信号 $x(t)=\sin\omega_0 t$ 的希尔伯特变换。

20. 设信号 $x(t)$ 为 $x(t)=b(t)g(t)$,$b(t),g(t)$ 的频谱 $B(\omega),G(\omega)$ 满足以下关系

$$B(\omega)=\begin{cases} B(\omega), & |\omega|\leq\omega_1 \\ 0, & |\omega|\geq\omega_1 \end{cases} \quad G(\omega)=\begin{cases} 0, & |\omega|\leq\omega_1 \\ G(\omega), & |\omega|>\omega_1 \end{cases}$$

其中 ω_1 为正常数。设 $x(t),g(t)$ 的希尔伯特变换分别为 $\hat{x}(t),\hat{g}(t)$。请证明

$$\hat{x}(t)=b(t)\hat{g}(t)$$

21. 窄带雷达信号 $x(t)$ 为

$$x(t)=a(t)\cos[\omega_0 t+\varphi(t)]$$

$a(t)\cos\varphi(t)$ 和 $a(t)\sin\varphi(t)$ 的频谱在 $|\omega|\geq\omega_0$ 时为 0,证明 $x(t)$ 的希尔伯特变换 $\hat{x}(t)$ 为

$$\hat{x}(t)=a(t)\sin[\omega_0 t+\varphi(t)]$$

22. 证明下面一些关于希尔伯特变换的性质:

设 $x(t)$ 为实连续信号,$\hat{x}(t)$ 为 $x(t)$ 的希尔伯特变换,则

(1) $x(t)$ 与 $\hat{x}(t)$ 的能量相等,即

$$\int_{-\infty}^{+\infty} x^2(t)\mathrm{d}t = \int_{-\infty}^{+\infty} \hat{x}^2(t)\mathrm{d}t$$

(2) $x(t)$ 与 $\hat{x}(t)$ 是正交的,即

$$\int_{-\infty}^{+\infty} x(t)\hat{x}(t)\mathrm{d}t = 0$$

(3)若 $x(t)$ 是偶函数,则 $\hat{x}(t)$ 是奇函数;若 $x(t)$ 是奇函数,则 $\hat{x}(t)$ 是偶函数。

第 6 章 拉普拉斯变换

拉普拉斯变换可以用于求解常系数线性微分方程,是研究线性系统的一种有效而重要的工具。拉普拉斯变换是一种积分变换,它把时域中的常系数线性微分方程变换为复频域中的常系数线性代数方程,使计算比较简单。这正是拉普拉斯变换法的优点所在。这种变换方法常用在地震勘探问题的数学模型求解中,例如应用拉普拉斯变换求解地震反射系数方程。近年来,波形反演研究开始在拉普拉斯域中寻求突破,在缺少低频信息的情况下,利用拉普拉斯域全波形反演对频率不敏感的特性首先恢复长波长信息,继而以此为初始模型利用频率域全波形反演恢复模型的短波长分量,实现模型的高精度重建。

本章主要介绍拉普拉斯变换的基本概念、基本性质、拉普拉斯反变换。

6.1 拉普拉斯变换的定义及其收敛条件

6.1.1 拉普拉斯变换的定义

由第 2 章已知,当函数 $x(t)$ 满足狄里赫利条件时,便可构成一对傅里叶变换式

$$X(\omega) = \int_{-\infty}^{+\infty} x(t) e^{-j\omega t} dt \tag{6.1}$$

$$x(t) = \frac{1}{2\pi} \int_{-\infty}^{+\infty} X(\omega) e^{j\omega t} d\omega \tag{6.2}$$

考虑到在实际中遇到的总是因果信号,令信号起始时刻为零,于是在 $t<0$ 的时间范围内 $x(t)=0$,这样正变换表示式为

$$X(\omega) = \int_{0}^{+\infty} x(t) e^{-j\omega t} dt \tag{6.3}$$

再考虑到狄里赫利条件,$x(t)$ 在 $(-\infty, +\infty)$ 内满足绝对可积的条件是比较强的,许多函数都不满足这个条件,如单位阶跃函数、正弦函数、余弦函数等。为了使更多的函数存在变换,并简化某些变换形式或运算过程,引入一个衰减因子 $e^{-\sigma t}$ (σ 为任意实数),使它与 $x(t)$ 相乘,于是 $e^{-\sigma t}x(t)$ 得以收敛,绝对可积的条件就容易满足,对 $e^{-\sigma t}x(t)$ 取傅里叶变换

$$G(\omega) = \int_{0}^{+\infty} x(t) e^{-\sigma t} e^{-j\omega t} dt = \int_{0}^{+\infty} x(t) e^{-(\sigma+j\omega)t} dt \tag{6.4}$$

令

$$s = \sigma + j\omega \tag{6.5}$$

则式(6.4)可以写作

$$X(s) = \int_{0}^{+\infty} x(t) e^{-st} dt \tag{6.6}$$

式(6.6)称为时间函数 $x(t)$ 的拉普拉斯变换,记为

$$X(s) = \mathscr{L}[x(t)] \tag{6.7}$$

$X(s)$ 称为象函数,它的反变换

$$x(t) = \mathscr{L}^{-1}[X(s)] \tag{6.8}$$

称为象原函数。拉普拉斯反变换将在 6.4 中讨论。

拉普拉斯变换与傅里叶变换的基本差别在于:傅里叶变换将时域函数 $x(t)$ 变换为频域函数 $X(\omega)$,或作相反变换,时域中的变量 t 和频域中的变量 ω 都是实数;拉普拉斯变换是将时间函数 $x(t)$ 变换为复变函数 $X(s)$,或作相反变换,这时,t 仍是实数,但变量 s 却是复数,可称为"复频率"。概括讲,傅里叶变换建立了时域和频域间的联系,而拉普拉斯变换建立了时域与复频域(s 域)间的联系。

综上所述,拉普拉斯变换是傅里叶变换的推广。$x(t)$ 的拉普拉斯变换就是 $x(t)u(t)e^{-\sigma t}$ 的傅里叶变换。有些时间函数,其傅里叶变换不存在,但拉普拉斯变换却存在。有些时间函数不能直接求傅里叶变换,但可以利用拉普拉斯变换求出其傅里叶变换。拉普拉斯变换的存在条件比傅里叶变换存在条件弱。

6.1.2 拉普拉斯变换的收敛条件

当函数 $x(t)$ 乘以衰减因子 $e^{-\sigma t}$ 以后,就有可能满足绝对可积条件,但是否一定满足,还要看 $x(t)$ 的性质与 σ 的相对关系而定。如果

$$\lim_{t \to \infty} x(t) e^{-\sigma t} = 0 \quad (\sigma > \sigma_0) \tag{6.9}$$

则 $x(t)e^{-\sigma t}$ 在 $\sigma > \sigma_0$ 的全部范围内是收敛的,其积分存在,可以进行拉普拉斯变换。

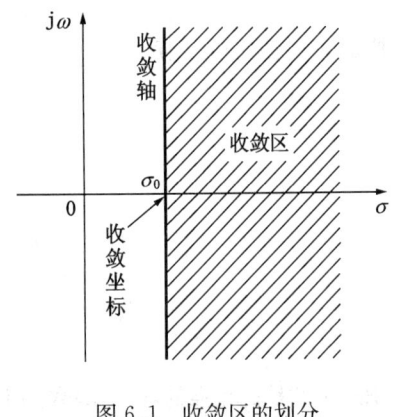

图 6.1 收敛区的划分

σ_0 与函数 $x(t)$ 的性质有关,它指出了收敛条件。如图 6.1 所示,σ_0 将 s 平面划分为两个区域。通过 σ_0 点的垂直线是收敛区的边界,称为收敛轴;σ_0 在 s 平面内称为收敛坐标。凡满足式(6.9)的函数 $x(t)$ 称为指数阶函数,指数阶函数如果具有发散特性可借助于指数函数的衰减使其成为收敛函数。

例 6.1 $x(t) = t$ 是指数阶函数。因为 $\lim\limits_{t \to \infty} t e^{-\sigma t} = 0 (\sigma > 0)$,其收敛坐标 $\sigma_0 = 0$。

例 6.2 $x(t) = e^{at}$ 也是指数阶函数。因为 $\lim\limits_{t \to \infty} e^{at} e^{-\sigma t} = 0 (\sigma > a)$,其收敛坐标 $\sigma_0 = a$。

凡是有始有终、能量有限的信号,其收敛坐标落于 $-\infty$,全部 s 平面都属于收敛区,即有界的非周期信号的拉普拉斯变换一定存在。

6.2 基本信号的拉普拉斯变换

本节根据拉普拉斯变换的定义式(6.6)来推导几个常用的基本信号的拉普拉斯变换。

6.2.1 指数信号

指数信号的表达式为

$$x(t) = e^{-at} \quad (a \text{ 是实数})$$

$$\mathscr{L}(e^{-at}) = \int_0^{+\infty} e^{-at} e^{-st} dt = \int_0^{+\infty} e^{-(s+a)t} dt = -\frac{e^{-(s+a)t}}{s+a} \bigg|_0^{+\infty} = \frac{1}{s+a} \quad (\sigma > -a)$$

即

$$\mathscr{L}(e^{-at}) = \frac{1}{s+a} \quad (\sigma > -a) \tag{6.10}$$

6.2.2 单位阶跃信号

单位阶跃信号的表达式为

$$u(t) = \begin{cases} 0, t < 0 \\ 1, t \geq 0 \end{cases}$$

$$\mathscr{L}[u(t)] = \int_0^{+\infty} e^{-st} dt$$

此积分在 $\sigma > 0$ 时收敛，且有

$$\int_0^{+\infty} e^{-st} dt = \frac{1}{s} \quad (\sigma > 0)$$

所以

$$\mathscr{L}[u(t)] = \frac{1}{s} \quad (\sigma > 0) \tag{6.11}$$

6.2.3 幂函数

幂函数的表达式为

$$x(t) = t^n \quad (n > 0)$$

$$\mathscr{L}(t^n) = \int_0^{+\infty} t^n e^{-st} dt = -\frac{t^n}{s} e^{-st} \Big|_0^{+\infty} + \frac{n}{s} \int_0^{+\infty} t^{n-1} e^{-st} dt = \frac{n}{s} \int_0^{+\infty} t^{n-1} e^{-st} dt$$

所以

$$\mathscr{L}(t^n) = \frac{n}{s} \mathscr{L}(t^{n-1})$$

当 $n=1$ 时

$$\mathscr{L}(t) = \frac{1}{s} \mathscr{L}[u(t)] = \frac{1}{s^2}$$

当 $n=2$ 时

$$\mathscr{L}(t^2) = \frac{2}{s} \mathscr{L}[t] = \frac{2}{s^3}$$

依次类推，得

$$\mathscr{L}(t^n) = \frac{n!}{s^{n+1}} \quad (\sigma > 0) \tag{6.12}$$

6.2.4 正弦信号

正弦信号的表达式为

$$x(t) = \sin\omega t$$

$$\mathscr{L}(\sin\omega t) = \int_0^{+\infty} \sin\omega t \, e^{-st} dt$$

$$= -\frac{1}{s} \sin\omega t \, e^{-st} \Big|_0^{+\infty} + \frac{\omega}{s} \int_0^{+\infty} \cos\omega t \, e^{-st} dt$$

$$= -\frac{\omega}{s^2}\cos\omega t\, e^{-st}\Big|_0^{+\infty} - \frac{\omega^2}{s^2}\int_0^{+\infty}\sin\omega t\, e^{-st}\,dt$$

所以

$$\int_0^{+\infty}\sin\omega t\, e^{-st}\,dt = \frac{\frac{\omega}{s^2}}{1+\frac{\omega^2}{s^2}} = \frac{\omega}{s^2+\omega^2}$$

即

$$\mathscr{L}(\sin\omega t) = \frac{\omega}{s^2+\omega^2} \quad (\sigma>0) \tag{6.13}$$

6.2.5 余弦信号

余弦信号的表达式为

$$x(t) = \cos\omega t$$

$$\mathscr{L}(\cos\omega t) = \int_0^{+\infty}\cos\omega t\, e^{-st}\,dt$$

$$= -\frac{1}{s}\cos\omega t\, e^{-st}\Big|_0^{+\infty} - \frac{\omega}{s}\int_0^{+\infty}\sin\omega t\, e^{-st}\,dt$$

$$= \frac{1}{s} + \frac{\omega}{s^2}\sin\omega t\, e^{-st}\Big|_0^{+\infty} - \frac{\omega^2}{s^2}\int_0^{+\infty}\cos\omega t\, e^{-st}\,dt$$

$$= \frac{1}{s} - \frac{\omega^2}{s^2}\int_0^{+\infty}\cos\omega t\, e^{-st}\,dt$$

所以

$$\int_0^{+\infty}\cos\omega t\, e^{-st}\,dt = \frac{\frac{1}{s}}{1+\frac{\omega^2}{s^2}} = \frac{s}{s^2+\omega^2}$$

即

$$\mathscr{L}(\cos\omega t) = \frac{s}{s^2+\omega^2} \quad (\sigma>0) \tag{6.14}$$

6.2.6 单位冲激信号 $\delta(t)$

由第 1 章给出的 δ 函数定义式(1.46)可知

$$\int_{-\infty}^{+\infty}\delta(t)e^{-st}\,dt = e^0 = 1$$

由于在 $t<0$ 时 $\delta(t)=0$,并且拉普拉斯变换是从零开始积分的,所以

$$\int_0^{+\infty}\delta(t)e^{-st}\,dt = 1$$

即

$$\mathscr{L}[\delta(t)] = 1 \tag{6.15}$$

如果冲激信号出现在 $t=t_0$ 时刻($t_0>0$),则有

$$\mathscr{L}[\delta(t-t_0)] = \int_0^{+\infty}\delta(t-t_0)e^{-st}\,dt = e^{-st_0} \tag{6.16}$$

另外，一些常用信号的拉普拉斯变换可用相同方法求出，见表6.1。

表 6.1 常用信号的拉普拉斯变换

序　号	$x(t)$ （$t>0$）	$X(s)=\mathscr{L}[x(t)]$
1	冲激 $\delta(t)$	1
2	阶跃 $u(t)$	$\dfrac{1}{s}$
3	e^{-at}	$\dfrac{1}{s+a}$
4	t^n（n 是正整数）	$\dfrac{n!}{s^{n+1}}$
5	$\sin\omega t$	$\dfrac{\omega}{s^2+\omega^2}$
6	$\cos\omega t$	$\dfrac{s}{s^2+\omega^2}$
7	$\mathrm{e}^{-at}\sin\omega t$	$\dfrac{\omega}{(s+a)^2+\omega^2}$
8	$\mathrm{e}^{-at}\cos\omega t$	$\dfrac{s+a}{(s+a)^2+\omega^2}$
9	$t\mathrm{e}^{-at}$	$\dfrac{1}{(s+a)^2}$
10	$t^n\mathrm{e}^{-at}$（n 是正整数）	$\dfrac{n!}{(s+a)^{n+1}}$
11	$t\sin\omega t$	$\dfrac{2\omega s}{(s^2+\omega^2)^2}$
12	$t\cos\omega t$	$\dfrac{s^2-\omega^2}{(s^2+\omega^2)^2}$
13	$\sinh at$	$\dfrac{a}{s^2-a^2}$
14	$\cosh at$	$\dfrac{s}{s^2-a^2}$
15	$\dfrac{\mathrm{d}^n\delta(t)}{\mathrm{d}t^n}$	s^n

6.3 拉普拉斯变换的基本性质

本节介绍拉普拉斯变换的几个基本性质，它们在拉普拉斯变换的实际应用中都很重要。有些性质的导出和傅里叶变换中相应性质的导出类似，因此将不作详细推导。

6.3.1 线性性质

若 a,b 是常数，且
$$\mathscr{L}[x_1(t)]=X_1(s) \quad (\sigma>\sigma_1)$$
$$\mathscr{L}[x_2(t)]=X_2(s) \quad (\sigma>\sigma_2)$$

则
$$\mathscr{L}[ax_1(t)+bx_2(t)]=aX_1(s)+bX_2(s) \quad [\sigma>\max(\sigma_1,\sigma_2)] \tag{6.17}$$

线性性质可以推广到有限个函数的线性组合情形。

例 6.3 求 $x(t)=\dfrac{1}{a}(1-\mathrm{e}^{-at})$（$a>0$）的拉普拉斯变换。

解:

$$\mathscr{L}\left[\frac{1}{a}(1-e^{-at})\right]=\frac{1}{a}\mathscr{L}[1-e^{-at}]=\frac{1}{a}\mathscr{L}(1)-\frac{1}{a}\mathscr{L}(e^{-at})$$

因为

$$\mathscr{L}(1)=\frac{1}{s} \quad (\sigma>0)$$

$$\mathscr{L}(e^{-at})=\frac{1}{s+a} \quad (\sigma>-a)$$

所以

$$\mathscr{L}\left[\frac{1}{a}(1-e^{-at})\right]=\frac{1}{a}\left(\frac{1}{s}-\frac{1}{s+a}\right)=\frac{1}{a}\frac{a}{s(s+a)}=\frac{1}{s(s+a)} \quad (\sigma>0)$$

6.3.2 象原函数微分性质

若

$$\mathscr{L}[x(t)]=X(s) \quad (\sigma>\sigma_0)$$

则

$$\mathscr{L}\left[\frac{\mathrm{d}x(t)}{\mathrm{d}t}\right]=sX(s)-x(0) \quad (\sigma>\sigma_0) \tag{6.18}$$

象原函数的微分性质表明:一个函数求导后取拉普拉斯变换,等于这个函数的拉普拉斯变换乘以参数 s 再减去这个函数的初值。可见,对象原函数的微分运算,在 s 域却是对象函数 $X(s)$ 的乘法运算。这种变换可以将一个解微分方程的问题变成在 s 域解代数方程的问题。

微分性质可以推广到函数的 n 阶导数。

$$\mathscr{L}\left[\frac{\mathrm{d}^2 x(t)}{\mathrm{d}t^2}\right]=s\mathscr{L}\left[\frac{\mathrm{d}x(t)}{\mathrm{d}t}\right]-x'(0)=s^2 X(s)-sx(0)-x'(0)$$

依次类推,可得

$$\mathscr{L}\left[\frac{\mathrm{d}^n x(t)}{\mathrm{d}t^n}\right]=s^n X(s)-s^{n-1}x(0)-s^{n-2}x'(0)-\cdots-x^{(n-1)}(0) \tag{6.19}$$

特别地,当 $x(0)=x'(0)=\cdots=x^{(n-1)}(0)=0$ 时,则

$$\mathscr{L}\left[\frac{\mathrm{d}^n x(t)}{\mathrm{d}t^n}\right]=s^n X(s) \tag{6.20}$$

例 6.4 利用微分性质求 $\mathscr{L}(\sin\omega t)$。

解: 令

$$x(t)=\sin\omega t \quad [x(0)=0]$$

$$\frac{\mathrm{d}x(t)}{\mathrm{d}t}=\omega\cos\omega t \quad [x'(0)=\omega]$$

$$\frac{\mathrm{d}^2 x(t)}{\mathrm{d}t^2}=-\omega^2\sin\omega t$$

由式(6.19)得

$$\mathscr{L}\left[\frac{\mathrm{d}^2 x(t)}{\mathrm{d}t^2}\right]=\mathscr{L}(-\omega^2\sin\omega t)$$

$$=s^2 X(s)-sx(0)-x'(0)$$

$$=s^2 X(s)-\omega$$

即

$$-\omega^2 \mathscr{L}(\sin\omega t)=s^2 \mathscr{L}(\sin\omega t)-\omega$$

则
$$\mathscr{L}(\sin\omega t)=\frac{\omega}{s^2+\omega^2}$$

例 6.5 利用微分性质求 $x(t)=t^n$（n 是正整数）的拉普拉斯变换。

解：
$$x(0)=x'(0)=\cdots=x^{(n-1)}(0)=0$$

且
$$\frac{\mathrm{d}^n x(t)}{\mathrm{d}t^n}=n!$$

由式(6.19)得
$$\mathscr{L}\left[\frac{\mathrm{d}^n x(t)}{\mathrm{d}t^n}\right]=\mathscr{L}(n!)=s^n X(s) \quad (n=1,2,\cdots)$$

而
$$\mathscr{L}(1)=\frac{1}{s}$$

则根据线性性质
$$\mathscr{L}(n!)=\frac{n!}{s}$$

即得
$$X(s)=\frac{n!}{s^{n+1}}$$

所以
$$\mathscr{L}(t^n)=\frac{n!}{s^{n+1}}$$

6.3.3 象原函数的积分性质

若
$$\mathscr{L}[x(t)]=X(s) \quad (\sigma>\sigma_0)$$

则
$$\mathscr{L}\left[\int_0^t x(t)\mathrm{d}t\right]=\frac{1}{s}X(s) \quad (\sigma>\sigma_0) \tag{6.21}$$

积分性质表明，一个函数积分后的拉普拉斯变换等于这个函数的拉普拉斯变换除以参数 s。

积分性质可以推广到有限次积分的情形
$$\mathscr{L}\left[\overbrace{\int_0^t \mathrm{d}t\int_0^t \mathrm{d}t\cdots\int_0^t x(t)\mathrm{d}t}^{n\text{次}}\right]=\frac{X(s)}{s^n} \quad (\sigma>\sigma_0) \tag{6.22}$$

例 6.6 已知 $\mathscr{L}(1)=\frac{1}{s}(\sigma>0)$，利用象原函数的积分性质求 $\mathscr{L}[t^n]$。

解：
$$t=\int_0^t 1\mathrm{d}t\text{，则} \mathscr{L}(t)=\mathscr{L}\left(\int_0^t 1\mathrm{d}t\right)=\frac{1}{s}\mathscr{L}(1)=\frac{1}{s^2}$$

$$t^2=\int_0^t 2t\mathrm{d}t\text{，则} \mathscr{L}(t^2)=\frac{1}{s}\mathscr{L}(2t)=\frac{2}{s^3}$$

$$t^3 = \int_0^t 3t^2 \mathrm{d}t \text{，则 } \mathscr{L}(t^3) = \frac{1}{s}\mathscr{L}(3t^2) = \frac{2 \cdot 3}{s^4}$$

$$\vdots$$

$$t^n = \int_0^t nt^{n-1} \mathrm{d}t \text{，则 } \mathscr{L}(t^n) = \frac{1}{s}\mathscr{L}(nt^{n-1}) = \frac{n!}{s^{n+1}}$$

所以

$$\mathscr{L}(t^n) = \frac{n!}{s^{n+1}} \quad (\sigma > 0)$$

6.3.4 尺度变换性质

若

$$\mathscr{L}[x(t)] = X(s) \quad (\sigma > \sigma_0)$$

则

$$\mathscr{L}[x(at)] = \frac{1}{a}X\left(\frac{s}{a}\right) \quad (a>0, \sigma > a\sigma_0) \tag{6.23}$$

例 6.7 已知 $\mathscr{L}(\cos t) = \dfrac{s}{s^2+1}$ $(\sigma>0)$，则根据尺度变换性质

$$\mathscr{L}(\cos \omega t) = \frac{1}{\omega}\frac{\frac{s}{\omega}}{\left(\frac{s}{\omega}\right)^2+1} = \frac{s}{s^2+\omega^2} \quad (\sigma>0)$$

6.3.5 时域平移性质

若

$$\mathscr{L}[x(t)] = X(s)$$

则

$$\mathscr{L}[x(t-\tau)] = \mathrm{e}^{-s\tau}X(s) \quad (\sigma > \sigma_0) \tag{6.24}$$

例 6.8 已知 $\mathscr{L}[u(t)] = \dfrac{1}{s}$，求如图 6.2 所示的阶跃函数的拉普拉斯变换。

解：这个阶跃函数可以表示为
$$x(t) = A[u(t) + u(t-\tau) + u(t-2\tau) + \cdots]$$
根据拉普拉斯变换的线性性质及时域平移性质，可得
$$\mathscr{L}[x(t)] = A\{\mathscr{L}[u(t)] + \mathscr{L}[u(t-\tau)] + \mathscr{L}[u(t-2\tau)]\cdots\}$$
$$= A\left(\frac{1}{s} + \frac{1}{s}\mathrm{e}^{-s\tau} + \frac{1}{s}\mathrm{e}^{-2s\tau} + \cdots\right)$$
$$= \frac{A}{s}\frac{1}{1-\mathrm{e}^{-s\tau}} \quad (\sigma>0)$$

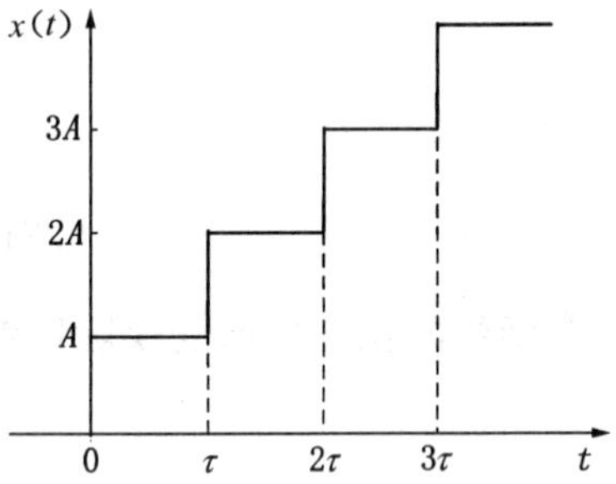

图 6.2 阶跃函数

6.3.6 s 域平移性质

若

$$\mathscr{L}[x(t)] = X(s) \quad (\sigma > \sigma_0)$$

则

$$\mathscr{L}[\mathrm{e}^{at}x(t)] = X(s-a) \quad [\mathrm{Re}(s-a) > \sigma_0] \tag{6.25}$$

例 6.9 求 $e^{-at}\sin\omega t$ 和 $e^{-at}\cos\omega t$ 的拉普拉斯变换。

解：已知

$$\mathscr{L}(\sin\omega t)=\frac{\omega}{s^2+\omega^2} \quad (\sigma>0)$$

由 s 域平移性质

$$\mathscr{L}(e^{-at}\sin\omega t)=\frac{\omega}{(s+a)^2+\omega^2} \quad [\text{Re}(s+a)>0]$$

同理，已知

$$\mathscr{L}(\cos\omega t)=\frac{s}{s^2+\omega^2} \quad (\sigma>0)$$

则

$$\mathscr{L}(e^{-at}\cos\omega t)=\frac{s+a}{(s+a)^2+\omega^2} \quad [\text{Re}(s+a)>0]$$

6.3.7 s 域微分性质

若

$$\mathscr{L}[x(t)]=X(s) \quad (\sigma>\sigma_0)$$

则

$$\mathscr{L}[t^n x(t)]=(-1)^n \frac{d^n X(s)}{ds^n} \quad (\sigma>\sigma_0) \tag{6.26}$$

例 6.10 求 $x(t)=te^{-at}u(t)$（a 为实数）的拉普拉斯变换。

解：已知

$$\mathscr{L}[u(t)]=\frac{1}{s} \quad (\sigma>0)$$

根据 s 域平移性质

$$\mathscr{L}[e^{-at}u(t)]=\frac{1}{s+a} \quad (\sigma>-a)$$

再根据 s 域微分性质

$$\mathscr{L}[te^{-at}u(t)]=(-1)\frac{d}{ds}\left(\frac{1}{s+a}\right)=\frac{1}{(s+a)^2} \quad (\sigma>-a)$$

6.3.8 初值定理

若

$$\mathscr{L}[x(t)]=X(s), \text{且} \lim_{s\to+\infty} sX(s) \text{存在}$$

则

$$\lim_{t\to 0} x(t)=\lim_{s\to+\infty} sX(s) \tag{6.27}$$

或

$$x(0)=\lim_{s\to+\infty} sX(s) \tag{6.28}$$

证明：根据拉普拉斯变换的微分性质有

$$\mathscr{L}\left[\frac{dx(t)}{dt}\right]=sX(s)-x(0)$$

由于已假定 $\lim\limits_{s\to+\infty} sX(s)$ 存在，则 $\lim\limits_{\text{Re}s\to+\infty} sX(s)$ 也必然存在，且两者相等，即

$$\lim_{s\to+\infty} sX(s) = \lim_{\text{Re}s\to+\infty} sX(s)$$

那么

$$\lim_{\text{Re}s\to+\infty} \mathscr{L}\left[\frac{\mathrm{d}x(t)}{\mathrm{d}t}\right] = \lim_{\text{Re}s\to+\infty}[sX(s)-x(0)] = \lim_{s\to+\infty} sX(s) - x(0)$$

上式左端

$$\lim_{\text{Re}s\to+\infty} \mathscr{L}\left[\frac{\mathrm{d}x(t)}{\mathrm{d}t}\right] = \lim_{\text{Re}s\to+\infty}\int_0^{+\infty} \frac{\mathrm{d}x(t)}{\mathrm{d}t}\mathrm{e}^{-st}\mathrm{d}t = \int_0^{+\infty} \frac{\mathrm{d}x(t)}{\mathrm{d}t}\lim_{\text{Re}s\to+\infty}\mathrm{e}^{-st}\mathrm{d}t = 0$$

所以

$$\lim_{s\to+\infty} sX(s) - x(0) = 0$$

则

$$x(0) = \lim_{s\to+\infty} sX(s)$$

这个性质建立了 $x(t)$ 在坐标原点的值与函数 $sX(s)$ 在无穷远点的值之间的关系。

6.3.9 终值定理

若 $\mathscr{L}[x(t)]=X(s)$，且 $\lim\limits_{t\to+\infty} x(t)$ 存在，则

$$\lim_{t\to+\infty} x(t) = \lim_{s\to 0} sX(s) \tag{6.29}$$

或

$$x(\infty) = \lim_{s\to 0} sX(s) \tag{6.30}$$

证明： 根据时域微分性质

$$\mathscr{L}\left[\frac{\mathrm{d}x(t)}{\mathrm{d}t}\right] = sX(s) - x(0)$$

两边取 $s\to 0$ 的极限，得

$$\lim_{s\to 0} \mathscr{L}\left[\frac{\mathrm{d}x(t)}{\mathrm{d}t}\right] = \lim_{s\to 0}[sX(s)-x(0)] = \lim_{s\to 0} sX(s) - x(0)$$

左边

$$\lim_{s\to 0}\int_0^{+\infty} \frac{\mathrm{d}x(t)}{\mathrm{d}t}\mathrm{e}^{-st}\mathrm{d}t = \int_0^{+\infty} \frac{\mathrm{d}x(t)}{\mathrm{d}t}\mathrm{d}t = x(t)\Big|_0^{+\infty} = \lim_{t\to+\infty} x(t) - x(0)$$

所以

$$\lim_{t\to+\infty} x(t) = x(\infty) = \lim_{s\to 0} sX(s)$$

这个性质建立了函数 $x(t)$ 在无穷远处的值与函数 $sX(s)$ 在原点的值之间的关系。

例 6.11 已知 $\mathscr{L}[x(t)]=\dfrac{1}{s+a}$，求 $x(0), x(\infty)$。

解： 根据式(6.28)和式(6.30)

$$x(0) = \lim_{s\to+\infty} sX(s) = \lim_{s\to+\infty}\frac{s}{s+a} = 1$$

$$x(\infty) = \lim_{s\to 0} sX(s) = \lim_{s\to 0}\frac{s}{s+a} = 0$$

已经知道 $\mathscr{L}(e^{-at}) = \dfrac{1}{s+a}$，即 $x(t) = e^{-at}$，显然上面计算的结果与直接由 $x(t)$ 所计算的结果是一致的。

表 6.2 给出了拉普拉斯变换的一些基本性质，表中一些性质如褶积、s 域积分在本节中没有讨论，留作练习，请读者证明。

表 6.2 拉普拉斯变换的基本性质

序号	名称	结论
1	线性(叠加)	$\mathscr{L}[ax_1(t)+bx_2(t)] = aX_1(s)+bX_2(s)$
2	对 t 微分	$\mathscr{L}\left[\dfrac{dx(t)}{dt}\right] = sX(s)-x(0)$ $\mathscr{L}\left[\dfrac{d^n x(t)}{dt^n}\right] = s^n X(s) - s^{n-1}x(0) - s^{n-2}x'(0) - \cdots - x^{(n-1)}(0)$
3	对 t 积分	$\mathscr{L}\left[\displaystyle\int_0^t x(t)dt\right] = \dfrac{1}{s}X(s)$，$\mathscr{L}\left[\overbrace{\displaystyle\int_0^t dt \cdots \int_0^t x(t)dt}^{n\text{ 次}}\right] = \dfrac{X(s)}{s^n}$
4	时域平移	$\mathscr{L}[x(t-\tau)] = e^{-s\tau}X(s)$
5	s 域平移	$\mathscr{L}[e^{at}x(t)] = X(s-a)$
6	尺度变换	$\mathscr{L}[x(at)] = \dfrac{1}{a}X\left(\dfrac{s}{a}\right)$
7	初值	$\lim\limits_{t \to 0} x(t) = \lim\limits_{s \to +\infty} sX(s)$
8	终值	$\lim\limits_{t \to +\infty} x(t) = \lim\limits_{s \to 0} sX(s)$
9	褶积	$\mathscr{L}\left[\displaystyle\int_0^t x_1(\tau)x_2(t-\tau)d\tau\right] = X_1(s)X_2(s)$
10	对 s 微分	$\mathscr{L}[-tx(t)] = \dfrac{dX(s)}{ds}$
11	对 s 积分	$\mathscr{L}\left[\dfrac{x(t)}{t}\right] = \displaystyle\int_s^{+\infty} X(s)ds$

6.4 拉普拉斯反变换

前面已经讨论了由已知函数 $x(t)$ 求它的象函数 $X(s)$。但是，在实际应用中，常常会遇到相反的问题，即已知象函数 $X(s)$，求它的象原函数 $x(t)$。

函数 $x(t)$ 的拉普拉斯变换，实际上就是 $x(t)u(t)e^{-\sigma t}$ 的傅里叶变换，所以根据傅里叶变换公式，有

$$\begin{aligned}
x(t)u(t)e^{-\sigma t} &= \dfrac{1}{2\pi}\int_{-\infty}^{+\infty}\left[\int_{-\infty}^{+\infty} x(\tau)u(\tau)e^{-\sigma\tau}e^{-j\omega\tau}d\tau\right]e^{j\omega t}d\omega \\
&= \dfrac{1}{2\pi}\int_{-\infty}^{+\infty}\left[\int_0^{+\infty} x(\tau)e^{-(\sigma+j\omega)\tau}d\tau\right]e^{j\omega t}d\omega \\
&= \dfrac{1}{2\pi}\int_{-\infty}^{+\infty} X(\sigma+j\omega)e^{j\omega t}d\omega
\end{aligned}$$

等式两边同乘以 $e^{\sigma t}$，并考虑到它与积分变量 ω 无关，则

$$x(t) = \frac{1}{2\pi} \int_{-\infty}^{+\infty} X(\sigma+j\omega) e^{(\sigma+j\omega)t} d\omega \quad (t > 0)$$

令 $s = \sigma + j\omega$，有

$$x(t) = \frac{1}{2\pi j} \int_{\sigma-j\omega}^{\sigma+j\omega} X(s) e^{st} ds \quad (t > 0) \tag{6.31}$$

这就是从象函数 $X(s)$ 求它的象原函数 $x(t)$ 的拉普拉斯反变换公式，记为

$$x(t) = \mathscr{L}^{-1}[X(s)] \tag{6.32}$$

拉普拉斯反变换是一个复变函数的积分，它的计算通常比较困难。如果 $X(s)$ 在表 6.1 中可以直接查到，求反变换的问题就比较容易解决。但实际遇到的 $X(s)$ 比较复杂，可以利用复变函数中的围线积分和留数定理，将 $X(s)$ 变换成 $x(t)$。如果象函数 $X(s)$ 是有理函数，可以先将变换式分解为部分分式，再逐项求得反变换。下面着重介绍这种部分分式分解法。

如果 $X(s)$ 是有理函数，则可以表示为两个多项式之比

$$X(s) = \frac{A(s)}{B(s)} = \frac{a_m s^m + a_{m-1} s^{m-1} + \cdots + a_0}{b_n s^n + b_{n-1} s^{n-1} + \cdots + b_0} \tag{6.33}$$

式中，系数 $a_i (i=0,1,\cdots,m)$ 和 $b_j (j=0,1,\cdots,n)$ 都是实数；m, n 是正整数。在将式(6.33)分解为部分分式前，应先化为真分式，并将分母多项式写成

$$B(s) = b_n (s-p_1)(s-p_2) \cdots (s-p_n) \tag{6.34}$$

式中，$p_1, p_2, \cdots, p_n$ 是 $B(s) = 0$ 的根。当 s 等于任一根时，$B(s) = 0$，$X(s)$ 无限大，称 $p_1, p_2, \cdots, p_n$ 为 $X(s)$ 的"极点"。

按照极点的不同特点，部分分式分解法有以下几种情况。

6.4.1 极点均为实数，且无重根

1. $m < n$ 的情况

此时分母多项式的阶次高于分子多项式的阶次，$X(s)$ 可以分解为

$$X(s) = \frac{k_1}{s-p_1} + \frac{k_2}{s-p_2} + \cdots + \frac{k_n}{s-p_n} \tag{6.35}$$

由常用信号的拉普拉斯变换可知

$$\begin{aligned} x(t) &= \mathscr{L}^{-1}\left(\frac{k_1}{s-p_1}\right) + \mathscr{L}^{-1}\left(\frac{k_2}{s-p_2}\right) + \cdots + \mathscr{L}^{-1}\left(\frac{k_n}{s-p_n}\right) \\ &= k_1 e^{p_1 t} + k_2 e^{p_2 t} + \cdots + k_n e^{p_n t} \end{aligned} \tag{6.36}$$

关键是要求得各系数 $k_1, k_2, \cdots, k_n$。为了求得 $k_i (i=1,2,\cdots,n)$，式(6.35)两端同乘以 $s-p_i$，则

$$(s-p_i)X(s) = \frac{s-p_i}{s-p_1} k_1 + \frac{s-p_i}{s-p_2} k_2 + \cdots + k_i + \frac{s-p_i}{s-p_{i+1}} k_{i+1} + \cdots + \frac{s-p_i}{s-p_n} k_n$$

令 $s = p_i$ 代入上式，得到

$$k_i = (s-p_i) X(s) \Big|_{s=p_i} \tag{6.37}$$

例 6.12 求函数 $X(s) = \dfrac{s^2 + 6s + 8}{s^3 + 3s^2 - s - 3}$ 的拉普拉斯反变换。

解：将 $X(s)$ 写成部分分式形式

$$X(s) = \frac{s^2 + 6s + 8}{(s+1)(s-1)(s+3)}$$

$$X(s) = \frac{k_1}{s+1} + \frac{k_2}{s-1} + \frac{k_3}{s+3}$$

分别求 k_1, k_2, k_3

$$k_1=(s+1)X(s)|_{s=-1}=\frac{s^2+6s+8}{(s-1)(s+3)}\bigg|_{s=-1}=-\frac{3}{4}$$

$$k_2=(s-1)X(s)|_{s=1}=\frac{s^2+6s+8}{(s+1)(s+3)}\bigg|_{s=1}=\frac{15}{8}$$

$$k_3=(s+3)X(s)|_{s=-3}=\frac{s^2+6s+8}{(s+1)(s-1)}\bigg|_{s=-3}=-\frac{1}{8}$$

则

$$X(s)=-\frac{3}{4}\frac{1}{s+1}+\frac{15}{8}\frac{1}{s-1}-\frac{1}{8}\frac{1}{s+3}$$

根据式(6.10)，可得

$$x(t)=-\frac{3}{4}\mathrm{e}^{-t}+\frac{15}{8}\mathrm{e}^{t}-\frac{1}{8}\mathrm{e}^{-3t} \quad (t\geqslant 0)$$

2. $m\geqslant n$ 的情况

首先用长除法将分子中的高次项提出，余下的部分满足 $m<n$，仍按以上方法分析。

例 6.13 求函数 $X(s)=\frac{s^3+6s^2+12s+9}{(s+1)(s+2)}$ 的拉普拉斯反变换。

解： 用分子除以分母得到

$$X(s)=s+3+\frac{s+3}{(s+1)(s+2)}$$

现在式中最后一项满足 $m<n$ 的要求，可按前述的部分分式展开法分解得到

$$X(s)=s+3+\frac{2}{s+1}-\frac{1}{s+2}$$

查表 6.1 可得

$$x(t)=\frac{\mathrm{d}\delta(t)}{\mathrm{d}t}+3\delta(t)+2\mathrm{e}^{-t}-\mathrm{e}^{-2t} \quad (t\geqslant 0)$$

6.4.2 包含共轭复数极点

假设有理函数 $X(s)$ 可以写成如下形式

$$\begin{aligned}X(s)&=\frac{A(s)}{D(s)[(s+\alpha)^2+\beta^2]}\\&=\frac{A(s)}{D(s)(s+\alpha+\mathrm{j}\beta)(s+\alpha-\mathrm{j}\beta)}\\&=\frac{A_1(s)}{D(s)}+\frac{A_2(s)}{(s+\alpha+\mathrm{j}\beta)(s+\alpha-\mathrm{j}\beta)}\end{aligned} \quad (6.38)$$

式(6.38)中第一项可按前述方法求反变换。下面分析第二项，$A_2(s)$ 仍是有理函数，设

$$X_1(s)=\frac{A_2(s)}{(s+\alpha+\mathrm{j}\beta)(s+\alpha-\mathrm{j}\beta)} \quad (6.39)$$

$X_1(s)$ 可以展开成如下部分分式

$$X_1(s)=\frac{k_1}{s+\alpha+\mathrm{j}\beta}+\frac{k_2}{s+\alpha-\mathrm{j}\beta} \quad (6.40)$$

根据式(6.37)，可求得

$$k_1=(s+\alpha+\mathrm{j}\beta)X_1(s)\big|_{s=-\alpha-\mathrm{j}\beta}=\frac{A_2(-\alpha-\mathrm{j}\beta)}{-2\mathrm{j}\beta} \quad (6.41)$$

$$k_2=(s+\alpha-\mathrm{j}\beta)X_1(s)\big|_{s=-\alpha+\mathrm{j}\beta}=\frac{A_2(-\alpha+\mathrm{j}\beta)}{2\mathrm{j}\beta} \quad (6.42)$$

不难看出 k_1 与 k_2 是共轭的。

设
$$k_1 = a + \mathrm{j}b \tag{6.43}$$

则
$$k_2 = a - \mathrm{j}b = k_1^* \tag{6.44}$$

所以 $X_1(s)$ 的反变换 $x_1(t)$ 为

$$\begin{aligned}
x_1(t) &= \mathscr{L}^{-1}\left(\frac{k_1}{s+\alpha+\mathrm{j}\beta} + \frac{k_2}{s+\alpha-\mathrm{j}\beta}\right) \\
&= k_1 \mathrm{e}^{-(\alpha+\mathrm{j}\beta)t} + k_2 \mathrm{e}^{-(\alpha-\mathrm{j}\beta)t} \\
&= \mathrm{e}^{-\alpha t}(k_1 \mathrm{e}^{-\mathrm{j}\beta t} + k_2 \mathrm{e}^{\mathrm{j}\beta t}) \\
&= 2\mathrm{e}^{-\alpha t}(a\cos\beta t + b\sin\beta t)
\end{aligned} \tag{6.45}$$

例 6.14 求函数 $X(s) = \dfrac{s^2+3}{(s^2+2s+5)(s+2)}$ 的反变换。

解：
$$\begin{aligned}
X(s) &= \frac{s^2+3}{(s+1+2\mathrm{j})(s+1-2\mathrm{j})(s+2)} \\
&= \frac{k_0}{s+2} + \frac{k_1}{s+1+2\mathrm{j}} + \frac{k_2}{s+1-2\mathrm{j}}
\end{aligned}$$

分别求系数 k_0, k_1, k_2。

$$k_0 = (s+2)X(s)\Big|_{s=-2} = \frac{7}{5}$$

$$k_1 = \frac{s^2+3}{(s+1-2\mathrm{j})(s+2)}\Big|_{s=-1-2\mathrm{j}} = \frac{-1-2\mathrm{j}}{5}$$

$$k_2 = k_1^* = \frac{-1+2\mathrm{j}}{5}$$

即
$$a = -\frac{1}{5},\ b = -\frac{2}{5}$$

则 $X(s)$ 的反变换为

$$\begin{aligned}
x(t) &= \frac{7}{5}\mathrm{e}^{-2t} + 2\mathrm{e}^{-t}\left(-\frac{1}{5}\cos 2t - \frac{2}{5}\sin 2t\right) \\
&= \frac{7}{5}\mathrm{e}^{-2t} - \frac{2}{5}\mathrm{e}^{-t}(\cos 2t + 2\sin 2t) \quad (t \geqslant 0)
\end{aligned}$$

6.4.3 有多重极点

函数 $X(s)$ 中的分母多项式 $B(s)$ 有重根，即

$$X(s) = \frac{A(s)}{B(s)} = \frac{A(s)}{(s-p_1)^m D(s)} \tag{6.46}$$

在 $s = p_1$ 处，分母多项式 $B(s)$ 有 m 重根，即有 m 阶极点。

将式(6.46)写成如下展开式

$$X(s) = \frac{k_{11}}{(s-p_1)^m} + \frac{k_{12}}{(s-p_1)^{m-1}} + \cdots + \frac{k_{1m}}{s-p_1} + \frac{E(s)}{D(s)} \tag{6.47}$$

式中 $\dfrac{E(s)}{D(s)}$ ——展开式中与极点 p_1 无关的其余部分。

可以根据式(6.37)求出 k_{11}

$$k_{11}=(s-p_1)^m X(s)\Big|_{s=p_1} \tag{6.48}$$

但是,不能再根据式(6.37)来求 $k_{12}, k_{13}, \cdots, k_{1m}$,因为这样会导致分母中出现"0"值,而得不出结果。为此,引入符号

$$X_1(s)=(s-p_1)^m X(s) \tag{6.49}$$

则

$$X_1(s)=k_{11}+k_{12}(s-p_1)+\cdots+k_{1m}(s-p_1)^{m-1}+\frac{E(s)}{D(s)}(s-p_1)^m \tag{6.50}$$

两边微分得

$$\frac{dX_1(s)}{ds}=k_{12}+2k_{13}(s-p_1)+\cdots+k_{1m}(m-1)(s-p_1)^{m-2}+\cdots \tag{6.51}$$

显然,可以给出

$$k_{12}=\frac{dX_1(s)}{ds}\Big|_{s=p_1}$$

$$k_{13}=\frac{1}{2}\frac{d^2 X_1(s)}{ds^2}\Big|_{s=p_1}$$

一般形式为

$$k_{1i}=\frac{1}{(i-1)!}\frac{d^{i-1}X_1(s)}{ds^{i-1}}\Big|_{s=p_1} \quad (i=1,2,\cdots,m) \tag{6.52}$$

例 6.15 求函数 $X(s)=\dfrac{s+3}{s^3+4s^2+4s}$ 的拉普拉斯反变换。

解:
$$X(s)=\frac{s+3}{s^3+4s^2+4s}=\frac{s+3}{s(s+2)^2}$$
$$=\frac{k_{11}}{(s+2)^2}+\frac{k_{12}}{s+2}+\frac{k_2}{s}$$

可以求得

$$k_2=sX(s)\Big|_{s=0}=\frac{3}{4}$$

令

$$X_1(s)=(s+2)^2 X(s)=\frac{s+3}{s}$$

则

$$k_{11}=(s+2)^2 X(s)\Big|_{s=-2}=\frac{s+3}{s}\Big|_{s=-2}=-\frac{1}{2}$$

$$k_{12}=\frac{d}{ds}\left(\frac{s+3}{s}\right)\Big|_{s=-2}=-\frac{3}{4}$$

所以

$$X(s)=-\frac{1}{2(s+2)^2}-\frac{3}{4(s+2)}+\frac{3}{4s}$$

则反变换为

$$x(t)=-\frac{1}{2}te^{-2t}-\frac{3}{4}e^{-2t}+\frac{3}{4}$$

习 题

1. 求下列函数的拉普拉斯变换。

(1) $x(t) = t^2 + 3t + 2$

(2) $x(t) = 1 - e^{-at}$

(3) $x(t) = \sin t + 2\cos t$

(4) $x(t) = te^{-2t}$

(5) $x(t) = t\cos at$

(6) $x(t) = \sin^2 t$

(7) $x(t) = t^n e^{at}$

(8) $x(t) = u(3t - 5)$

(9) $x(t) = 2\delta(t) - 3e^{-7t}$

(10) $x(t) = \dfrac{1}{t}(1 - e^{-at})$

(11) $x(t) = t[u(t) - u(t-1)]$

(12) $x(t) = e^{-t}[u(t) - u(t-2)]$

(13) $x(t) = te^{-3t}\sin 2t$

(14) $x(t) = \dfrac{\sin \omega t}{t}$

2. 求下列函数的拉普拉斯反变换。

(1) $X(s) = \dfrac{1}{s+1}$

(2) $X(s) = \dfrac{1}{2s+5}$

(3) $X(s) = \dfrac{1}{s^2+4}$

(4) $X(s) = \dfrac{1}{(s+1)^4}$

(5) $X(s) = \dfrac{2s+3}{s^2+9}$

(6) $X(s) = \dfrac{s+3}{(s+1)(s-3)}$

(7) $X(s) = \dfrac{1}{s^2-3s+2}$

(8) $X(s) = \dfrac{s+3}{(s+1)^3(s+2)}$

(9) $X(s) = \dfrac{s+1}{(s+1)^2+9}$

(10) $X(s) = \dfrac{(s+2)^2}{s^2-s+1}$

第 7 章 z 变换

一般来说,连续时间系统的特性可以用微分方程来描述,离散时间系统的特性可以用差分方程来描述。在连续时间系统的分析中,可以利用拉普拉斯变换将时域内的微分方程转化为代数方程,这给运算带来了较大的方便;同理,在离散时间系统的理论研究中,也可以利用变换方法将离散系统的数学模型——差分方程转化为代数方程,这种变换即为此章所要讲述的 z 变换。

拉普拉斯变换是连续时间傅里叶变换的推广,许多信号并不存在傅里叶变换,但却存在相应的拉普拉斯变换。在离散时间系统中,与拉普拉斯变换相对应的就是 z 变换。对于线性移不变离散时间系统,可以利用 z 变换的方法将其从时间域转换到另一个域,从而将差分方程转换为代数方程。因此,z 变换也是离散时间傅里叶变换的一种推广,它是分析离散时间信号与系统的一种有用工具,在离散时间信号与系统中的作用等同于连续时间信号与系统中的拉普拉斯变换,z 变换及其性质与拉普拉斯变换相类似。但是,由于连续时间和离散时间信号与系统之间存在的差异,z 变换和拉普拉斯变换并不完全相同。

本章最后介绍线性调频 z 变换(Chirp-z)在地震信号中的应用。线性调频 z 变换是适用于更为一般情况下沿螺旋曲线计算有限时宽 z 变换的快速变换算法,它使得 DFT 的运算变得相当灵活,为数字信号处理技术应用于快速信号处理创造了良好条件。

7.1 z 变换的定义

7.1.1 一般定义

先来回顾一下拉普拉斯变换。用一个以 T 为间隔的冲激 $\delta(t)$ 信号组成的序列 $\delta_T(t)$ 对连续时间信号 $x(t)$ 进行采样,得到信号 $x_s(t)$,则

$$x_s(t) = x(t) * \delta_T(t) = \sum_{n=-\infty}^{+\infty} x(nT)\delta(t-nT)$$

对上式两端取拉普拉斯变换,有

$$X_s(S) = \int_0^{+\infty}\left[\sum_{n=-\infty}^{+\infty}x(nT)\delta(t-nT)\right]e^{-st}dt = \sum_{n=-\infty}^{+\infty}x(nT)\int_0^{+\infty}\delta(t-nT)e^{-st}dt = \sum_{n=-\infty}^{+\infty}x(nT)e^{-snT}$$

若令 $z=e^{-sT}$,并用 $X(z)$ 代替 $X_s(s)$,则有

$$X(z) = \sum_{n=-\infty}^{+\infty} x(n)z^{-n} \tag{7.1}$$

这就是离散序列 $x(n)$ 的 z 变换。其中,z 是一个以实部为横坐标、以虚部为纵坐标的复平面上的复变量,该复平面也称为 z 平面。z 变换可简单记作 $X(z)=\mathscr{Z}[x(n)]$。

7.1.2 单边 z 变换

在离散序列的 z 变换定义式中,序列的取值范围是从 $-\infty$ 到 $+\infty$,故称为双边 z 变换。这

里将介绍一种单边 z 变换。设 $x(n)$ 为因果序列,则总存在一个起始时刻(记为 $n=0$),若其满足

$$x(n)=0 \quad (n<0)$$

则变换公式可写为

$$X(z) = \sum_{n=0}^{+\infty} x(n)z^{-n}$$

此即为因果序列 $x(n)$ 的单边 z 变换表达式,它与双边 z 变换定义的差别在于,求和仅在 n 的非负值上进行。这样,$x(n)$ 的单边 z 变换就可以看作 $x(n)u(n)$,即 $x(n)$ 乘以阶跃序列 $u(n)$ 的双边 z 变换。若某序列 $x(n)$ 在 $M<0$ 时为 0,那么该序列的单边和双边 z 变换就一致了。为方便起见,序列 $x(n)$ 的单边 z 变换记作

$$x(n)u(n) \overset{\mathcal{Z}}{\leftrightarrow} X(z) \tag{7.2}$$

7.1.3 z 变换与傅里叶变换的关系

将 z 表示为 $z=re^{j\omega}$,可将 z 变换的定义式 $X(z)$ 改写成

$$X(z)\big|_{z=e^{j\omega}} = X(re^{j\omega}) = \sum_{n=-\infty}^{+\infty} x(n)(re^{j\omega})^{-n} = \sum_{n=-\infty}^{+\infty} [x(n)r^{-n}]e^{-j\omega n} \tag{7.3}$$

这表明:z 变换可看成是 $x(n)$ 乘以指数序列 r^{-n} 后的傅里叶变换。若 $r=1$(或者说 $|z|=1$),z 变换就简化为离散时间序列的傅里叶变换,即

$$X(z)\big|_{z=e^{j\omega}} = X(e^{j\omega}) = \sum_{n=-\infty}^{+\infty} x(n)e^{-j\omega n} \tag{7.4}$$

因此,如果一个序列的 z 变换收敛域包含了单位圆,则在单位圆上该序列的 z 变换就是序列的傅里叶变换,此时 z 变换与傅里叶变换只存在符号上的差异。

7.1.4 z 变换的收敛域

根据级数求和理论,式(7.1)收敛的充分必要条件是该级数绝对可和,即

$$\sum_{n=-\infty}^{+\infty} |x(n)z^{-n}| \leqslant \sum_{n=-\infty}^{+\infty} |x(n)||z^{-n}| < +\infty \tag{7.5}$$

即在序列 $x(n)$ 有界的前提下寻求 $|z^{-n}|$ 的取值范围,这个范围在 z 平面上是一个环状区域:$R_{x^-} < |z| < R_{x^+}$。对于任何序列 $x(n)$,能保证式(7.1)收敛的所有 z 变量的取值范围称为序列 $x(n)$ 的 z 变换收敛域(ROC)。

同一个 z 变换式,不同的收敛域可能代表不同序列的 z 变换。所以,为一一对应地确定 z 变换所对应的原序列,不仅要给出序列的 z 变换函数,而且必须同时说明它的收敛域。

例 7.1 $x(n)=a^n u(n)$ $(a<1)$,求 $x(n)$ 的 z 变换及其收敛域。

解: $$X(z) = \sum_{n=-\infty}^{+\infty} a^n u(n) z^{-n} = \sum_{n=0}^{+\infty} a^n z^{-n} = \sum_{n=0}^{+\infty} (az^{-1})^n = \frac{1}{1-az^{-1}}$$

以上用到了等比级数及其求和公式,该级数的首项为 $(az^{-1})^0=1$,公比为 az^{-1}。等比级数收敛的条件是公比的模小于 1,即

$$ROC: |az^{-1}|<1 \quad 即 \quad |z|>a$$

可见,$x(n)$ 的 z 变换收敛域是 z 平面上半径为 a 的圆以外。

常见的一类 z 变换为有理表达式,即为两个多项式之比

$$X(z)=\frac{P(z)}{Q(z)}$$

其中分子多项式的根,即满足 $P(z)=0$ 的那些 z 值使得 $X(z)=0$,称为 $X(z)$ 的零点;分母多项式的根,即满足 $Q(z)=0$ 的那些 z 值称为 $X(z)$ 的极点,$X(z)$ 在极点处的取值为无穷大。极点可以在 $z=0$ 处,或当 $P(z)$ 的阶次高于 $Q(z)$ 时存在有 $z=\infty$ 处的极点。z 变换的收敛域与极点的分布范围密切相关。在极点处序列的 z 变换是不收敛的,因此 z 变换的收敛域内不可能包含有任何极点;另一方面,可以用 z 变换的极点来判定其收敛域的边界分布。一种通常的做法是:利用 z 平面上极点、零点分布图来表示序列的 z 变换。

收敛域的确切定义需具体问题具体分析,但它的大体形状可以根据某些规律快速确定。这里,分析有限长序列、无限长左边序列、无限长右边序列和双边序列四种情况下离散序列 z 变换的收敛域形状。

1. 有限长序列

假设分析的离散序列 $x(n)$ 是有限幅值($|x(n)|<M$),只要 r^{-n} 也是有限值,则有限个有限值之和必定也是有限的。满足 $r^{-n}=\infty$ 条件的只有两种情况:

(1)$n>0$ 而 $r=0(z=0)$,此时 $\frac{1}{0^n}=\infty$;

(2)$n<0$ 而 $r=\infty(z=\infty)$,此时 $\infty^n=\infty$。

所以

(1)当 $x(n)$ 的定义域包括 $n<0$ 时,其 z 变换的收敛域一定要排除 $z=\infty$ 这一点;

(2)当 $x(n)$ 的定义域包括 $n>0$ 时,其 z 变换的收敛域一定要排除 $z=0$ 这一点。

如果把去除了原点($z=0$)和 ∞ 点($z=\infty$)的 z 平面定义为有限 z 平面,则有限长序列 z 变换的收敛域一定在有限 z 平面。

2. 无限长右边序列

无限长右边序列 $x(n)$ 指的是自变量 n 从某一起点 N_1 开始一直向右无限延续到 ∞(当然,其中的起点 N_1 可以在原点左边,也可以在原点右边)。总可以将该序列分割成一个有限长序列与一个起点在原点右边的无限长序列(因果序列)之和,原始序列 z 变换的收敛域自然就是两个子序列 z 变换的收敛域之交集。根据级数收敛的判断法则,因果序列的收敛条件是

$$\lim_{\substack{n\to+\infty\\n\geq 0}}\sqrt[n]{|x(n)z^{-n}|}<1$$

经不等式运算,可得

$$|z|>\lim_{\substack{n\to+\infty\\n\geq 0}}\sqrt[n]{|x(n)|}=R_{x^-}$$

这说明因果序列收敛域存在于以原点为中心、半径为 R_{x^-} 的圆外。至于整个右边序列的收敛域是否延伸到包含 ∞ 点,则取决于另一子序列——有限长序列中是否包含 $n<0$ 的序列项。考虑因果序列和有限长序列收敛域的交集,可以得到:

(1)当起点 $N_1\geq 0$ 时,ROC:$|z|>R_{x^-}$(包含 ∞ 点)。

(2)当起点 $N_1<0$ 时,ROC:$R_{x^-}<|z|<\infty$(不包含 ∞ 点)。

3. 无限长左边序列

无限长左边序列 $x(n)$ 指的是自变量 n 从某起点 N_2 开始一直向左延续到 $-\infty$。同样,起点 N_2 可以在原点的左边,也可以在原点的右边。同理,可以将该序列分割为一个有限长序列

与一个起点 N_0 在原点左边的纯左边序列之和的形式,原始序列 z 变换的收敛域自然就是两子序列 z 变换的收敛域之交集

$$X(z) = \sum_{n=-\infty}^{N_2} x(n)z^{-n} = \sum_{n=-\infty}^{-N_0} x(n)z^{-n} + \sum_{n=-N_0+1}^{N_2} x(n)z^{-n} \quad (N_0 > 0)$$

对其中的第一项纯左边序列作变量代换,得

$$X_1(z) = \sum_{n=N_0}^{+\infty} x(-n)z^n$$

级数收敛的条件是

$$\lim_{\substack{n \to +\infty \\ n \geq 0}} \sqrt[n]{|x(-n)z^n|} < 1$$

即

$$|z| < \lim_{\substack{n \to +\infty \\ n \geq 0}} \frac{1}{\sqrt[n]{|x(-n)|}} < R_{x^+}$$

这说明纯左边序列 z 变换的收敛域只能在以原点为圆心、半径 R_{x^+} 的圆内。原序列 z 变换的收敛域是否包含原点,则取决于其中的有限长子序列中是否包含 $n>0$ 的项,因此有

(1) 当起点 $N_2 \leqslant 0$ 时,ROC:$|z| < R_{x^+}$(包含原点)。

(2) 当起点 $N_2 > 0$ 时,ROC:$0 < |z| < R_{x^+}$(扣除原点)。

4. 双边序列

双边序列 $x(n)$ 的定义域范围是 $-\infty < n < +\infty$,这样的序列一定可以分解为一个因果序列与一个纯左边序列之和的形式,且有

$$X(z) = \sum_{n=-\infty}^{+\infty} x(n)z^{-n} = \sum_{n=-\infty}^{-1} x(n)z^{-n} + \sum_{n=0}^{+\infty} x(n)z^{-n}$$

第一项收敛域是 $|z| < R_{x^+}$;第二项收敛域是 $|z| > R_{x^-}$;总的收敛域是两者之交集。

(1) 若 $R_{x^+} > R_{x^-}$,则 ROC:$R_{x^-} < |z| < R_{x^+}$ 为一环状域。

(2) 若 $R_{x^+} < R_{x^-}$,则交集为空,$X(z)$ 不收敛。

下面讨论 z 变换收敛域的性质。

性质 1 $X(z)$ 的收敛域是在 z 平面内以原点为中心的圆环。该圆环的内边界可以向内延伸直到原点,外边界可以向外延伸到无穷远。由于收敛域仅起于 $r=|z|$,因此若有一特定的 z 值落在收敛域内,则在同一圆上的全部 z 值都位于这个收敛域内。这说明收敛域是由同心圆环所组成的。

性质 2 收敛域内不可包含任何极点。由于在极点处 $X(z)$ 为无限大,根据定义,这使 z 变换不复存在。

性质 3 若 $x(n)$ 是有限长序列,则收敛域为整个 z 平面,$z=0$ 和(或)$z=\infty$ 可能不包含在内。因为有限持续期序列的 z 变换 $X(z)$ 为一有限项级数之和,即

$$X(z) = \sum_{n=N_1}^{N_2} x(n)z^{-n} \tag{7.6}$$

z 不为零或无限大时,和式中每一项均为有限值,则 $X(z)$ 一定收敛。至于在什么情况下收敛域不包括 $z=0$,$z=\infty$,这就要看 N_1,N_2 为正还是为负。

性质 4 若 $x(n)$ 为一右边序列且 $|z|=r_0$ 的圆位于收敛域内,则 $|z|>r_0$ 的全部有限 z 值均在收敛域内。对于那些求和式的下限为负值的右边序列,和式将包括 z 的正幂次项,这些项

将随 $|z|\to\infty$ 而变成无界。这种右边序列的收敛域将不包括无限远点。

性质 5 若 $x(n)$ 为一双边序列且 $|z|=r_0$ 的圆位于收敛域内,则该收敛域一定是由包括 $|z|=r_0$ 的圆环所组成。一般可以把双边序列表示成一个右边序列和一个左边序列,整个序列的收敛域就是两个单边序列收敛域的交集。

例 7.2 设有一持续期有限序列

$$x(n)=\begin{cases}a^n, & 0\leqslant n\leqslant N-1, a>0\\ 0, & \text{其他 } n \text{ 值}\end{cases}$$

确定该序列的收敛域。

解: $$X(z)=\sum_{n=0}^{N-1}a^n z^{-n}=\sum_{n=0}^{N-1}(az^{-1})^n=\frac{1-(az^{-1})^N}{1-az^{-1}}=z^{1-N}\frac{z^N-a^N}{z-a}$$

根据性质 3,有限持续期序列的 z 变换,其收敛域包括整个 z 平面[$z=0$ 和(或)$z=\infty$ 可能不包含在内]。由于本例中 n 为非负,收敛域将包括无限远点;但其收敛域不包括原点,因为对于非零值的 $x(n)$,$z=0$ 将使 $X(z)$ 变成无限大。

7.2 基本信号的 z 变换

7.2.1 单位脉冲序列

单位抽样序列

$$\delta(n)=\begin{cases}1, n=0\\ 0, n\neq 0\end{cases} \tag{7.7}$$

的 z 变换

$$\mathscr{L}[\delta(n)]=\sum_{n=-\infty}^{+\infty}\delta(n)z^{-n}=1 \tag{7.8}$$

对 z 平面上任何 z 值都是收敛的。单位抽样序列也称单位脉冲序列。

7.2.2 单位阶跃序列

单位阶跃序列

$$u(n)=\begin{cases}1, n\geqslant 0\\ 0, n<0\end{cases} \tag{7.9}$$

的 z 变换为

$$\mathscr{L}[u(n)]=\sum_{n=0}^{+\infty}z^{-n}=1+z^{-1}+z^{-2}+\cdots$$

这是一个等比级数,当 $|z|>1$ 时,该级数收敛。由等比级数求和公式得

$$\mathscr{L}[u(n)]=\frac{1}{1-z^{-1}}=\frac{z}{z-1}\quad(|z|>1) \tag{7.10}$$

7.2.3 指数序列

指数序列 $a^n u(n)$ 的 z 变换为

$$\mathscr{Z}[a^n u(n)] = \sum_{n=0}^{+\infty} a^n z^{-n} = \sum_{n=0}^{+\infty} \left(\frac{a}{z}\right)^n = \frac{1}{1-\frac{a}{z}} = \frac{z}{z-a} \quad (|z|>|a|) \qquad (7.11)$$

令 $a = e^k$，则

$$\mathscr{Z}[e^{kn} u(n)] = \frac{z}{z-e^k} \quad (|z|>|e^k|) \qquad (7.12)$$

7.2.4 正、余弦序列

令式(7.12)中的 $k = j\omega_0$，则有

$$\mathscr{Z}[e^{jn\omega_0} u(n)] = \frac{z}{z-e^{j\omega_0}} \quad (|z|>1)$$

同理有

$$\mathscr{Z}[e^{-jn\omega_0} u(n)] = \frac{z}{z-e^{-j\omega_0}} \quad (|z|>1)$$

由于

$$\sin n\omega_0 = \frac{e^{jn\omega_0} - e^{-jn\omega_0}}{2j}$$

因此有

$$\mathscr{Z}[\sin n\omega_0 u(n)] = \frac{1}{2j}\left(\frac{z}{z-e^{j\omega_0}} - \frac{z}{z-e^{-j\omega_0}}\right) = \frac{z\sin\omega_0}{z^2-2z\cos\omega_0+1} \quad (|z|>1) \qquad (7.13)$$

同理可得

$$\cos n\omega_0 = \frac{e^{jn\omega_0} + e^{-jn\omega_0}}{2} \xleftrightarrow{\mathscr{Z}} \frac{z(z-\cos\omega_0)}{z^2-2z\cos\omega_0+1} \qquad (7.14)$$

7.2.5 左边序列

右边序列 $-a^n u(-n-1)$ 的 z 变换为

$$\mathscr{Z}[-a^n u(-n-1)] = 1 - \sum_{n=0}^{+\infty} (a^{-1}z)^n = 1 - \frac{1}{1-a^{-1}z} = \frac{z}{z-a} \quad (|z|<|a|)$$

$$\qquad (7.15)$$

7.2.6 单位斜变序列

单位斜变序列 $nu(n)$ 的 z 变换为

$$\mathscr{Z}[nu(n)] = \sum_{n=0}^{+\infty} nz^{-n}$$

而

$$nz^{-n} = n(z^{-1})^{n-1}\frac{1}{z} = \frac{1}{z}\frac{\mathrm{d}}{\mathrm{d}z^{-1}}(z^{-1})^n \qquad (7.16)$$

因此可以对单位阶跃序列的 z 变换进行求导，得到单位斜变序列的 z 变换。单位阶跃序列的

z 变换式 $\sum_{n=0}^{\infty} z^{-n} = \dfrac{1}{1-z^{-1}}$ 两边对 z^{-1} 求导,得

$$\sum_{n=0}^{+\infty} nz^{-(n-1)} = \frac{1}{(1-z^{-1})^2}$$

因此

$$\sum_{n=0}^{+\infty} nz^{-n} = \frac{z^{-1}}{(1-z^{-1})^2} = \frac{z}{(z-1)^2}$$

即

$$\mathscr{Z}[nu(n)] = \frac{z}{(z-1)^2} \quad (|z|>1) \tag{7.17}$$

表 7.1 列出常用信号的 z 变换及其收敛域。

表 7.1 基本信号的 z 变换

序号	序列	z 变换	ROC
1	$\delta(n)$	1	全部 z
2	$u(n)$	$\dfrac{z}{z-1}$	$|z|>1$
3	$a^n u(n)$	$\dfrac{z}{z-a}$	$|z|>|a|$
4	$-a^n u(-n-1)$	$\dfrac{z}{z-a}$	$|z|<|a|$
5	$nu(n)$	$\dfrac{z}{(z-1)^2}$	$|z|>1$
6	$na^n u(n)$	$\dfrac{az}{(z-a)^2}$	$|z|>|a|$
7	$e^{j\omega_0 n} u(n)$	$\dfrac{z}{z-e^{j\omega_0}}$	$|z|>1$
8	$\sin n\omega_0 u(n)$	$\dfrac{z\sin\omega_0}{z^2-2z\cos\omega_0+1}$	$|z|>1$
9	$\cos n\omega_0 u(n)$	$\dfrac{z(z-\cos\omega_0)}{z^2-2z\cos\omega_0+1}$	$|z|>1$
10	$e^{-an}\sin n\omega_0 u(n)$	$\dfrac{ze^{-a}\sin\omega_0}{z^2-2ze^{-a}\cos\omega_0+e^{-2a}}$	$|z|>e^{-a}$
11	$e^{-an}\cos n\omega_0 u(n)$	$\dfrac{z(z-e^{-a}\cos\omega_0)}{z^2-2ze^{-a}\cos\omega_0+e^{-2a}}$	$|z|>e^{-a}$

7.3 z 变换的基本性质

7.3.1 线性

若有

$$x(n) \stackrel{\mathscr{Z}}{\leftrightarrow} X(z) \quad (R_{x^-} < |z| < R_{x^+})$$
$$y(n) \stackrel{\mathscr{Z}}{\leftrightarrow} Y(z) \quad (R_{y^-} < |z| < R_{y^+})$$

则
$$ax(n)+by(n)\overset{\mathscr{Z}}{\leftrightarrow}aX(z)+bY(z) \quad [\max(R_x^-,R_y^-)<|z|<\min(R_x^+,R_y^+)] \tag{7.18}$$

线性组合序列的收敛域是两个收敛域的相交部分。对于具有有理 z 变换的序列，$aX(z)+bY(z)$ 的极点由 $X(z)$ 和 $Y(z)$ 的极点之和所构成，即没有零极点相消。线性组合的收敛域一定是单个收敛的重叠部分，否则，如果出现零极点相消现象，则收敛域可能要比重叠部分大。

7.3.2 时移性质

若
$$x(n)\overset{\mathscr{Z}}{\leftrightarrow}X(z) \quad (R_x^-<|z|<R_x^+)$$

则有
$$x(n-n_0)\overset{\mathscr{Z}}{\leftrightarrow}z^{-n_0}X(z) \quad (R_x^-<|z|<R_x^+) \tag{7.19}$$

证明： 根据双边 z 变换的定义，有

$$\mathscr{Z}[x(n-n_0)]=\sum_{n=-\infty}^{+\infty}x(n-n_0)z^{-n}=z^{-n_0}\sum_{k=-\infty}^{+\infty}x(k)z^{-k}=z^{-n_0}X(z)$$

这里 n_0 为可正可负的整数。如果 $n_0>0$，$X(z)$ 乘以 z^{-n_0} 将在 $z=0$ 引入极点，并将无限远的极点消去；这样，若收敛域本来包括原点，则时移序列 $x(n-n_0)$ 的 z 变换的收敛域就可能不包括原点。同理，如果 $n_0<0$，则在 $z=0$ 引入零点，而在无限远引入极点，使本不包括 $z=0$ 的收敛域，有可能在时移序列 $x(n-n_0)$ 的 z 变换的收敛域内添加上原点。

7.3.3 z 域微分（序列线性加权）

若
$$x(n)\overset{\mathscr{Z}}{\leftrightarrow}X(z) \quad (R_x^-<|z|<R_x^+)$$

则
$$nx(n)\overset{\mathscr{Z}}{\leftrightarrow}-z\cdot\frac{\mathrm{d}}{\mathrm{d}z}X(z) \quad (R_x^-<|z|<R_x^+) \tag{7.20}$$

证明：

$$\frac{\mathrm{d}}{\mathrm{d}z}X(z)=\frac{\mathrm{d}}{\mathrm{d}z}\left[\sum_{n=-\infty}^{+\infty}x(n)z^{-n}\right]$$
$$=\sum_{n=-\infty}^{+\infty}x(n)\frac{\mathrm{d}}{\mathrm{d}z}(z^{-n})$$
$$=\sum_{n=-\infty}^{+\infty}x(n)(-nz^{-n-1})$$
$$=-z^{-1}\sum_{n=-\infty}^{+\infty}[nx(n)]z^{-n}$$

即
$$-z\frac{\mathrm{d}}{\mathrm{d}z}X(z)=\sum_{n=-\infty}^{+\infty}[nx(n)]z^{-n}$$

由 z 变换的定义可知序列 $nx(n)$ 的 z 变换为 $-z\frac{\mathrm{d}}{\mathrm{d}z}X(z)$。可以利用上式容易地求出斜变序列 $nu(n)$ 的 z 变换。因为已知单位阶跃序列 $u(n)$ 的 z 变换为

$$\mathscr{Z}[u(n)]=\frac{z}{z-1}$$

所以有
$$\mathscr{Z}[nu(n)] = -z\frac{\mathrm{d}}{\mathrm{d}z}\left(\frac{z}{z-1}\right) = \frac{z}{(z-1)^2}$$
即
$$nu(n) \overset{\mathscr{Z}}{\leftrightarrow} \frac{z}{(z-1)^2}$$

7.3.4　z 域尺度变换（序列指数加权）

若 $a \neq 0$ 为常数，且
$$x(n) \overset{\mathscr{Z}}{\leftrightarrow} X(z) \quad (R_{x^-} < |z| < R_{x^+})$$
则有
$$a^n x(n) \overset{\mathscr{Z}}{\leftrightarrow} X\left(\frac{z}{a}\right) \quad \left(R_{x^-} < \left|\frac{z}{a}\right| < R_{x^+}\right) \tag{7.21}$$
$$a^{-n} x(n) \overset{\mathscr{Z}}{\leftrightarrow} X(az) \quad (R_{x^-} < |az| < R_{x^+}) \tag{7.22}$$

证明： 对于式(7.21)和式(7.22)，只需证明其中的一种即可，即求 $a^n x(n)$ 的 z 变换。
$$\mathscr{Z}[a^n x(n)] = \sum_{n=-\infty}^{+\infty}[a^n x(n)]z^{-n} = \sum_{n=-\infty}^{+\infty} x(n)\left(\frac{z}{a}\right)^{-n}$$

即 $a^n x(n)$ 与 $X\left(\dfrac{z}{a}\right)$ 是一 z 变换对。

另一种情况请读者自己证明。

7.3.5　复数序列的共轭

若
$$x(n) \overset{\mathscr{Z}}{\leftrightarrow} X(z) \quad (R_{x^-} < |z| < R_{x^+})$$
则
$$x^*(n) \overset{\mathscr{Z}}{\leftrightarrow} X^*(z^*) \quad (R_{x^-} < |z| < R_{x^+}) \tag{7.23}$$

7.3.6　初值定理

如果
$$x(n) = 0 \quad (n<0) \text{ 且 } x(n) \overset{\mathscr{Z}}{\leftrightarrow} X(z)$$
则
$$x(0) = \lim_{z \to \infty} X(z)$$

此时 $x(n)$ 的 z 变换为
$$\sum_{n=0}^{+\infty} x(n)z^{-n} = x(0) + x(1)z^{-1} + x(2)z^{-2} + \cdots \tag{7.24}$$

当 $z \to \infty$ 时，式(7.24)中的级数除了第一项 $x(0)$ 外，其他各项都趋近于零，因此有 $x(0) = \lim\limits_{z \to \infty} X(z)$。

由初值定理可以看出，对一个因果序列来说，如果 $x(0)$ 是有限值的话，那么 $\lim\limits_{z \to \infty} X(z)$ 就是有限值。如果将 $X(z)$ 表示成 z 的两个多项式之比的话，分子多项式的阶次一定小于分母多项式的阶次，或者说，零点的个数不能多于极点的个数。

7.3.7 终值定理

如果 $x(n)$ 是因果序列,且其 z 变换 $X(z)$ 除在 $z=1$ 处可以有一阶极点外,其他所有极点都在单位圆 $|z|=1$ 以内,则

$$\lim_{z \to \infty} x(n) = \lim_{z \to 1}[(z-1)X(z)] \tag{7.25}$$

证明：

$$\begin{aligned}(z-1)X(z) &= zX(z) - X(z) \\ &= \mathscr{Z}[x(n+1) - x(n)] \\ &= \sum_{n=-\infty}^{+\infty}[x(n+1) - x(n)]z^{-n}\end{aligned}$$

考虑到 $x(n)$ 是因果序列,上式可改写为

$$(z-1)X(z) = \lim_{n \to \infty} \sum_{m=-\infty}^{n}[x(m+1) - x(m)]z^{-m}$$

由于 $X(z)$ 在单位圆上只在 $z=1$ 处存在有一阶极点,利用函数 $(z-1)X(z)$ 可以抵消掉 $X(z)$ 在这个 $z=1$ 处的可能极点,因此 $(z-1)X(z)$ 的收敛域将包括单位圆,即在 $|z|>1$ 上,上式成立。这样就允许对等式两端取极限 $z \to \infty$。

$$\begin{aligned}\lim_{z \to 1}(z-1)X(z) &= \lim_{n \to \infty}\sum_{m=-\infty}^{n}[x(m+1) - x(m)] \\ &= \lim_{n \to \infty}\{[x(0)-0]+[x(1)-x(0)]+\cdots+[x(n+1)-x(n)]\} \\ &= \lim_{n \to \infty} x(n+1) \\ &= \lim_{n \to \infty} x(n)\end{aligned}$$

显然,只有极点在单位圆内,$x(n)$ 当 $n \to \infty$ 时才收敛,才可应用终值定理。

7.3.8 序列的时域褶积

若

$$x(n) \overset{\mathscr{Z}}{\leftrightarrow} X(z) \quad (R_{x^-} < |z| < R_{x^+})$$

$$y(n) \overset{\mathscr{Z}}{\leftrightarrow} Y(z) \quad (R_{y^-} < |z| < R_{y^+})$$

则

$$x(n) * y(n) \overset{\mathscr{Z}}{\leftrightarrow} X(z)Y(z) \quad [\max(R_{x^-}, R_{y^-}) < |z| < \min(R_{x^+}, R_{y^+})] \tag{7.26}$$

证明： 对褶积求 z 变换

$$\begin{aligned}\mathscr{Z}[x(n)*y(n)] &= \sum_{n=-\infty}^{+\infty}[x(n)*y(n)]z^{-n} \\ &= \sum_{n=-\infty}^{+\infty}\left[\sum_{k=-\infty}^{+\infty}x(k)y(n-k)\right]z^{-n} \\ &= \sum_{k=-\infty}^{+\infty}x(k)\left[\sum_{n=-\infty}^{+\infty}y(n-k)z^{-n}\right]\end{aligned}$$

$$= \sum_{k=-\infty}^{+\infty} x(k) z^{-k} \sum_{n=-\infty}^{+\infty} y(n-k) z^{-(n-k)}$$

$$= X(z)Y(z)$$

如同连续系统中褶积定理一样,离散序列的时域褶积性质非常重要。

例 7.3 求下列两单边指数序列

$$x(n) = a^n u(n)$$

$$h(n) = b^n u(n)$$

的褶积 $x(n) * h(n)$ 的 z 变换。

解: 因为

$$X(z) = \frac{z}{z-a} \quad (|z| > |a|)$$

及

$$H(z) = \frac{z}{z-b} \quad (|z| > |b|)$$

则

$$Y(z) = X(z)H(z)$$
$$= \frac{z^2}{(z-a)(z-b)} \quad [|z| > \max(|a|, |b|)]$$

7.3.9 z 域褶积定理

若

$$w(n) = x(n)y(n)$$

则有

$$W(z) = \frac{1}{2\pi j} \oint_{c_1} X(v) Y\left(\frac{z}{v}\right) v^{-1} dv \quad (R_{x^-} R_{y^-} < |z| < R_{x^+} R_{y^+}) \tag{7.27}$$

或

$$W(z) = \frac{1}{2\pi j} \oint_{c_2} X\left(\frac{z}{v}\right) Y(v) v^{-1} dv \quad (R_{x^-} R_{y^-} < |z| < R_{x^+} R_{y^+}) \tag{7.28}$$

式中 c_1, c_2 —— $X(v)$ 与 $Y\left(\frac{z}{v}\right)$ 或 $X\left(\frac{z}{v}\right)$ 与 $Y(v)$ 收敛域重叠部分内逆时针旋转的围线。

证明:

$$\mathscr{Z}[x(n)y(n)] = \sum_{n=-\infty}^{+\infty} [x(n)y(n)] z^{-n}$$

$$= \sum_{n=-\infty}^{+\infty} \left\{ \left[\frac{1}{2\pi j} \oint_{c_1} X(v) v^{n-1} dv \right] y(n) \right\} z^{-n}$$

$$= \frac{1}{2\pi j} \oint_{c_1} \left[X(v) \sum_{n=-\infty}^{+\infty} y(n) \left(\frac{z}{v}\right)^{-n} \right] v^{-1} dv$$

$$= \frac{1}{2\pi j} \oint_{c_1} X(v) Y\left(\frac{z}{v}\right) v^{-1} dv$$

不难证明,复数褶积公式中的 X 和 Y 可以对调,即

$$\frac{1}{2\pi j}\oint_{c_1} X(v)Y\left(\frac{z}{v}\right)v^{-1}dv = \frac{1}{2\pi j}\oint_{c_2} Y(v)X\left(\frac{z}{v}\right)v^{-1}dv \tag{7.29}$$

从上面的证明过程可以看出,$X(v)$ 的收敛域与 $X(z)$ 相同,$Y\left(\frac{z}{v}\right)$ 的收敛域与 $Y(z)$ 相同,即

$$R_{x^-} < |v| < R_{x^+}$$

$$R_{y^-} < \left|\frac{z}{v}\right| < R_{y^+}$$

合并上两式,得到 $\mathscr{Z}[x(n)y(n)]$ 的收敛域,至少为 $R_{x^-}R_{y^-} < |z| < R_{x^+}R_{y^+}$。设 c_2 是个圆,即 $v=\rho e^{j\theta}$,当 ρ 不变,θ 由 $-\pi$ 变到 π 时,就构成了围线 c_2。将 z 写成 $z=re^{j\varphi}$,则式(7.28)可写为

$$W(z) = \frac{1}{2\pi}\int_{-\pi}^{\pi} Y(\rho e^{j\theta})X\left[\frac{r}{\rho}e^{j(\varphi-\theta)}\right]d\theta \tag{7.30}$$

式(7.30)可以看成一褶积积分,积分在一个圆周上进行,称作周期褶积。

7.3.10 帕斯瓦尔(Parseval)定理

设 $x(n)$ 和 $y(n)$ 为两个复数序列,$X(z)$ 和 $Y(z)$ 分别为它们的 z 变换,如果它们的收敛域满足以下条件

$$R_{x^-}R_{y^-} < 1 < R_{x^+}R_{y^+}$$

则

$$\sum_{n=-\infty}^{+\infty} x(n)y^*(n) = \frac{1}{2\pi j}\oint_c X(v)Y^*\left(\frac{1}{v^*}\right)v^{-1}dv \tag{7.31}$$

式(7.31)即为帕斯瓦尔公式,其中 c 位于 $X(v)$ 与 $Y^*\left(\frac{1}{v^*}\right)$ 收敛域的重叠部分内。

证明: 令

$$w(n) = x(n)y^*(n)$$

由于

$$\mathscr{Z}[y^*(n)] = Y^*(z^*)$$

根据褶积公式得

$$W(z) = \frac{1}{2\pi j}\oint_c X(v)Y^*\left(\frac{z^*}{v^*}\right)v^{-1}dv \quad (R_{x^-}R_{y^-} < |z| < R_{x^+}R_{y^+})$$

已知收敛域满足 $R_{x^-}R_{y^-} < 1 < R_{x^+}R_{y^+}$,也即 $W(z)$ 在单位圆上收敛,所以

$$W(1) = \sum_{n=-\infty}^{+\infty} x(n)y^*(n)z^{-n}\bigg|_{z=1} = \sum_{n=-\infty}^{+\infty} x(n)y^*(n)$$

故得

$$\sum_{n=-\infty}^{+\infty} x(n)y^*(n) = \frac{1}{2\pi j}\oint_c X(v)Y^*\left(\frac{1}{v^*}\right)v^{-1}dv$$

因为 $x(n),y(n)$ 均为绝对可和,即 $X(v),Y(v)$ 在单位圆上都收敛,则以上围线积分途径可选择单位圆。这时 $v=\mathrm{e}^{\mathrm{j}\omega}$,$\omega$ 由 $-\pi$ 变到 π 相当于 c 沿单位圆转一周,因而

$$\sum_{n=-\infty}^{+\infty} x(n)y^*(n) = \frac{1}{2\pi}\int_{-\pi}^{\pi} X(\mathrm{e}^{\mathrm{j}\omega})Y^*(\mathrm{e}^{\mathrm{j}\omega})\mathrm{d}\omega$$

特别是,当取 $y(n)=x(n)$ 时,有

$$\sum_{n=-\infty}^{+\infty} x(n)x^*(n) = \sum_{n=-\infty}^{+\infty} |x(n)|^2$$

$$= \frac{1}{2\pi}\int_{-\pi}^{\pi} X(\mathrm{e}^{\mathrm{j}\omega})X^*(\mathrm{e}^{\mathrm{j}\omega})\mathrm{d}\omega$$

$$= \frac{1}{2\pi}\int_{-\pi}^{\pi} |X(\mathrm{e}^{\mathrm{j}\omega})|^2 \mathrm{d}\omega$$

因此有

$$\sum_{n=-\infty}^{+\infty} |x(n)|^2 = \frac{1}{2\pi}\int_{-\pi}^{\pi} |X(\mathrm{e}^{\mathrm{j}\omega})|^2 \mathrm{d}\omega \tag{7.32}$$

式(7.31)和式(7.32)都称为帕斯瓦尔公式,后者表明:时域中用序列 $x(n)$ 计算的信号能量与频域中用频谱 $X(\mathrm{e}^{\mathrm{j}\omega})$ 计算的信号能量,两者是完全等价的。

表 7.2 列出 z 变换的性质。

表 7.2 z 变换的性质

序号	性质	序列	z 变换	ROC
		$x(n)$	$X(z)$	$R_{x^-} < |z| < R_{x^+}$
		$y(n)$	$Y(z)$	$R_{y^-} < |z| < R_{y^+}$
1	线性	$ax(n)+by(n)$	$aX(z)+bY(z)$	$\max(R_{x^-},R_{y^-}) < |z| < \min(R_{x^+},R_{y^+})$
2	时移	$x(n-n_0)$	$Z^{-n_0}X(z)$	$R_{x^-} < |z| < R_{x^+}$ (可能增加或删除原点或 ∞ 点)
3	z 域微分	$nx(n)$	$-Z\dfrac{\mathrm{d}X(z)}{\mathrm{d}z}$	$R_{x^-} < |z| < R_{x^+}$
4	z 域尺度变换	$a^n x(n)$ $a^{-n} x(n)$	$X\left(\dfrac{z}{a}\right)$ $X(az)$	$|a|R_{x^-} < |z| < |a|R_{x^+}$ $\dfrac{1}{|a|}R_{x^-} < |z| < \dfrac{1}{|a|}R_{x^+}$
5	共轭	$x^*(n)$	$X^*(z^*)$	$R_{x^-} < |z| < R_{x^+}$
6	时域褶积	$x(n)*y(n)$	$X(z)Y(z)$	$\max(R_{x^-},R_{y^-}) < |z| < \min(R_{x^+},R_{y^+})$
7	z 域褶积	$x(n)y(n)$	$\dfrac{1}{2\pi\mathrm{j}}\oint_c X(v)Y\left(\dfrac{z}{v}\right)v^{-1}\mathrm{d}v$	$R_{x^-}R_{y^-} < |z| < R_{x^+}R_{y^+}$
8	初值定理	$x(0) = \lim\limits_{z\to\infty} X(z)$		$x(n)$ 为因果序列 $|z|>R_{x^-}$
9	终值定理	$x(\infty) = \lim\limits_{z\to 1}[(z-1)X(z)]$		$x(n)$ 为因果序列,且当 $|z|\geqslant 1$ 时 $(z-1)X(z)$ 收敛
10	帕斯瓦尔定理	$\sum\limits_{n=-\infty}^{+\infty} x(n)y^*(n) = \dfrac{1}{2\pi\mathrm{j}}\oint_c X(v)Y^*\left(\dfrac{1}{v^*}\right)v^{-1}\mathrm{d}v$		$R_{x^-}R_{y^-} < 1 < R_{x^+}R_{y^+}$

7.4 z 反变换

若已知函数 $X(z)$ 及其收敛域,反过来求序列 $x(n)$ 的变换称为 z 反变换。z 反变换的公式为

$$x(n) = \frac{1}{2\pi j} \oint_c X(z) z^{n-1} dz \tag{7.33}$$

式(7.33)表示在 z 平面上 $X(z)$ 的收敛域中,沿包含原点的任意一封闭曲线 c 反时针方向对 $X(z)z^{n-1}$ 进行围线积分即为 $X(z)$ 的 z 反变换。

求 z 反变换的方法有三种,下面分别介绍这三种方法。

7.4.1 幂级数展开法(长除法)

幂级数展开法就是将 $X(z)$ 展开成 z 的负幂级数形式

$$X(z) = \sum_{n=-\infty}^{+\infty} x(n) z^{-n}$$

z^{-n} 项的系数就是序列值 $x(n)$。当 z 反变换不能写成简单的形式,或者要求信号表示为取样序列值时,这种方法特别有用。

长除法适合于当 $X(z)$ 是有理分式,特别是其阶数比较高时的情况。这种方法首先根据 $X(z)$ 的收敛域判断原序列是左边序列还是右边序列:右边序列采用 z 降幂排列;左边序列采用 z 升幂排列。然后用 $X(z)$ 的分子多项式除以分母多项式,所得商式 z^{-n} 项的系数就是原序列 $x(n)$ 项。

1. 降幂除法

例 7.4 求 $X(z) = \dfrac{z}{z-a}$ $(|z| > |a|)$ 的 z 反变换。

解: 因为 $X(z)$ 只在 $z=a$ 处有一极点,收敛域处在极点所在圆以外的区间上,所以序列 $x(n)$ 应是因果的。若以 $-a+z$ 为除数,z 为被除数作除法运算,即作升幂除法

$$\begin{array}{r} -\dfrac{1}{a}z - \dfrac{1}{a^2}z^2 - \dfrac{1}{a^3}z^3 - \cdots \\ -a+z \overline{\smash{\big)}\, z } \\ \underline{z - \dfrac{1}{a}z^2} \\ \dfrac{1}{a}z^2 \\ \underline{\dfrac{1}{a}z^2 - \dfrac{1}{a^2}z^3} \\ \dfrac{1}{a^2}z^3 \\ \underline{\dfrac{1}{a^2}z^3 - \dfrac{1}{a^3}z^4} \\ \cdots \end{array}$$

于是得到

$$X(z) = \frac{z}{z-a}$$

$$= -\frac{1}{a}z - \frac{1}{a^2}z^2 - \frac{1}{a^3}z^3 - \cdots$$

$$= -\sum_{n=1}^{+\infty} a^{-n} z^n$$

$$= -\sum_{n=-\infty}^{-1} a^n z^{-n} \tag{7.34}$$

能否用式(7.34)级数的系数代表所需的 $x(n)$ 值呢？对于给定的公式的收敛域，式(7.34)并不绝对收敛，故可判定式(7.34)并非所需的幂级数形式。为此，改作降幂除法，即

$$\begin{array}{r}
1 + az^{-1} + a^2 z^{-2} + \cdots \\
z-a \overline{\smash{\big)}\, z} \\
\underline{z-a} \\
a \\
\underline{a - a^2 z^{-1}} \\
a^2 z^{-1} \\
\underline{a^2 z^{-1} - a^3 z^{-2}} \\
\cdots
\end{array}$$

所以

$$X(z) = \frac{z}{z-a} = 1 + az^{-1} + a^2 z^{-2} + \cdots = \sum_{n=0}^{+\infty} a^n z^{-n}$$

对于给出的 $|z|>|a|$ 收敛域，上式是收敛的。因此可得

$$x(n) = a^n u(n)$$

2. 升幂除法

例 7.5 求 $X(z) = \dfrac{z}{z-a}$ $(|z|<|a|)$ 的 z 反变换。

解：$X(z)$ 在 $z=a$ 处有一极点，收敛域在极点所在的圆内，$x(n)$ 应该是一个左边序列。对 $X(z)$ 作升幂除法，即将 $X(z)$ 展成 z 的升幂次级数。依照上例中的思路可得结果为

$$X(z) = \frac{z}{z-a} = -\frac{1}{a}z - \frac{1}{a^2}z^2 - \frac{1}{a^3}z^3 - \cdots = -\sum_{n=-\infty}^{-1} a^n z^{-n} \tag{7.35}$$

经考察，对于给定的 $|z|<|a|$ 收敛域，式(7.35)是绝对收敛的，故由式(7.35)得

$$x(n) = -a^n u(-n-1)$$

综上所述，在应用长除法之前，一定要先根据序列 z 变换的收敛域确定其是左边序列还是右边序列。对左边序列应用升幂长除；对右边序列应用降幂长除。只有这样，才能得到所需的正确的序列 $x(n)$。

7.4.2 部分分式展开法

若序列 $x(n)$ 的 z 变换为 z 的有理分式，即可表示为 $X(z) = \dfrac{A(z)}{B(z)}$，其中 $A(z)$ 和 $B(z)$ 之间没有公因式，则可将 $X(z) = \dfrac{A(z)}{B(z)}$ 展开成部分分式之和的形式，然后求每一部分分式的 z 反变换，将各个反变换相加起来，就得到所求序列 $x(n)$。

例如

$$X(z) = \frac{\sum_{k=0}^{q} a(k)z^{-k}}{\sum_{k=0}^{p} b(k)z^{-k}} = C \frac{\prod_{k=1}^{q}(1-\alpha_k z^{-1})}{\prod_{k=1}^{p}(1-\beta_k z^{-1})} \tag{7.36}$$

式中 C——常数。

假设 $p > q$ 且分母多项式中所有的根均为单根,即当 $i \neq k$ 时,$\beta_i \neq \beta_k$,则 $X(z)$ 可展开如下

$$X(z) = \sum_{k=1}^{p} \frac{A_k}{1-\beta_k z^{-1}} \tag{7.37}$$

对 $k=1,2,\cdots,p$ 的常数,式(7.37)两边同乘 $1-\beta_k z^{-1}$,且令 $z=\beta_k$,可得出系数 A_k 的值,结果为

$$A_k = (1-\beta_k z^{-1})X(z)\Big|_{z=\beta_k} \tag{7.38}$$

如果 $p \leqslant q$,部分分式展开中一定包括 z^{-1} 项的 $p-q$ 次多项式,这个多项式的系数可由长除法得到(即用分母多项式除分子多项式)。对于多重极点,必须修改相应的展开式。例如,如果 $X(z)$ 在 $z=A_k$ 处有一个二重极点,展开式将包括两项

$$\frac{B_1}{1-\beta_k z^{-1}} + \frac{B_2}{(1-\beta_k z^{-1})^2}$$

这里 B_1, B_2 由

$$B_1 = \beta_k \frac{\mathrm{d}}{\mathrm{d}z}\big[(1-\beta_k z^{-1})^2 X(z)\big]\Big|_{z=\beta_k}$$

及

$$B_2 = (1-\beta_k z^{-1})^2 X(z)\Big|_{z=\beta_k}$$

给出。

7.4.3 留数法

z 反变换也可以利用留数定理来计算,即

$$x(n) = \frac{1}{2\pi\mathrm{j}}\oint_c X(z)z^{n-1}\mathrm{d}z \tag{7.39}$$

为证明此式,只要把式中积分函数中的 $X(z)$ 展开成幂级数,这样式(7.39)的积分即成为

$$\oint_c X(z)z^{n-1}\mathrm{d}z = \oint_c [x(0)+x(1)z^{-1}+\cdots+x(m)z^{-m}+\cdots]z^{n-1}\mathrm{d}z$$

$$= x(0)\oint_c z^{n-1}\mathrm{d}z + x(1)\oint_c z^{n-2}\mathrm{d}z + x(2)\oint_c z^{n-3}\mathrm{d}z + \cdots + x(m)\oint_c z^{n-m-1}\mathrm{d}z + \cdots$$

由复变函数理论可知,上式中除 $m=n$ 的积分项外,其余各个积分均为零。对于 $m=n$ 的积分项,有

$$\oint_c z^{n-m-1}\mathrm{d}z\Big|_{m=n} = \oint_c z^{-1}\mathrm{d}z = 2\pi\mathrm{j}$$

故有

$$\oint_c X(z)z^{n-1}\mathrm{d}z = 2\pi\mathrm{j}\,x(n)$$

即

$$x(n) = \frac{1}{2\pi\mathrm{j}}\oint_c X(z)z^{n-1}\mathrm{d}z \tag{7.40}$$

由于积分路径 c 是包围 $X(z)z^{n-1}$ 的所有极点的一条闭合积分路径，它通常是在 z 平面 $X(z)$ 收敛域内以原点为中心的一个圆，而且 $X(z)$ 又在 $|z|>R$ 的区域内收敛，因此 c 包围了 $X(z)$ 的所有奇点。在实际中，通常 $X(z)z^{n-1}$ 只是 z 的有理函数，其奇点都是孤立奇点（极点）。这样，借助复变函数理论中的留数定理，可以把积分表示为环线 c 内 $X(z)z^{n-1}$ 的各个极点的留数和，即

$$\begin{aligned} x(n) &= \frac{1}{2\pi j}\oint_c X(z)z^{n-1}\mathrm{d}z \\ &= \sum_m [X(z)z^{n-1} \text{ 在 } c \text{ 内的留数}] \\ &= \sum_m \mathrm{Res}[X(z)z^{n-1}]_{z=z_m} \end{aligned} \quad (7.41)$$

式中 Res——极点的留数；

z_m——$X(z)z^{n-1}$ 的极点。

如果 $X(z)z^{n-1}$ 在 $z=z_m$ 处有 s 阶极点，此时它的留数由式(7.42)确定

$$\mathrm{Res}[X(z)z^{n-1}]\Big|_{z=z_m} = \frac{1}{(s-1)!}\left\{\frac{\mathrm{d}^{s-1}}{\mathrm{d}z^{s-1}}[(z-z_m)^s X(z)z^{n-1}]\right\}_{zH=z_m} \quad (7.42)$$

若只含有一阶极点，即 $s=1$，此式简化为

$$\mathrm{Res}[X(z)z^{n-1}]\Big|_{z=z_m} = [(z-z_m)X(z)z^{n-1}]_{z=z_m} \quad (7.43)$$

在利用式(7.41)、式(7.42)、式(7.43)的时候，应当注意收敛域内的环线所包围的极点的情况以及对于不同的 n 值，在原点处的极点具有不同的阶次。

例 7.6 设有一 z 变换 $X(z)=\dfrac{2z^2-0.5z}{z^2-1.5z+0.5}$，试用留数法计算其 z 反变换。这里的 $x(n)$ 为一有限序列。

解： 先求被积函数 $X(z)z^{n-1}$ 的极点。

$$X(z)z^{n-1} = \frac{2z^2-0.5z}{z^2-1.5z+0.5}z^{n-1} = \frac{(2z-0.5)z^n}{(z-1)(z-0.5)}$$

因为 $X(z)$ 的收敛域为 $|z|>1$，所以序列 $x(n)$ 为因果序列，即当 $n<0$ 时 $x(n)=0$，所以只需考虑 $n\geqslant 0$ 时的情况。由于被积函数 $X(z)z^{n-1}$ 只有两个一阶极点 $z=1$ 和 $z=0.5$，在这两个极点处的留数分别为

$$\mathrm{Res}[X(z)z^{n-1}]_{z=1} = [(z-1)X(z)z^{n-1}]_{z=1} = 3$$
$$\mathrm{Res}[X(z)z^{n-1}]_{z=0.5} = [(z-0.5)X(z)z^{n-1}]_{z=0.5} = -0.5^n$$

所以

$$x(n) = (3-0.5^n)u(n)$$

在求反变换的上述三种方法中，留数定理解法比较少用，幂级数展开法最容易，部分分式展开法最常用。工程计算时可用查表法获得 z 反变换。

7.5 Chirp-z 变换谱分析压制地震记录单频干扰

我国工业交流电的频率大约固定在 50 Hz 附近，在高压输电线传送工业交流电时，会在高压输电线附近产生一个频率大约为 50 Hz 的电磁场。在野外地震数据采集过程中，当地震检波器埋置在高压输电线下面或者附近时，地震检波器会感应并记录到工业交流电产生的电磁场，同时在地震数据记录中还可能记录到频率大约为 150 Hz 和 250 Hz 的伴随工业交流电。它

们是地震勘探中的一种干扰。在地震勘探领域内,把这种由地震检波器感应并且记录下来的工业交流电产生的电磁场称为单频干扰。

众所周知,快速傅里叶(FFT)的谱分辨率为 $1/(N\Delta)$。其中,Δ 为序列的时间采样间隔;N 为序列长度,且 $N=2^k$,k 称为变换的阶数。对于 2ms 采样的典型记录,0.001Hz 的精度要求意味着 N 必须不小于 524288(即 k 不小于 19),而实际上需要的只是以被估计频率为中心的一个有限的窄带频谱,在常规 FFT 方法中大量的计算和存储空间是无效的。我们的期望是只需要对地震记录的一段频带进行分析,频谱的采样均集中在这一频带内,频带以外的部分不予考虑。而广泛应用于雷达领域的 Chirp-z 变换(CZT)可以满足这种需要。此法又称线性调频 z 变换或称线性调幅调频分析方法。此法的实质是一种把傅里叶变换(DFT)表示成以褶积为基础的运算方法,它在减少计算复杂性方面比傅里叶变换具有明显的优点和更广泛的适应性,可用于计算在单位圆上傅里叶变换的任意一组等间隔样本值。

线性调频 z 变换算法(CZT)是 Rabiner 等归纳提出的一种在 z 平面的螺旋曲线上计算等角度间隔的 z 变换样本的算法。令 $x(n)$ 表示一个 N 点序列,则其 M 点的 CZT 定义为

$$X(z_r) = \sum_{n=0}^{N-1} x(n) z_r^{-n} \quad (r=0,1,2,\cdots,M-1) \quad (7.44)$$

式中

$$z_r = A_0 W_0^{-r} e^{j(\omega_0 + r\Delta\omega)} = AW^{-r} \quad (7.45)$$

$$W = W_0 e^{-j\Delta\omega} \quad (7.46)$$

$$A = A_0 e^{j\omega_0} \quad (7.47)$$

其中,A_0 和 ω_0 决定了线性调幅调频变换频率样本的起始位置;W_0 决定了频率样本路径倾斜程度;$\Delta\omega$ 决定了频率样本采样的步长。因此,CZT 在 z 平面上的变换路径是一条螺旋线如图 7.1(a)所示。当 $A_0>1$ 时,起点在单位圆外;当 $A_0<1$ 时,起点在单位圆内。当 $W_0>1$ 时,谱频率样本路径内旋;当 $W_0<1$ 时,谱频率样本路径外旋。当 $A_0=1$,$W_0=1$ 时,CZT 的变换路径为单位圆上的一段圆弧,如图 7.1(b)所示。

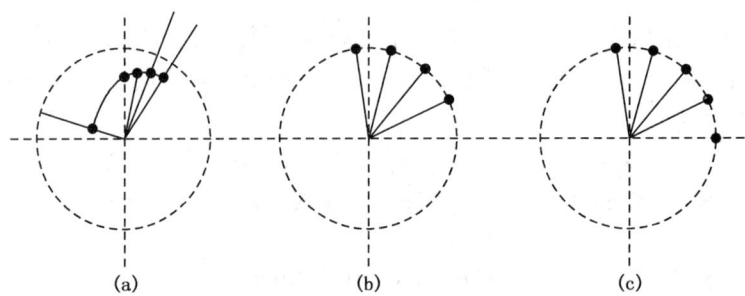

图 7.1 线性调频变换 CZT 及 DFT 的频率样本点在 z 平面上的分布

(a)线性调幅调频变换(CZT);(b)线性调频变换($A_0=1,W_0=1$);(c)DFT($A_0=1,W_0=1,\omega_0=0$)

将式(7.45)代入式(7.44),有

$$X(z_r) = \sum_{n=0}^{N-1} x(n) z_r^{-n} = \sum_{n=0}^{N-1} x(n) A^{-n} W^{nr} \quad (r=0,1,2,\cdots,M-1) \quad (7.48)$$

由于

$$nr = \frac{1}{2}[r^2 + n^2 - (r-n)^2]$$

所以式(7.48)又可写成

$$X(z_r) = \sum_{n=0}^{N-1} x(n) z_r^{-n} = \sum_{n=0}^{N-1} x(n) A^{-n} W^{\frac{n^2}{2}} W^{\frac{r^2}{2}} W^{-\frac{(r-n)^2}{2}} \quad (7.49)$$

其中,$r=0,1,2,\cdots,M-1$。令

$$g(n) = x(n) A^{-n} W^{\frac{n^2}{2}} \quad (7.50)$$

$$h(n) = W^{-\frac{n^2}{2}} \quad (7.51)$$

则有

$$X(z_r) = W^{\frac{r^2}{2}} \sum_{n=0}^{N-1} g(n) h(r-n) = W^{\frac{r^2}{2}} [g(n) * h(n)] \quad (7.52)$$

这样,$X(z_r)$相当于序列$g(n)$和序列$h(n)$的褶积,然后乘以$W^{\frac{r^2}{2}}$。其计算过程如图7.2所示。

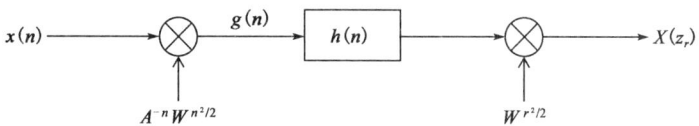

图7.2 线性调幅调频频率样本分析计算算法

因为$h(n)$是偶对称的,且褶积可以由DFT很容易实现,因此由式(7.52)表示的CZT方法计算效率很高。由于系统的单位脉冲响应$h(n)=W^{-\frac{n^2}{2}}$与频率随时间成线性增加的线性调频信号(即鸟叫声chirp)相似,因此这种算法又称为Chirp-z变换(CZT)。我们知道,序列$x(n)$的傅里叶变换$X(e^{j\omega})$就是该序列在单位圆上的z变换($X(z_r),|z_r|=1$),因此可以用在单位圆上的CZT(取$A_0=1,W_0=1$,此时称为线性调频变换)计算$X(e^{j\omega})$,如图7.1(b)所示,如果再取$\omega_0=0$,则CZT变换成为DFT,如图7.1(c)所示。

对于单频干扰的频率,采用分步应用CZT变换谱分析的方法来估算。因为我们希望得到的是输入信号的频谱分析,故应在单位圆上实现CZT,即W_0和A_0均应取为1。具体步骤为:

(1)对于单频干扰频率的猜测值(初值)f_0,在频率范围$[f_0-1,f_0+1]$内计算调频变换样本,取频率样本精度(采样间隔)$\Delta f=0.01$,则有$\omega_0=2\pi(f_0-1),\Delta\omega=2\pi\Delta f=0.02\pi,M=201$。对于地震数据$x(n)(n=0,1,2,\cdots,N-1)$,应用单位圆上的CZT,计算确定$x(n)$在频带$[f_0-1,f_0+1]$内的$M$个傅里叶频谱频率样本$X(m)$,并取其模最大值所对应的频率作为单频干扰频率的初步估计值f',即

$$X(f') = \max_{m \in [0, M-1]} \{|X(m)|\} \quad (7.53)$$

(2)把f'作为新的初值,在频率范围$[f'-0.1,f'+0.1]$内重新计算调频变换样本,并取频率样本精度(采样间隔)$\Delta f=0.001$,此时有$\omega_0=2\pi(f'-0.1),\Delta\omega=2\pi\Delta f=0.002\pi,M=201$。对于地震数据$x(n)$重新应用单位圆上的CZT,计算确定$x(n)$在频带$[f'-0.1,f'+0.1]$内的$M$个傅里叶频谱频率样本$X(m)$,然后取其模最大值所对应的频率作为单频干扰频率的估计值f。

习 题

1.求下列序列的z变换及收敛域。

(1) $\delta(n)$ (2) $\delta(n+1)$

(3) $0.5^n u(n)$ (4) $x(n) = e^2 + e^{0.5} - 0.5^n u(-n-1)$

(5) $0.5^{n-1} u(n-1)$ (6) $e^{-3n} \sin\dfrac{n\pi}{6} u(n)$

2. 求下列序列的单边 z 变换及收敛域。

(1) $\delta(n+3) + \delta(n-4) + \delta(n) + 3^n u(-n)$

(2) $0.5^n u(n+3)$

3. 求下列各式的 z 反变换。

(1) $X(z) = \dfrac{1}{1+0.5z^{-1}}$ $(|z| > 0.5)$

(2) $X(z) = \dfrac{1}{1+0.5z^{-1}}$ $(|z| < 0.5)$

(3) $X(z) = \dfrac{1-0.5z^{-1}}{1+0.75z^{-1}+0.125z^{-2}}$ $(|z| > 0.5)$

(4) $X(z) = \dfrac{1-0.5z^{-1}}{1-0.25z^{-2}}$ $(|z| > 0.5)$

(5) $X(z) = \dfrac{1-az^{-1}}{z^{-1}-a}$ $\left(|z| > \left|\dfrac{1}{a}\right|\right)$

4. 已知 z 变换 $X(z) = e^z + e^{0.5}$，求其对应的 $x(n)$ 序列。

5. 若 $y(n) = 16^{-n} u(n)$，试确定两个不同的序列，每个序列都有其 z 变换 $X(z)$，且满足：

(1) $Y(z^2) = 0.5[X(z) + X(-z)]$；

(2) 在 z 平面内，$X(z)$ 仅有一个极点和一个零点。

6. 已知

$$X(z) = \dfrac{1-\dfrac{1}{3}z^{-1}}{1+z^{-1}-2z^{-2}} \quad (|z| > 2)$$

求 $X(z)$ 的 z 反变换 $x(n)$。

7. 有一 z 变换为

$$X(z) = \dfrac{1}{\left(1-\dfrac{1}{2}z^{-1}\right)(1-2z^{-2})}$$

(1) 确定与 $X(z)$ 有关的收敛域可能有几种情况，画出各自的收敛域图。

(2) 每种收敛域各对应什么样的离散时间序列？

(3) 以上序列中哪一种存在离散时间傅里叶变换？

8. 利用部分分式展开法求

$$X(z) = \dfrac{z^3 - 8z}{(z-4)^3} \quad (|z| > 4)$$

的 z 反变换 $x(n)$。

9. 已知因果序列的 z 变换 $X(z)$，求下列序列的初值与终值。

(1) $X(z) = \dfrac{1+z^{-1}+z^{-2}}{(1-z^{-1})(1-2z^{-1})}$

(2) $X(z) = \dfrac{1}{(1-0.5z^{-1})(1+0.5z^{-1})}$

(3) $X(z) = \dfrac{1}{1-1.5z^{-1}+0.5z^{-2}}$

10. 已知 $X(z)=\dfrac{-3z}{2z^2-5z+2}$,在下列三种情况下,求各对应的序列 $x(n)$。

(1) $x(n)$ 是无限长右边序列;

(2) $x(n)$ 是无限长左边序列;

(3) $x(n)$ 是双边序列。

第 8 章　数字滤波器

从含有噪声的信号中抑制噪声、获取有效信号的处理过程称为滤波,实现滤波功能的系统称为滤波器。当有效信号与噪声能够从频域中完全分离时,可用频率选择滤波器进行滤波。当有效信号与噪声不能从频域中完全分离时,若仍用频率选择滤波器滤波,会使与噪声同频带的有效信号也受到抑制。

频率选择滤波器按功能可分为低通滤波器(LP)、高通滤波器(HP)、带通滤波器(BP)、带阻滤波器(BS)和全通滤波器(AP),如图 8.1 所示。

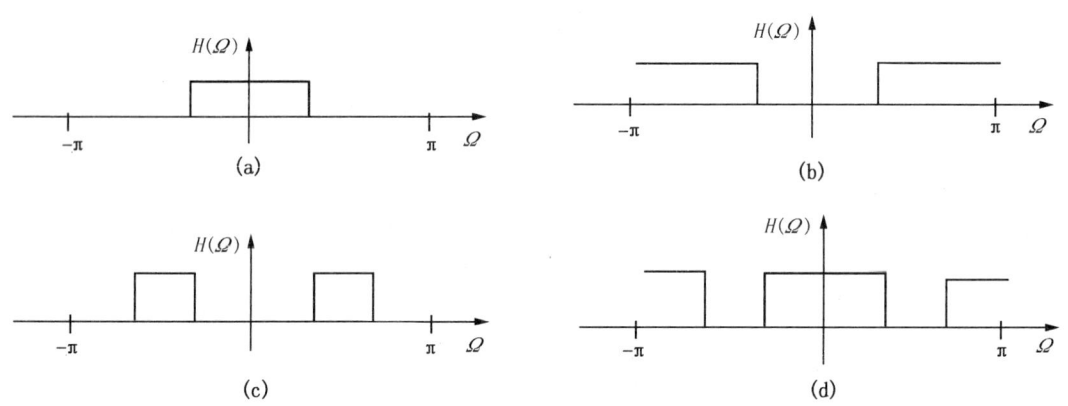

图 8.1　理想滤波器
(a)低通滤波器;(b)高通滤波器;(c)带通滤波器;(d)带阻滤波器

按单位脉冲响应长度,可滤波器可分为无限冲激响应(IIR)滤波器和有限冲激响应(FIR)滤波器。

按处理信号是模拟信号还是数字信号,可将滤波器分为模拟滤波器(AF)和数字滤波器(DF)。

滤波器的设计主要是根据给定的频率响应指标确定系统函数。本章主要介绍数字滤波器设计的基本概念和一些实用方法,首先介绍数字滤波器基本设计方法,主要包括巴特沃思低通滤波器的设计以及将模拟滤波器转换为数字滤波器的方法;然后介绍 IIR 滤波器的频率变化法,将数字低通滤波器变换为所需类型的数字滤波器;接着介绍 FIR 数字滤波器的设计方法,主要是用窗函数法设计 FIR 滤波器;最后介绍了最小平方滤波,该方法并不是频率选择滤波器,但是在后续的地震资料处理中应用较为广泛,所以一并在此处进行介绍。

8.1　数字滤波器的设计

由于模拟滤波器的设计有成熟理论,而高通滤波器、带通滤波器、带阻滤波器可由低通滤波器经简单的变换而得到,因此本节只讨论低通滤波器的设计,将低通滤波器转换为其他滤波器的方法将在下一节中讨论。

8.1.1 滤波器参数说明

1. 滤波器的技术指标

低通滤波器的幅频响应曲线如图 8.2 所示,其中

f_p——通带的截止频率,$\Omega_p = 2\pi f_p \Rightarrow$ 数字频率 $\omega_p = \Omega_p T$;

f_{st}——阻带的截止频率,$\Omega_{st} = 2\pi f_{st} \Rightarrow$ 数字频率 $\omega_{st} = \Omega_{st} T$;

$\Delta f = f_{st} - f_p$——过渡带宽度,$\Delta \Omega = \Omega_{st} - \Omega_p$;

$f_c = 0.5(f_p + f_{st})$——期望的理想滤波器的截止频率;

$\Omega_c = 2\pi f_c \Rightarrow$ 数字频率 $\omega_c = \Omega_c T$。

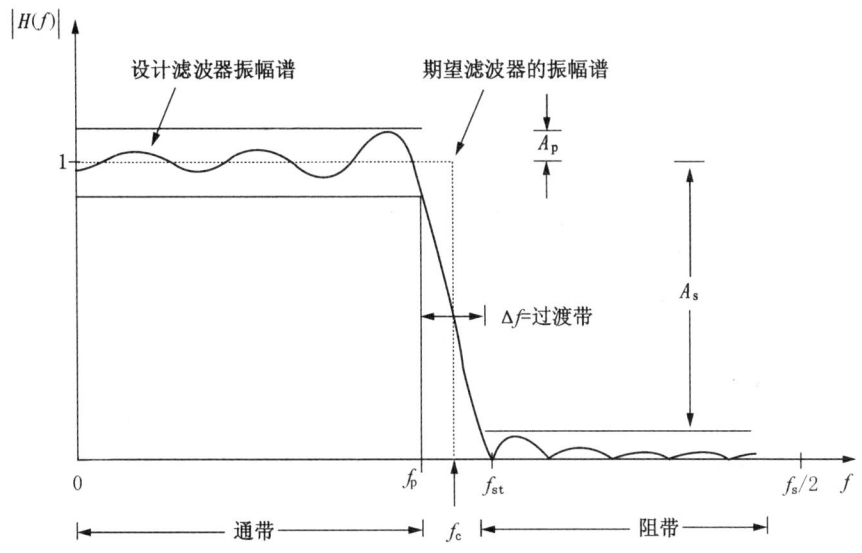

图 8.2 低通滤波器的幅频响应曲线

在通带或阻带内,幅度函数可以是单调的,也可以在一定范围内起伏变化。为了便于描述通带与阻带的相对变化量,定义 $|H(f)|$ 的最大值与通带内最小值之差为通带波纹,用 A_p 表示;定义 $|H(f)|$ 的最大值(也可为通带内的其他值)与阻带内最大值之差为阻带衰减,用 A_s 表示。A_p 和 A_s 都以分贝度量。

2. 设计方法

给定技术指标:$\{\Omega_p, \Omega_{st}, A_p, A_s\}$ 或 $\{\omega_p, \omega_{st}, A_p, A_s\}$

(1)用 AF 的理论来设计,即求 AF 的系统函数 $H_a(s)$;

(2)将 AF 的系统函数 $H_a(s)$ 转换成 DF 的系统函数 $H(z)$,转换方法有脉冲响应不变法和双线性变换法。

3. 说明

(1)设计滤波器时,通常希望阻带衰减要小,过渡带要窄。但这两者是矛盾的,即若要使阻带变小,必须增加滤波器的阶数;要使过滤带变窄,即截止特性变陡,会使通带和阻带波纹增大。

(2)通带衰减和阻带衰减的定义:设 $|H(e^{j0})| = 1$,A_p 和 A_s 的定义分别为

$$A_p = 20\lg\frac{|H(e^{j0})|}{|H(e^{j\omega_p})|} = -20\lg|H(e^{j\omega_p})| = -20\lg(1-\delta_p)$$

$$A_s = 20\lg\frac{|H(e^{j0})|}{|H(e^{j\omega_s})|} = -20\lg|H(e^{j\omega_s})| = -20\lg\delta_s$$

式中 δ_p, δ_s——通带和阻带的变化量。

(3) IIR 数字滤波器的系统函数(设 $M<N$)为

$$H(z) = \frac{\sum_{k=0}^{M} b_k z^{-k}}{1-\sum_{k=1}^{N} a_k z^{-k}} = A\frac{\prod_{k=1}^{M}(1-c_k z^{-1})}{\prod_{k=1}^{N}(1-d_k z^{-1})}$$

式中 c_k——零点；
d_k——极点。

(4) 模拟滤波器的系统函数(设 $M<N$)为

$$H_a(s) = \frac{b_0 s^m + b_1 s^{m-1} + \cdots + b_{m-1} s + b_m}{s^n + a_1 s^{n-1} + a_2 s^{n-2} + \cdots + a_{n-1} s + a_n}\Omega$$

$$H_a(s) = \prod_{k=1}^{N}\frac{b_{k0} s^2 + b_{k1} s + b_{k2}}{a_{k0} s^2 + a_{k1} s + a_{k2}}$$

4. 模拟滤波器的常用设计方法

(1) 巴特沃思(Butterworth)滤波器——通/阻带单调衰减，不产生波纹；
(2) 切比雪夫(Chebyshev)滤波器——通/阻带有一带波纹，截止特性比(1)好；
(3) 椭圆(Ellipse)滤波器——通/阻带都允许有波纹，截止特性比(2)好；

下面只讨论由巴特沃思模拟滤波器求 IIR 数字滤波器的方法。

8.1.2 巴特沃思低通滤波器的设计

1. 模平方函数

模平方函数为

$$|H_a(j\Omega)|^2 = \frac{1}{1+\left(\frac{\Omega}{\Omega_c}\right)^{2N}} \tag{8.1}$$

式中 N——滤波器的阶数；
Ω_c——期望的截止频率；
Ω——频率变量。

2. 确定 N 和 Ω_c

(1) 滤波器阶数 N 与给定设计参数 $\{\Omega_p, \Omega_{st}, A_p, A_s\}$ 有关。

(2) 将 Ω_p, Ω_{st} 分别代入式(8.1)，取对数乘 10，为 A_p 和 A_s，即衰减函数 $A(\Omega)$ 是对模平方函数取对数乘 10 的结果

$$10\lg|H_a(j\Omega_p)|^2 = -10\lg\left[1+\left(\frac{\Omega_p}{\Omega_c}\right)^{2N}\right]$$

$$-20\lg|H_a(j\Omega_p)| = 10\lg\left[1+\left(\frac{\Omega_p}{\Omega_c}\right)^{2N}\right] = A_p$$

由 $10\lg\left[1+\left(\dfrac{\Omega_p}{\Omega_c}\right)^{2N}\right]=A_p$ 化简得

$$\left(\frac{\Omega_p}{\Omega_c}\right)^{2N}=10^{A_p/10}-1 \Rightarrow \left(\frac{\Omega_p}{\Omega_c}\right)^{N}=\sqrt{10^{A_p/10}-1} \tag{8.2}$$

同理,由 $10\lg\left[1+\left(\dfrac{\Omega_{st}}{\Omega_c}\right)^{2N}\right]=A_s$ 化简得

$$\left(\frac{\Omega_{st}}{\Omega_c}\right)^{2N}=10^{A_s/10}-1 \Rightarrow \left(\frac{\Omega_{st}}{\Omega_c}\right)^{N}=\sqrt{10^{A_s/10}-1} \tag{8.3}$$

用式(8.2)除以式(8.3)得

$$\left(\frac{\Omega_p}{\Omega_{st}}\right)^{2N}=\frac{10^{A_p/10}-1}{10^{A_s/10}-1} \Rightarrow \left(\frac{\Omega_p}{\Omega_{st}}\right)^{N}=\sqrt{\frac{10^{A_p/10}-1}{10^{A_s/10}-1}}$$

令

$$\lambda=\frac{\Omega_p}{\Omega_{st}}, k=\frac{10^{A_p/10}-1}{10^{A_s/10}-1}$$

则

$$N=\frac{\lg k}{2\lg \lambda} \tag{8.4}$$

当 N 求出以后,将 N 代入式(8.2)和式(8.3),可算出两个 Ω_c(一般不相等),分别为 Ω_{c1} 和 Ω_{c2}。取它们平均值作为期望的截止频率,即 $\Omega_c=(\Omega_{c1}+\Omega_{c2})/2$。

3. 求极点

因为

$$|H_a(j\Omega)|^2=H(j\Omega)H(-j\Omega)=\frac{1}{1+\left(\dfrac{j\Omega}{j\Omega_c}\right)^{2N}}$$

令 $s=j\Omega$ 代入上式得

$$|H_a(s)|^2=H(s)H(-s)=\frac{1}{1+\left(\dfrac{s}{j\Omega_c}\right)^{2N}}$$

上式有 $2N$ 个极点,即

$$1+\left(\frac{s}{j\Omega_c}\right)^{2N}=0$$

$$\left(\frac{s}{j\Omega_c}\right)=(-1)^{\frac{1}{2N}}$$

$$s=j\Omega_c(-1)^{\frac{1}{2N}}$$

因为

$$(-1)=e^{j(2k-1)\pi}, j=e^{j\frac{\pi}{2}}$$

所以

$$s_k=\Omega_c e^{j\frac{(2k-1)\pi}{2N}}e^{j\frac{\pi}{2}}=\Omega_c e^{j\frac{(2k+N-1)\pi}{2N}} \quad (k=1,2,\cdots,2N) \tag{8.5}$$

由式(8.5)可以看出:极点分布在以 Ω_c 为半径的圆周上,且对称于 $j\Omega$ 轴,而且虚轴上无极点。当 N 为奇数时,实轴上有极点;当 N 为偶数时,实轴上无极点。

由 s 平面与 z 平面的映射关系可知,只有 s 左半平面内的极点,才能映射到 z 平面的单位圆,而全部极点在单位圆内的系统,才是稳定的系统。因此 AF 的系统函数由 s 左半平面内的

极点构成,其一般形式为

$$H_a(s) = \frac{A}{\prod_{k=1}^{N}(s-s_k)}$$

其中

$$s_k = \Omega_c e^{j(2k+N-1)/(2N)}$$

对于低通滤波器,为了保证 $\Omega=0$ 处的幅频特性为 1,即 $|H_a(s)|_{s=0}=1$,可取

$$A = (-1)^N \prod_{k=1}^{N} s_k$$

因此得

$$H_a(s) = (-1)^N \prod_{k=1}^{N} \frac{s_k}{(s-s_k)} \tag{8.6}$$

N 阶归一化($\Omega_c=1$)巴特沃思滤波器传递函数表示为

$$H_a(s) = \frac{1}{\prod_{k=1}^{N}(s-s_k)} = \frac{1}{s^N + a_1 s^{N-1} + \cdots + a_{N-1}s + a_N} \tag{8.7}$$

当 N 为奇数($N \geq 3$)时,分母多项式 $D(s)$ 可分解为

$$D(s) = (s+a_0) \prod_{k=1}^{(N-1)/2} (s^2 + \alpha_k s + \beta_k) \tag{8.8}$$

其系数如表 8.1 所示。

表 8.1 巴特沃思滤波器的系数(N 为奇数)

N	α_0	α_1	β_1	α_2	β_2	α_3	β_3	α_4	β_4
1	1.00000								
3	1.00000	1.00000	1.00000						
5	1.00000	0.61803	1.00000	1.61803	1.00000				
7	1.00000	0.44504	1.00000	1.24698	1.00000	1.80194	1.00000		
9	1.00000	0.34730	1.00000	1.00000	1.00000	1.53209	1.00000	1.87939	1.00000

当 N 为偶数($N \geq 4$)时,分母多项式 $D(s)$ 可分解为

$$D(s) = \prod_{k=1}^{N/2} (s^2 + \alpha_k s + \beta_k) \tag{8.9}$$

其系数如表 8.2 所示。

表 8.2 巴特沃思滤波器的系数(N 为偶数)

N	α_1	β_1	α_2	β_2	α_3	β_3	α_4	β_4	α_5	β_5
2	1.41421	1.00000								
4	0.76537	1.00000	1.84776	1.00000						
6	0.51764	1.00000	1.41421	1.00000	1.93185	1.00000				
8	0.39018	1.00000	1.11114	1.00000	1.66294	1.00000	1.96157	1.00000		
10	0.31287	1.00000	0.90798	1.00000	1.41421	1.00000	1.78201	1.00000	1.97538	1.0000

图 8.3 是巴特沃思滤波器的极点分布。图 8.4 是巴特沃思滤波器的单位脉冲响应。图 8.5 是巴特沃思滤波器的幅频特性曲线和相频特性曲线。

例 8.1 设计一个满足条件 $\Omega_p = 100 \text{krad/s}$,$A_p = 3\text{dB}$,$\Omega_{st} = 400 \text{krad/s}$,$A_s = 35\text{dB}$ 的巴特

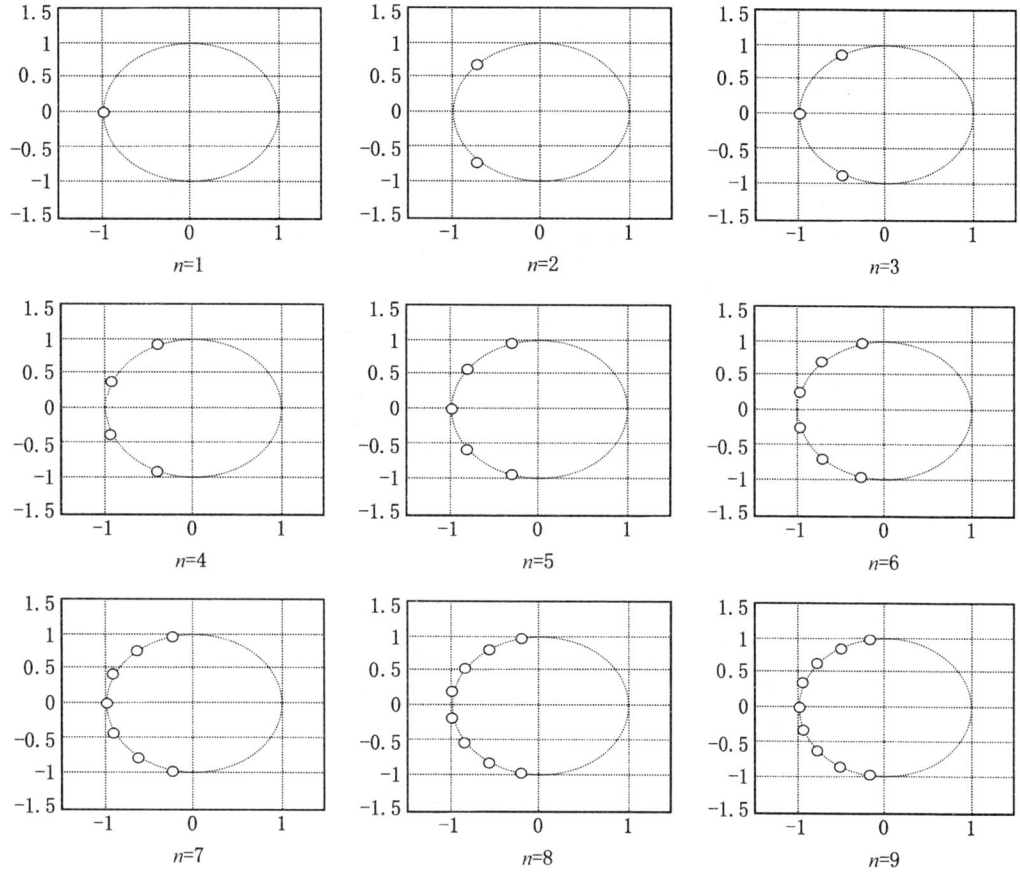

图8.3 巴特沃思滤波器的极点分布

沃思模拟低通滤波器。

解：(1)确定 N 和 Ω_c

$$\lambda = \frac{\Omega_p}{\Omega_{st}} = \frac{1}{4} = 0.25$$

$$k = \frac{10^{0.1A_p}-1}{10^{0.1A_s}-1} = \frac{1.9952623-1}{3162.2777-1} = \frac{0.9952623}{3161.2777} = 3.14729 \times 10^{-4}$$

$$N = \frac{\lg k}{2\lg \lambda} = \frac{\lg 3.14729 \times 10^{-4}}{2\lg 0.25} = \frac{-3.5}{-1.2} = 2.9 \approx 3$$

$$\left(\frac{\Omega_p}{\Omega_{c1}}\right)^{2N} = 10^{0.1A_p}-1$$

$$\Omega_{c1} = \frac{\Omega_p}{\sqrt[2N]{10^{0.1A_p}-1}} = \frac{100}{0.9992088} = 100.07918 \text{(krad/s)}$$

$$\Omega_{c2} = \frac{\Omega_{st}}{\sqrt[2N]{10^{0.1A_{st}}-1}} = \frac{400}{3.8309849} = 104.41179 \text{(krad/s)}$$

$$\Omega_c = \frac{(\Omega_{c1}+\Omega_{c2})}{2} = 102.25 \text{(krad/s)}$$

(2)求极点

$$s_k = \Omega_c e^{j(2k+N-1)\frac{\pi}{2N}} = \Omega_c e^{j(2k+3-1)\frac{\pi}{6}}$$

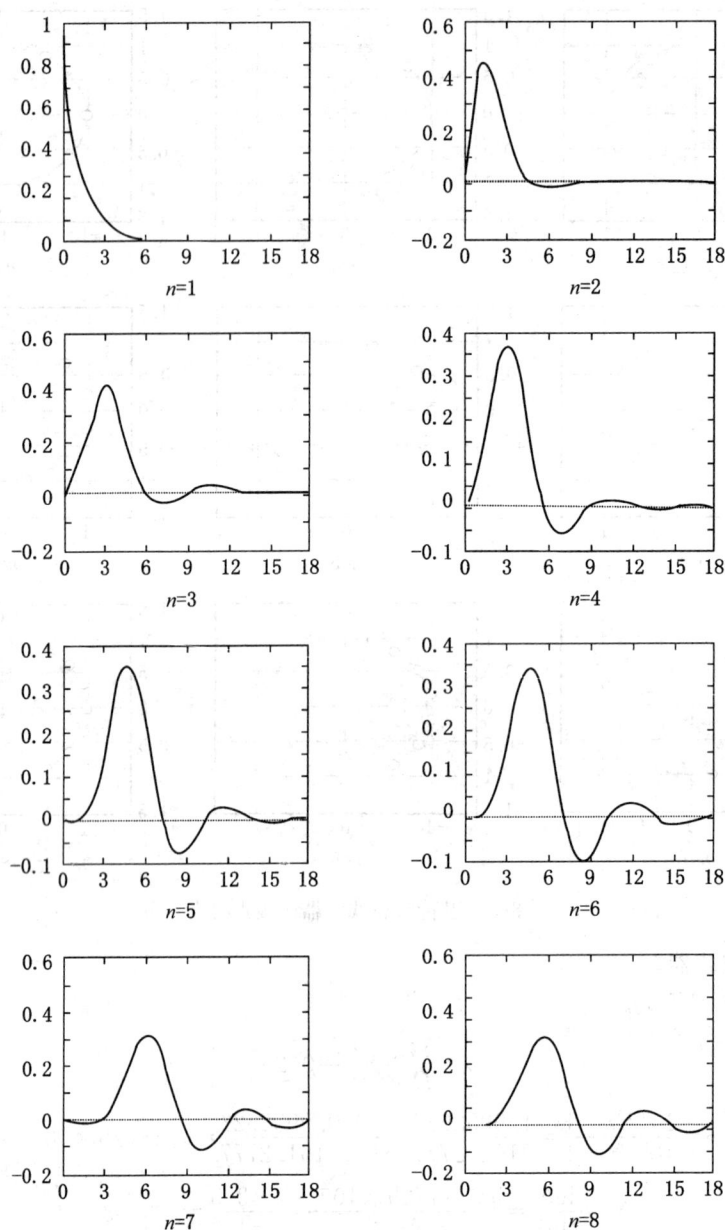

图 8.4 巴特沃思滤波器的单位脉冲响应

$$s_1 = \Omega_c e^{j(2+3-1)\frac{\pi}{6}} = \Omega_c e^{j\frac{2\pi}{3}} = -\frac{1}{2} + \frac{\sqrt{3}}{2}j$$

$$s_2 = \Omega_c e^{j(4+3-1)\frac{\pi}{6}} = \Omega_c e^{j\pi} = -1$$

$$s_3 = \Omega_c e^{j(6+3-1)\frac{\pi}{6}} = \Omega_c e^{j\frac{4\pi}{3}} = -\frac{1}{2} - \frac{\sqrt{3}}{2}j$$

(3) 确定系统函数 $H_a(s)$

$$H_a(s) = \frac{A}{(s - \Omega_c e^{j2\pi/3})(s - \Omega_c e^{j\pi})(s - \Omega_c e^{j4\pi/3})}$$

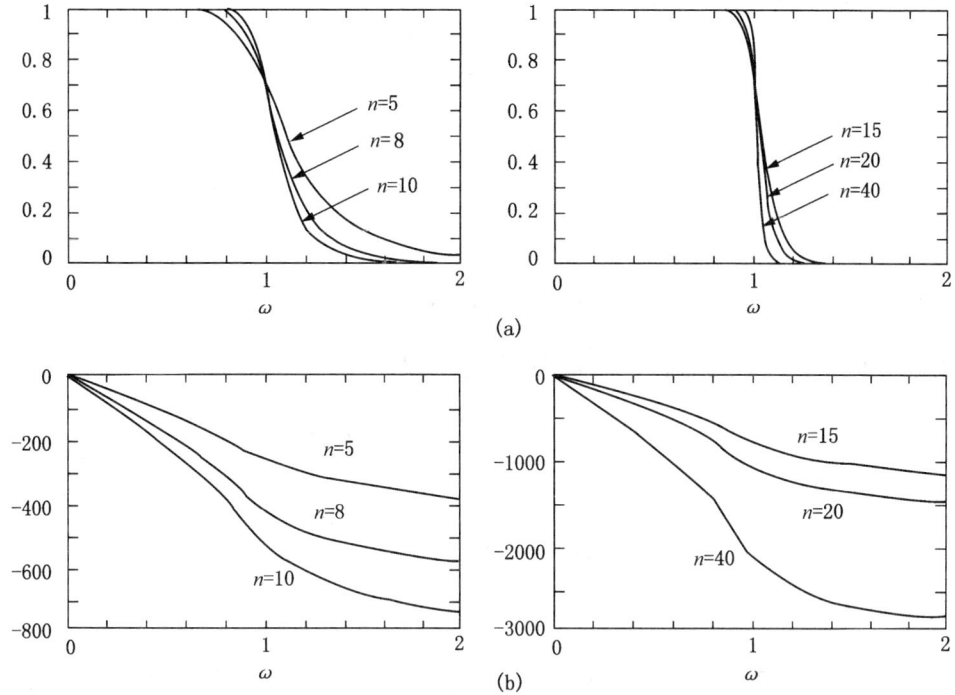

图 8.5 巴特沃思滤波器的幅频特性曲线和相频特性曲线
(a)巴特沃思滤波器的幅频特性曲线;(b)巴特沃思滤波器的相频特性曲线

求待定系数 A。因为低通滤波器在 $s=0$ 处,其振幅谱 $|H_a(0)|=1$,所以

$$A=\Omega_c^3(-e^{j2\pi/3})(-e^{j\pi})(-e^{j\frac{4\pi}{3}})=\Omega_c^3 e^{j\pi(2+4)/3}=\Omega_c^3$$

系统函数

$$H_a(s)=\frac{\Omega_c^3}{s^3+2\Omega_c s^2+2\Omega_c^2 s+\Omega_c^3}$$

注:先假设 $\Omega_c=1$,根据 N 直接查巴特沃思系数表,再将 Ω_c 代入 $H_a(s)$,即可求得。

8.1.3 模拟滤波器 AF 转换数字滤波器 DF 的方法

1. 脉冲响应不变法

1)原理

已知模拟滤波器 AF 的系统函数 $H_a(s)$,求 $h_a(t)=\mathscr{L}^{-1}[H_a(s)]$。

设抽样间隔为 T,将 $h_a(t)$ 离散化,即 $h(n)=h_a(t)|_{t=nT}=h_a(nT)$,则 $h_a(nT)$ 与 $h(n)$ 在抽样点上的取值是相等的,即脉冲响应是不变的。

2)转换步骤

(1)求 $h_a(t)=\mathscr{L}^{-1}[H_a(s)]$。设 AF 的 $H_a(s)$ 只含有一阶极点,且 $M<N$,即

$$H_a(s)=\frac{\sum_{r=0}^{M}b_r s^r}{1+\sum_{k=1}^{N}a_r s^k} \tag{8.10}$$

则 $H_a(s)$ 可以表示成部分分式之和

$$H_a(s) = \sum_{k=1}^{N} \frac{A_k}{s - s_k} \tag{8.11}$$

因为

$$\mathscr{L}^{-1}\left(\frac{1}{s-a}\right) = e^{at} u(t)$$

所以

$$h_a(t) = \sum_{k=1}^{N} A_k e^{s_k t}$$

(2) 对 $h_a(t)$ 进行等间隔抽样。设抽样间隔为 T,则

$$h(n) = h_a(nT) = \sum_{k=1}^{N} A_k e^{s_k nT} u(n) \tag{8.12}$$

(3) 求 $h(n)$ 的 z 变换得到数字滤波器的系统函数为

$$H(z) = \sum_{n=-\infty}^{+\infty} h(n) z^{-n}$$

将式(8.12)代入上式得

$$H(z) = \sum_{n=0}^{+\infty} \left(\sum_{k=1}^{N} A_k e^{s_k nT}\right) z^{-n} = \sum_{k=1}^{N} A_k \sum_{n=0}^{+\infty} (e^{s_k T}/z)^n = \sum_{k=1}^{N} \frac{A_k}{1 - e^{s_k T} z^{-1}} \tag{8.13}$$

如果模拟滤波器的系统函数是稳定的,其极点 s_k 应位于 s 左半平面,即 $\text{Re}[s_k] < 0$。由式(8.13)可见,对 z 平面的极点 z_k,有 $|z_k| = |e^{s_k T}| < 1$,即 z_k 位于单位圆内。因此,$H(z)$ 是一个稳定的离散系统函数。

3) 频率响应

设模拟滤波器的频率响应为 $H_a(j\Omega)$,由于数字滤波器的单位脉冲响应 $h(n)$ 是 $h_a(t)$ 的等间隔抽样结果,因此数字滤波器的频谱是模拟滤波器频谱 $H_a(j\Omega)$ 的周期延拓,即

$$H(e^{j\omega}) = \frac{1}{T} \sum_{m=-\infty}^{+\infty} H_a(j\Omega - jm\Omega_s)$$

因为 $\omega = T\Omega$,抽样频率 $\Omega_s = 2\pi/T$,所以

$$H(e^{j\omega}) = \frac{1}{T} \sum_{m=-\infty}^{+\infty} H_a\left(j\frac{\omega}{T} - jm\frac{2\pi}{T}\right) \tag{8.14}$$

从式(8.14)可以看出:

(1) 当 T 很小时,数字滤波器的增益会很大。为了避免增益不随抽样周期的变化而变化,可以作如下修正:令 $h(n) = Th_a(nT)$,当 $\Omega_c \neq 1$ 时,有

$$H_a\left(\frac{s}{\Omega_c}\right) = \sum_{k=1}^{N} \frac{A_k}{(s/\Omega_c) - s_k} = \sum_{k=1}^{N} \frac{A_k \Omega_c}{s - s_k \Omega_c}$$

则

$$H(z) = \sum_{k=1}^{N} \frac{T\Omega_c A_k}{1 - e^{s_k T\Omega_c} z^{-1}} = \sum_{k=1}^{N} \frac{\omega_c A_k}{1 - e^{s_k \omega_c} z^{-1}} \tag{8.15}$$

$$H(e^{j\omega}) = \sum_{m=-\infty}^{+\infty} H_a\left(j\frac{\omega}{T} - jm\frac{2\pi}{T}\right), |\omega| \leq \pi \tag{8.16}$$

(2) 模拟频率与数字频率呈线性关系 $\omega = \Omega T$。

(3) $H_a(s)$ 到 $H(z)$ 的映射是多值映射关系,如图 8.6 所示。

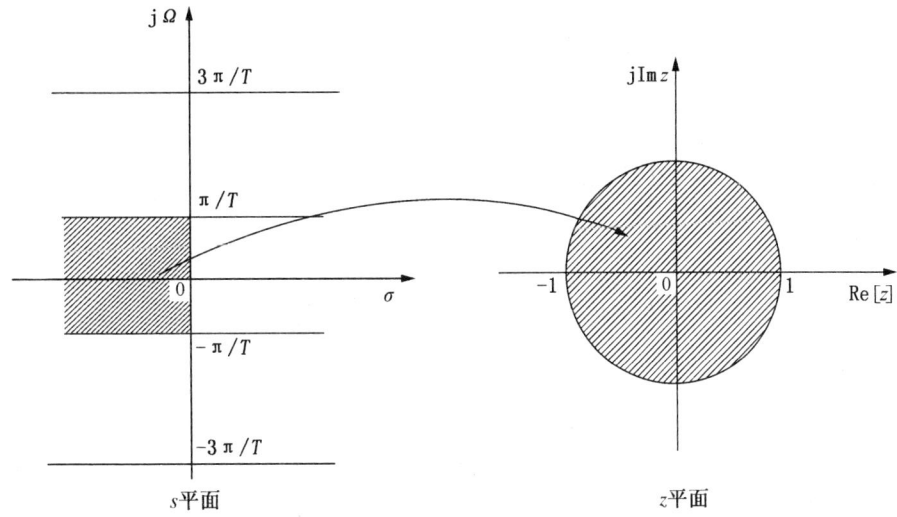

图 8.6 脉冲响应不变法的映射关系

(4)脉冲响应不变法不足之处:若 AF 是有限带宽,当 $T \leqslant 1/2f_m$ 时,AF 可以由 DF 恢复;若 AF 不是有限带宽或 AF 是有限带宽,但 $T > 1/2f_m$ 时,则产生频谱混叠现象,DF 与 AF 有较大的差异,如图 8.7 所示。

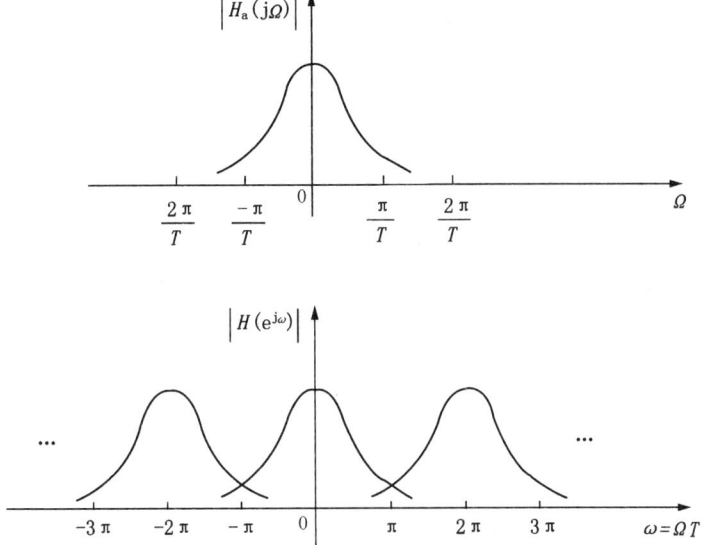

图 8.7 脉冲响应不变法中的频响混叠现象

脉冲响应不变法只适用于设计低通或带通滤波器。

例 8.2 已知模拟低通滤波器的传递函数为 $H_a(s) = \dfrac{1}{s^2+3s+2} = \dfrac{1}{(s+1)(s+2)}$,求 $T=1$ 时的 DF 的系统函数和频率响应。

解:(1) $H(z) = \dfrac{1}{1-e^{-T}z^{-1}} - \dfrac{1}{1-e^{-2T}z^{-1}} = \dfrac{T(e^{-T}-e^{-2T})z^{-1}}{1-(e^{-T}+e^{-2T})z^{-1}+e^{-3T}z^{-2}}$

把

$$\begin{cases} e^{-1}=0.367879441 \\ e^{-2}=0.135335283 \\ e^{-3}=0.049787000 \end{cases}$$

代入,得

$$H(z)=\frac{(0.36788-0.13534)z^{-1}}{1-(0.36788+0.13534)z^{-1}+0.04979z^{-2}}=\frac{0.2325z^{-1}}{1-0.5032z^{-1}+0.0498z^{-2}}$$

(2) AF 的频响为

$$H_a(s)\big|_{s=j\Omega}=\frac{1}{s^2+3s+2}\bigg|_{s=j\Omega}=\frac{1}{(2-\Omega^2)+j3\Omega}$$

(3) DF 的频响为

$$H(z)\big|_{z=e^{j\omega}}=|H(e^{j\omega})|=\frac{0.2325e^{-j\omega}}{1-0.5032e^{-j\omega}+0.0498e^{-j2\omega}}$$

2. 双线性变换法

1) s 域与 z 域之间的变换关系

数字滤波器的差分方程是模拟滤波器的微分方程的近似解。数值近似的方法有很多,直接用差分代替微分,误差较大;如果将差分项看作微分项的积分结果,再对积分作数值近似,则误差较小。

设一阶微方程为

$$y'(t)+\lambda y(t)=kx(t) \qquad (8.17)$$

把 $y(t)-y(t_0)$ 表示成 $y'(t)$ 的积分形式

$$y(t)=y(t_0)+\int_{t_0}^{t}y'(t)\mathrm{d}t$$

令 $t=nT, t_0=(n-1)T$,其中 T 为抽样间隔,则上式为

$$y(nT)=y[(n-1)T]+\int_{(n-1)T}^{nT}y'(t)\mathrm{d}t$$

将上式中积分用梯形面积来近似,可写成

$$y(nT)=y[(n-1)T]+\frac{T}{2}\{y'(nT)+y'[(n-1)T]\} \qquad (8.18)$$

由式(8.17)得

$$y'(nT)=-\lambda y(nT)+kx(nT)$$
$$y'[(n-1)T]=-\lambda y[(n-1)T]+kx[(n-1)T]$$

将上述两式代入式(8.18),不写自变量中的 T 得

$$y(n)-y(n-1)=\frac{T}{2}\{-\lambda[y(n)+y(n-1)]+k[x(n)-x(n-1)]\} \qquad (8.19)$$

对式(8.19)作 z 变换得

$$Y(z)\left(1-z^{-1}+\frac{T\lambda}{2}+\frac{T\lambda}{2}z^{-1}\right)=\frac{Tk}{2}X(z)(1+z^{-1})$$

于是数字滤波器的系统函数为

$$\frac{Y(z)}{T}\left(1-z^{-1}+\frac{T\lambda}{2}+\frac{T\lambda}{2}z^{-1}\right)=\frac{k}{2}X(z)(1+z^{-1})$$

$$H(z)=\frac{Y(z)}{X(z)}=\frac{k(1+z^{-1})}{\dfrac{2}{T}\left[1-z^{-1}+\dfrac{T\lambda}{2}(1+z^{-1})\right]}$$

$$=\frac{k(1+z^{-1})}{\dfrac{2}{T}(1+z^{-1})\left[\dfrac{1-z^{-1}}{1+z^{-1}}+\dfrac{T\lambda}{2}\right]}=\frac{k}{\dfrac{2}{T}\dfrac{1-z^{-1}}{1+z^{-1}}+\lambda} \tag{8.20}$$

对式(8.17)求拉普拉斯变换得

$$Y(s)(s+\lambda)=kX(s) \Rightarrow H_a(s)=\frac{k}{s+\lambda} \tag{8.21}$$

比较式(8.20)和式(8.21),得

$$s=\frac{2}{T}\frac{1-z^{-1}}{1+z^{-1}}$$

$$\frac{sT}{2}=\frac{z-1}{z+1}$$

$$\frac{sT}{2}z+\frac{sT}{2}=z-1$$

$$z\left(1-\frac{sT}{2}\right)=1+\frac{sT}{2}$$

$$z=\frac{1+sT/2}{1-sT/2}$$

即

$$\begin{cases} s=\dfrac{2}{T}\dfrac{1-z^{-1}}{1+z^{-1}} \\ z=\dfrac{1+sT/2}{1-sT/2} \end{cases} \tag{8.22}$$

2) 模拟频率 Ω 与数字频率 ω 之间的变换关系

将 $s=j\Omega, z=e^{j\omega}$ 代入 $s=\dfrac{2}{T}\dfrac{1-z^{-1}}{1+z^{-1}}$,得

$$j\Omega=\frac{2}{T}\frac{1-e^{-j\omega}}{1+e^{-j\omega}}=\frac{2}{T}\frac{e^{-j\omega/2}(e^{j\omega/2}-e^{-j\omega/2})}{e^{-j\omega/2}(e^{j\omega/2}+e^{-j\omega/2})}=j\frac{2}{T}\frac{\sin\omega}{\cos 2}$$

即

$$\Omega=\frac{2}{T}\tan\frac{\omega}{2} \tag{8.23}$$

模拟频率 Ω 与数字频率 ω 之间是非线性关系。

为了避免非线性失真,用式(8.23)进行预畸变或预失真校正(prewarping),即给定 DF 的 ω_p 和 ω_{st} 后,按式(8.23)算出模拟频率 Ω_p 和 Ω_{st},按 Ω_p 和 Ω_{st} 设计模拟滤波器,再将 AF⇒DF,如图 8.8 所示。

3) 双线性变换的映射关系

(1) 将 s 平面压缩到 s_1(过滤)平面、宽度为 $2\pi/T$ 的条带里;

(2) 将 s_1 平面映射到 s 平面的单位圆内,如图 8.9 所示。

4) 说明

(1) AF 归一化传递函数的一般形式。

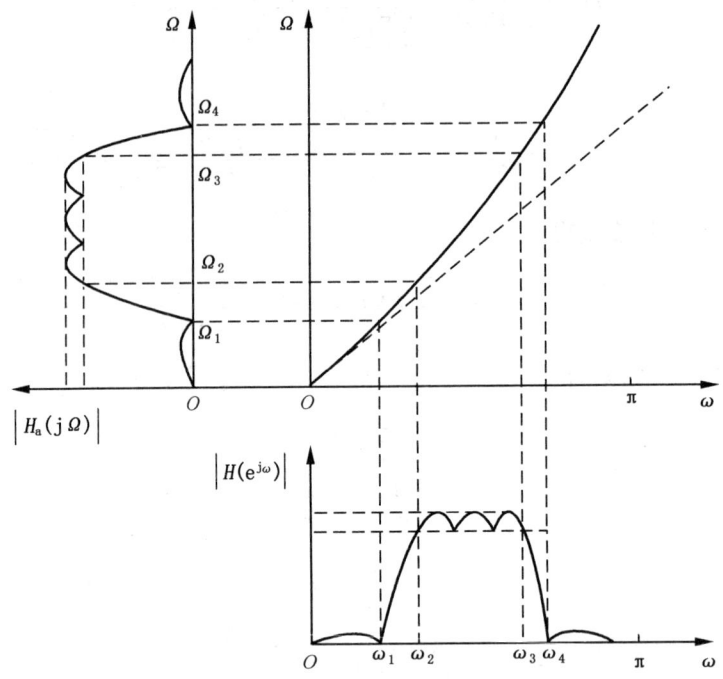

图 8.8 双线性变换的频率非线性预畸变

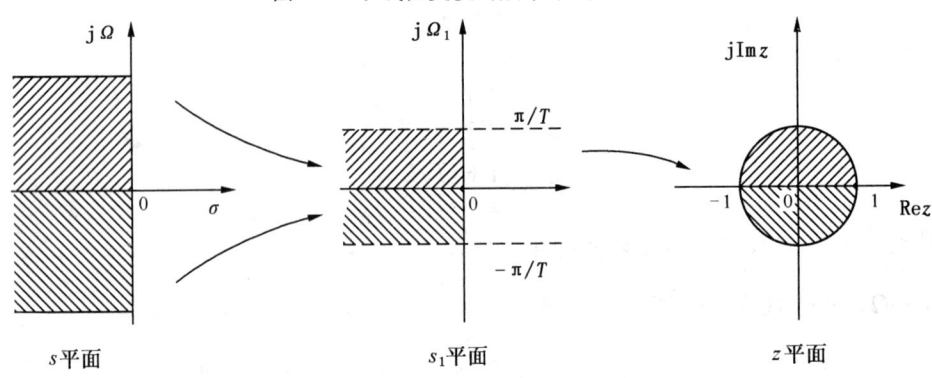

图 8.9 双线性变换的映射关系

当 N 为偶数时

$$G(p)=\sum_{k=1}^{N/2}G_k(p), p=\frac{s}{\Omega_c}$$

$$G_k(p)=\frac{1}{(p-p_k)(p-p_{N+1-k})}=\frac{1}{p^2-2p\cos\left(\frac{2k+N-1}{2N}\pi\right)+1}$$

式中 $G_k(p)$——共轭极点构成的二阶子系统。

当 N 为奇数时

$$G(p)=\frac{1}{p+1}\sum_{k=1}^{(N-1)/2}G_k(p)$$

当 N 确定后,查巴特沃思系数表得 $G(p)$,而实际需要的传递函数为 $H_a(s)=G(p)\Big|_{p=\frac{s}{\Omega_c}}$。

(2)关于系数 $2/T$。因为

$$p = \frac{s}{\Omega_c}$$

而

$$\begin{cases} \Omega = \frac{2}{T} \tan \frac{\omega}{2} \\ s = \frac{2}{T} \frac{1-z^{-1}}{1+z^{-1}} \end{cases}$$

所以

$$p = \left(\frac{2}{T} \frac{1-z^{-1}}{1+z^{-1}}\right) \Big/ \left(\frac{2}{T} \tan \frac{\omega_c}{2}\right) = \frac{1-z^{-1}}{1+z^{-1}} \Big/ \tan \frac{\omega_c}{2}$$

因此,在实际计算时,可以将 $\frac{2}{T}$ 省去,即

$$s = \frac{1-z^{-1}}{1+z^{-1}}, \quad z = \frac{1+s}{1-s}, \quad \Omega = \tan \frac{\omega}{2}$$

例 8.3 用双线性变换法设计一个低通数字滤波器,其技术指标为:

通带截止频率 $f_p=100\text{Hz}$,衰减 $A_p=3\text{dB}$;

阻带截止频率 $f_{st}=200\text{Hz}$,衰减 $A_s=12\text{dB}$;

抽样频率 $f_s=1000\text{Hz}$,即 $T=1/f_s=0.001\text{s}$。

解:(1)求数字频率

$$\omega = \Omega T = 2\pi f T$$

$$\omega_p = 2\pi f_p T = 200 \times 0.001\pi = 0.2\pi$$

$$\omega_{st} = 2\pi f_{st} T = 400 \times 0.001\pi = 0.4\pi$$

(2)求模拟频率

$$\Omega = \tan \frac{\omega}{2}$$

$$\Omega_p = \tan \frac{0.2 \times 3.1416}{2} = 0.3249197$$

$$\Omega_{st} = \tan \frac{0.4 \times 3.1416}{2} = 0.7265425$$

(3)求 AF 的阶数 N 和 Ω_c。令

$$\lambda = \frac{\Omega_p}{\Omega_{st}} = \frac{0.325}{0.727} = 0.4472136$$

$$k = \frac{10^{0.3}-1}{10^{1.2}-1} = \frac{0.9952623}{14.848932} = 0.0670258$$

$$N = \frac{\lg k}{2\lg \lambda} = \frac{-1.1737577}{-0.6989699} = 1.679 \approx 2$$

$$\Omega_{c1} = \frac{\Omega_p}{\sqrt[2N]{10^{0.3}-1}} = \frac{0.3249197}{0.9988134} = 0.3253056$$

$$\Omega_{c2} = \frac{\Omega_{st}}{\sqrt[2N]{10^{1.2}-1}} = \frac{0.7265425}{1.9630158} = 0.3701154$$

$$\Omega_c = (\Omega_{c1}+\Omega_{c2})/2 = 0.3477105 \approx 0.35$$

(4)查巴特沃思表得归一化传递函数

$$H_a(p) = \frac{1}{p^2 + \sqrt{2}p + 1}$$

$$H_a(s) = \frac{1}{(s/\Omega_c)^2 + \sqrt{2}(s/\Omega_c) + 1}$$

$$= \frac{\Omega_c^2}{s^2 + \sqrt{2}\Omega_c s + \Omega_c^2} = \frac{0.35^2}{s^2 + 0.495s + 0.1225}$$

(5) 求 DF 的系统函数

$$H(z) = H_a(s)\bigg|_{s=\frac{z-1}{z+1}} = \frac{a}{\left(\frac{z-1}{z+1}\right)^2 + b\frac{z-1}{z+1} + a}$$

$$= \frac{a(z+1)^2}{(z-1)^2 + b(z-1)(z+1) + a(z+1)^2}$$

$$= \frac{a(z^2 + 2z + 1)}{z^2 - 2z + 1 + b(z^2 - 1) + a(z^2 + 2z + 1)}$$

$$= \frac{a(z^2 + 2z + 1)}{z^2(1 + a + b) + 2(a-1)z + (a-b+1)}$$

$$= \frac{0.1225(1 + 2z^{-1} + z^{-2})}{(1+a+b) + 2(a-1)z^{-1} + (a-b+1)z^{-2}}$$

$$H(z) = \frac{0.1225(1 + 2z^{-1} + z^{-2})}{1.6175 - 1.755z^{-1} + 0.6275z^{-2}}$$

$$= \frac{0.076(1 + 2z^{-1} + z^{-2})}{1 - 1.085z^{-1} + 0.388z^{-2}}$$

如果用硬件实现，求出 DF 的系统函数 $H(z)$ 即可；如果用软件实现，最好求出 DF 的单位脉冲响应 $h(n)$。

可用下式求出振幅谱

$$A^2(\omega) = \frac{d_0 + \sum_{i=1}^{N} 2d_i \cos i\omega T}{c_0 + \sum_{i=1}^{N} 2c_i \cos i\omega T}$$

其中

$$c_i = \sum_{j=0}^{N-i} a_j a_{i+j}$$

$$d_i = \sum_{j=0}^{N-i} b_j b_{i+j}$$

8.2 IIR 滤波器的频率变换法

设计其他类型(HP,BP,BS)的 IIR 滤波器，通常先设计一个模拟低通滤波器 $H_L(s)$，然后用双线性变换法将 $H_L(s)$ 变换成数字低通滤波器 $H_L(z)$，再用频率变换法将 $H_L(z)$ 变换成所需类型的数字滤波器 $H_d(z)$，这就是所谓的频率变换法或原型变换法。

设变换前的平面为 z，变换后的平面为 Z，则 z 到 Z 的映射关系为

$$z^{-1} = G(Z^{-1}) \tag{8.24}$$

于是有

$$H_d(Z) = H_L(z)\Big|_{z^{-1}=G(Z^{-1})} \qquad (8.25)$$

因此,变换函数 $G(Z^{-1})$ 必须满足以下条件:

(1) 为了使变换满足频响要求,z 平面的单位圆必须映射成 Z 平面的单位圆;

(2) 为了保证 $H_L(z)$ 和 $H_d(Z)$ 的因果及稳定性,要求 z 平面的单位圆内部必须映射到 Z 平面的单位圆内部;

(3) 由于 $H_L(z)$ 是 z^{-1} 的有理函数,为了保证 $H_d(Z)$ 也是 Z^{-1} 的有理函数,要求 $G(Z^{-1})$ 必须是 Z^{-1} 的有理函数。

设 θ 和 ω 分别为 z 平面和 Z 平面的数字频率变量,即 $z=e^{j\theta}$,$Z=e^{j\omega}$,根据式(8.24)可得

$$e^{-j\theta} = G(e^{-j\omega}) = |G(e^{-j\omega})|e^{j\arg[G(e^{-j\omega})]} \qquad (8.26)$$

观察式(8.26)两端,可以得到

$$|G(e^{-j\omega})| = 1 \qquad (8.27)$$

$$\theta = -\arg[G(e^{-j\omega})] \qquad (8.28)$$

式(8.27)表明 $G(e^{-j\omega})$ 的模必须恒等于1,这样的函数就是全通函数,N 阶全通函数可表示为

$$G(Z^{-1}) = \pm \prod_{i=1}^{N} \frac{Z^{-1} - a_i^*}{1 - a_i Z^{-1}} \qquad (8.29)$$

其中,a_i 是 $G(Z^{-1})$ 的极点,可以是实数,也可以是共轭复数,但必须保证极点在单位圆内,即 $|a_i|<1$(稳定性要求),$G(Z^{-1})$ 的所有零点都是其极点的共轭倒数($1/a_i^*$);N 是滤波器的通带个数,当 ω 从 0 变到 π 时,全通函数的变化量为 $N\pi$。因此,选择合适的 N 和 a_i,可得到各类变换。

8.2.1 数字低通⇒数字低通

此时,$H_L(e^{j\theta})$ 和 $H_d(e^{j\omega})$ 都是低通滤波器,只是截止频率不同,因而 θ 从 0 变到 π 时,相应的 ω 也从到 0 变到 π,按全通函数相应变化量为 $N\pi$,故取 $N=1$,因此一阶全通函数为

$$z^{-1} = G(Z^{-1}) = \frac{Z^{-1} - a_1}{1 - a_1 Z^{-1}} \qquad (8.30)$$

式中 a_1——实数。

式(8.30)满足 $G(1)=1$,$G(-1)=-1$ 的变换关系,且需 $|a_1|<1$。将 $z=e^{j\theta}$,$Z=e^{j\omega}$ 代入式(8.30),则式(8.30)变为

$$e^{-j\theta} = \frac{e^{-j\omega} - a_1}{1 - a_1 e^{-j\omega}} \qquad (8.31)$$

$$e^{-j\omega} = \frac{e^{-j\theta} + a_1}{1 + a_1 e^{-j\theta}} = e^{-j\theta}\frac{1 + a_1 e^{j\theta}}{1 + a_1 e^{-j\theta}} = e^{-j\theta}\frac{1 + a_1\cos\theta + ja_1\sin\theta}{1 + a_1\cos\theta - ja_1\sin\theta}$$

频率间的关系为

$$\omega = \theta - \arctan\frac{a_1\sin\theta}{1+a_1\cos\theta} + \arctan\frac{-a_1\sin\theta}{1+a_1\cos\theta} = \theta - 2\arctan\frac{a_1\sin\theta}{1+a_1\cos\theta}$$

即

$$\omega = \theta - 2\arctan\frac{a_1\sin\theta}{1+a_1\cos\theta} = \arctan\frac{(1-a_1^2)\sin\theta}{2a_1+(1+a_1^2)\cos\theta} \qquad (8.32)$$

θ 与 ω 的关系如图 8.10 所示。

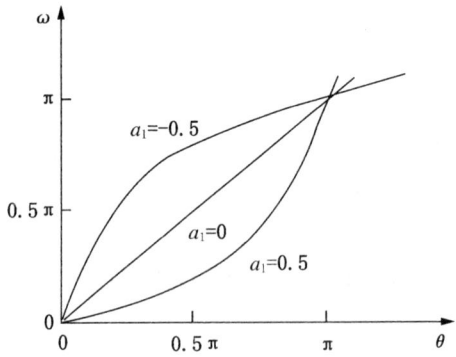

图 8.10 数字低通到数字低通变换的频率间非线性关系

除 $a_1=0(\omega=\theta)$ 外,其他 a_1 所对应的频率变换都是非线性变换关系:当 $a_1>0$ 时,表示频率压缩;当 $a_1<0$ 时,表示频率扩张。

设变换前低通滤波器的截止频率为 θ_c,变换后低通滤波器的截止频率为 ω_c,将它们代入式(8.31),可解得所需 a_1 值为

$$a_1=\frac{\sin\frac{\theta_c-\omega_c}{2}}{\sin\frac{\theta_c+\omega_c}{2}} \quad (8.33)$$

推导如下

$$e^{-j\theta_c}=\frac{e^{-j\omega_c}-a_1}{1-a_1 e^{-j\omega_c}}$$

$$e^{-j\theta_c}-a_1 e^{-j\theta_c}e^{-j\omega_c}=e^{-j\omega_c}-a_1$$

$$e^{-j\theta_c}-e^{-j\omega_c}=a_1[e^{-j\theta_c}e^{-j\omega_c}-1]$$

$$a_1=\frac{e^{-j\theta_c}-e^{-j\omega_c}}{e^{-j\theta_c}e^{-j\omega_c}-1}=\frac{e^{-j(\theta_c+\omega_c)/2}[e^{-j(\theta_c-\omega_c)/2}-e^{j(\theta_c-\omega_c)/2}]}{e^{-j(\theta_c+\omega_c)/2}[e^{-j(\theta_c+\omega_c)/2}-e^{j(\theta_c+\omega_c)/2}]}$$

$$a_1=\frac{e^{j(\theta_c-\omega_c)/2}-e^{-j(\theta_c-\omega_c)/2}}{e^{j(\theta_c+\omega_c)/2}-e^{-j(\theta_c+\omega_c)/2}}$$

当 a_1 求出之后,就可实现低通滤波器到低通滤波器变换,即

$$H_d(Z)=H_L(z)\Big|_{z^{-1}=\frac{Z^{-1}-a_1}{1-a_1 Z^{-1}}} \quad (8.34)$$

图 8.11 是数字低通到数字低通变换的示意图。

例 8.4 已知 $H_L(z)=\dfrac{3(z+1)^2}{31z^2-26z+7}$,$f_{c1}=2\text{kHz}$,$f_s=8\text{kHz}$,利用 $H_L(z)$ 设计一个截止频率为 $f_{c2}=1\text{kHz}$ 的低通滤波器。

解:(1)
$$\theta_p=4\pi/8$$
$$\omega_p=2\pi/8$$
$$\theta_p+\omega_p=3\pi/4$$
$$\theta_p-\omega_p=\pi/4$$

(2) $$a=\frac{\sin\dfrac{\theta_p-\omega_p}{2}}{\sin\dfrac{\theta_p+\omega_p}{2}}=\frac{\sin\dfrac{\pi}{8}}{\sin\dfrac{3\pi}{8}}=0.4142$$

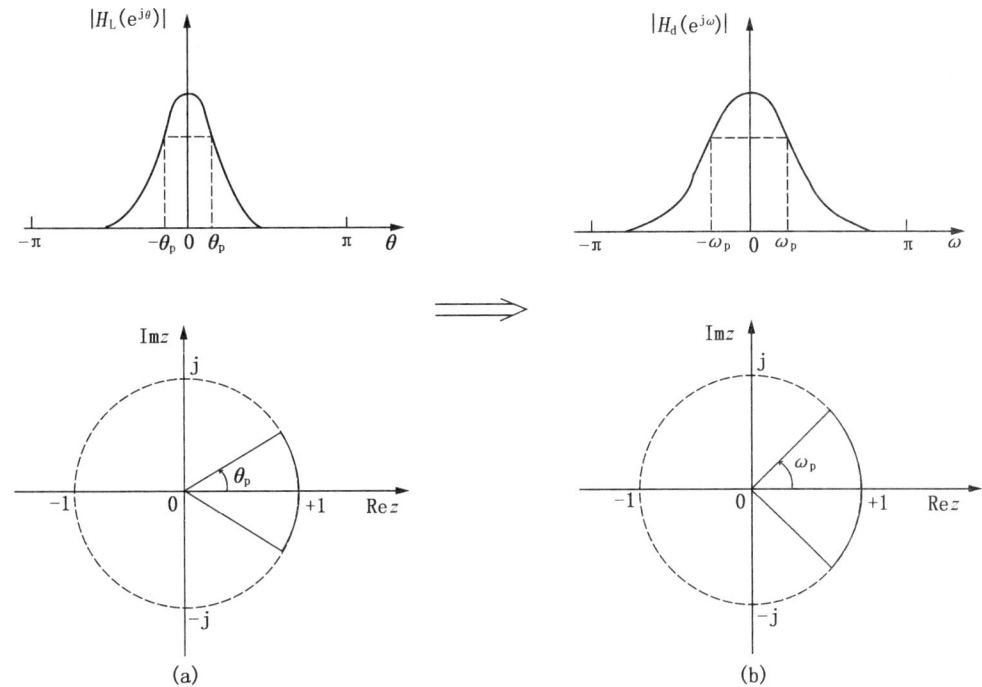

图 8.11 数字低通到数字低通的变换

(3) $\quad H_d(Z) = H_L(z)\Big|_{z^{-1}=\frac{Z^{-1}-0.4142}{1-0.4142Z^{-1}}} = \dfrac{0.05784(Z+1)^2}{Z^2-1.44146Z+0.5373}$

8.2.2 数字低通⇒数字高通

将低通滤波器变成高通滤波器,只需将频响旋转 180°或将式(8.30)中的 Z 用 $-Z$ 代替即可。变换公式为

$$z^{-1} = -\frac{Z^{-1}+a_2}{1+a_2 Z^{-1}} \tag{8.35}$$

变换参数为

$$a_2 = -\frac{\cos\dfrac{\theta_p+\omega_p}{2}}{\cos\dfrac{\theta_p-\omega_p}{2}} \tag{8.36}$$

图 8.12 是数字低通到数字高通变换的示意图。

8.2.3 数字低通⇒数字带通

低通到带通的变换,必须满足以下关系:
(1) $z=1 \Rightarrow Z=e^{\pm j\omega_0}$;
(2) $e^{j\theta_p} \Rightarrow e^{j\omega_2}$;
(3) $e^{-j\theta_p} \Rightarrow e^{j\omega_1}$。

当 θ 由 $0 \rightarrow \pi$ 时,ω 由 $\omega_0 \rightarrow \pi$;当 θ 由 $-\pi \rightarrow 0$ 时,ω 由 $0 \rightarrow \omega_0$。
带通滤波器在 $0 \sim 2\pi$ 有两个通带,变换函数需要映射单位圆两次,故取 $N=2$。带通变换

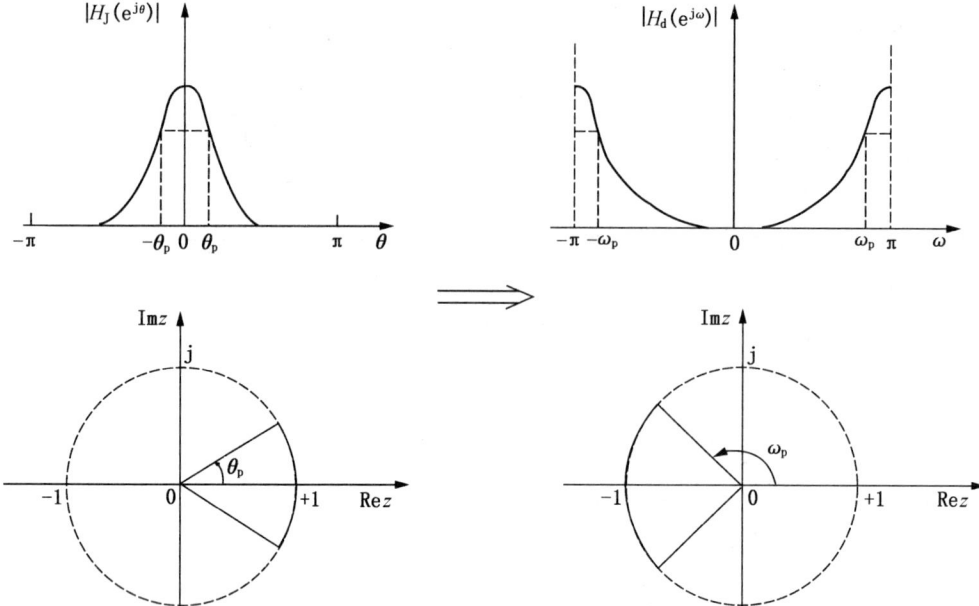

图 8.12 数字低通到数字高通的变换

可以看成是低通变换与高通变换的组合,所以变换函数为

$$z^{-1}=G(Z^{-1})=-\frac{Z^{-1}-a_1}{1-a_1Z^{-1}}\cdot\frac{Z^{-1}+a_2}{1+a_2Z^{-1}}$$

$$=-\frac{Z^{-2}+d_1Z^{-1}+d_2}{d_2Z^{-2}+d_1Z^{-1}+1} \tag{8.37}$$

经推导可求得

$$\begin{cases}d_1=\dfrac{-2ak}{k+1}\\ d_2=\dfrac{k-1}{k+1}\end{cases} \tag{8.38}$$

其中

$$\begin{cases}a=\dfrac{\cos\dfrac{\omega_2+\omega_1}{2}}{\cos\dfrac{\omega_2-\omega_1}{2}}\\ k=\tan\dfrac{\theta_p}{2}\cot\dfrac{\omega_2-\omega_1}{2}\end{cases}$$

式中 ω_2,ω_1——带通滤波器的上、下截止频率。

图 8.13 是数字低通到数字带通变换的示意图。

例 8.5 用如下低通滤波器的系统函数

$$H_L(z)=\frac{3(z+1)^2}{31z^2-26z+7}, f_{c1}=2\text{kHz}, f_s=8\text{kHz}$$

设计一个频率边界为 $f_1=1\text{kHz}, f_2=3\text{kHz}$ 的带通滤波器。

解:(1)
$$\omega_1=2\pi f_1/f_s=\pi/4$$
$$\omega_2=2\pi f_2/f_s=3\pi/4$$

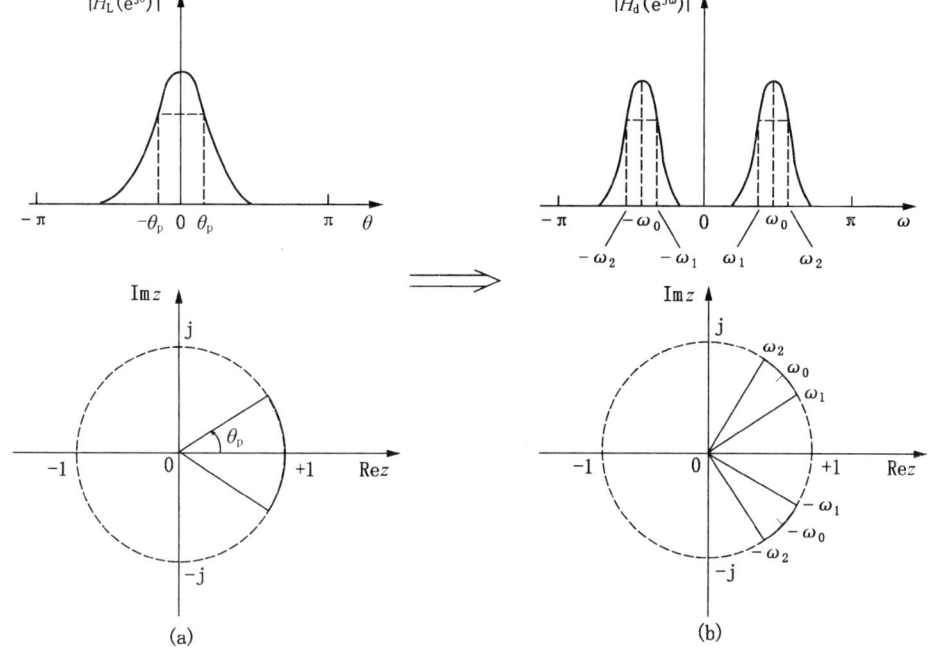

图 8.13 数字低通到数字带通的变换

$$(\omega_2-\omega_1)/2=\pi/4, \theta_p/2=\pi/4$$
$$(\omega_2+\omega_1)/2=\pi/2$$

(2)
$$k=\tan\frac{\pi}{4}\cot\frac{\pi}{4}=\tan\frac{\pi}{4}/\tan\frac{\pi}{4}=1$$
$$a=\cos\frac{\pi}{2}/\cos\frac{\pi}{4}=0$$
$$d_1=-2ak/(k+1)=0$$
$$d_2=(k-1)/(k+1)=0$$
$$H_{BP}(Z)=H_L(z)\Big|_{z=-z^2}=3(Z^2-1)/(31Z^4+26Z^2+7)$$

8.2.4 数字低通$\Rightarrow$数字带阻

设 ω_0 是阻带的中心频率,ω_1 和 ω_2 是阻带的上、下边界频率。变换公式为

$$z^{-1}=\frac{Z^{-2}+d_1Z^{-1}+d_2}{d_2Z^{-2}+d_1Z^{-1}+1} \tag{8.39}$$

其中

$$d_1=\frac{-2a}{1+k},\quad d_2=\frac{1-k}{1+k}$$

$$a=\frac{\cos\dfrac{\omega_2+\omega_1}{2}}{\cos\dfrac{\omega_2-\omega_1}{2}}=\cos\omega_0$$

$$k=\tan\frac{\theta_p}{2}\tan\frac{\omega_2-\omega_1}{2}$$

图 8.14 是数字低通到数字带阻变换的示意图。

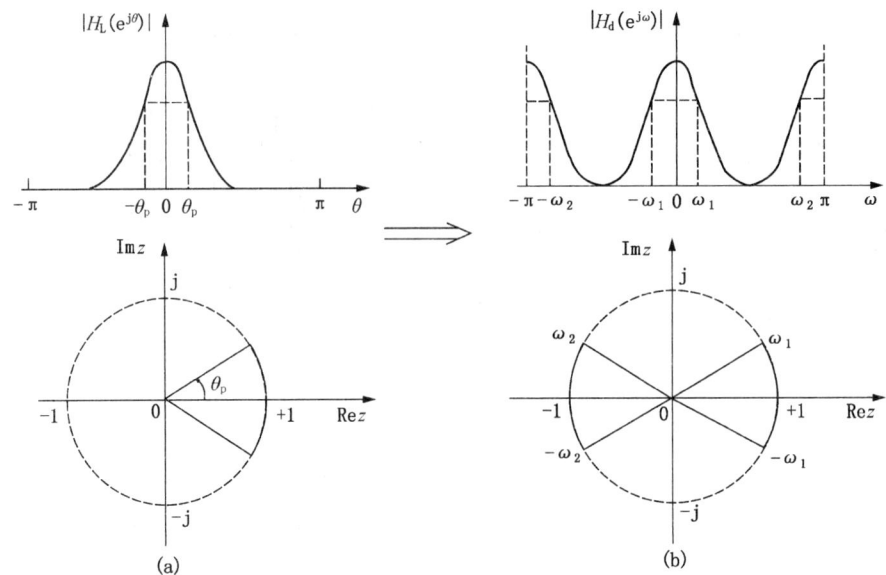

图 8.14 数字低通到数字带阻变换

8.3 FIR 数字滤波器的设计方法

8.3.1 FIR 数字滤波器的特点

设 FIR 数字滤波器的单位脉冲响应 $h(n)$ 为实数序列,其长度为 $N(0 \leqslant n \leqslant N-1)$,它的 z 变换为

$$H(z) = \sum_{n=0}^{N-1} h(n) z^{-n} \tag{8.40}$$

该系统函数在 z 平面有 $N-1$ 个零点,在 $z=0$ 处有 $N-1$ 个重极点。

1. 线性相位特点

FIR 数字滤波器具有线性相位的充要条件如下。

(1) 若 $h(n)$ 呈偶对称:$h(n)=h(N-1-n)$,对称中心:$m=\dfrac{N-1}{2}$。

(2) 若 $h(n)$ 呈奇对称:$h(n)=-h(N-1-n)$。

令 $z=\mathrm{e}^{\mathrm{j}\omega}$,就可得到 FIR 数字滤波器的频率响应

$$H(\mathrm{e}^{\mathrm{j}\omega}) = H(z)\big|_{z=\mathrm{e}^{\mathrm{j}\omega}} = \sum_{n=0}^{N-1} h(n) \mathrm{e}^{-\mathrm{j}n\omega} \tag{8.41}$$

若 $h(n)$ 呈偶对称,且 N 为偶数,其 $H(z)$ 和 $H(\mathrm{e}^{\mathrm{j}\omega})$ 为

$$H(z) = \sum_{n=0}^{\frac{N-1}{2}} h(n)[z^{-n} + z^{-(N-1-n)}] \Leftarrow N \text{ 为偶数,对称中心处无样值}$$

$$= z^{-\frac{N-1}{2}} \sum_{n=0}^{\frac{N-1}{2}} h(n) \{ z^{(N-1)/2-n} + z^{-[(N-1)/2-n]} \} \tag{8.42}$$

$$H(\mathrm{e}^{\mathrm{j}\omega}) = \mathrm{e}^{-\mathrm{j}\frac{N-1}{2}\omega} \sum_{n=0}^{\frac{N-1}{2}} 2h(n) \frac{\mathrm{e}^{\mathrm{j}[(N-1)/2-n]\omega} + \mathrm{e}^{-\mathrm{j}[(N-1)/2-n]\omega}}{2} = |H(\mathrm{e}^{\mathrm{j}\omega})| \mathrm{e}^{\mathrm{j}\varphi(\omega)} \tag{8.43}$$

其中
$$\phi(\omega)=-\frac{N-1}{2}\omega \tag{8.44}$$

$$|H(e^{j\omega})|=H(\omega)=\sum_{n=0}^{\frac{N-1}{2}}h(n)2\cos\{[(N-1)/2-n]\omega\} \tag{8.45}$$

若 $h(n)$ 呈奇对称,且 N 为偶数,其 $H(z)$ 和 $H(e^{j\omega})$ 为

$$H(z)=\sum_{n=0}^{\frac{N-1}{2}}h(n)[z^{-n}-z^{-(N-1-n)}] \Leftarrow N\text{ 为偶数,对称中心处无样值}$$

$$=z^{-\frac{N-1}{2}}\sum_{n=0}^{\frac{N-1}{2}}h(n)\{z^{(N-1)/2-n}-z^{-[(N-1)/2-n]}\} \tag{8.46}$$

$$H(e^{j\omega})=e^{-j\frac{N-1}{2}\omega}\sum_{n=0}^{\frac{N-1}{2}}h(n)2j\frac{e^{j[(N-1)/2-n]\omega}-e^{-j[(N-1)/2-n]\omega}}{2j}=|H(e^{j\omega})|e^{j\phi(\omega)} \tag{8.47}$$

其中
$$|H(e^{j\omega})|=H(\omega)=\sum_{n=0}^{\frac{N-1}{2}}h(n)2\sin\{[(N-1)/2-n]\omega\} \tag{8.48}$$

$$\phi(\omega)=-\frac{N-1}{2}\omega+\frac{\pi}{2} \tag{8.49}$$

与偶对称相比增加了 90°相移。

2. FIR 滤波器的幅频特性分类

(1) $h(n)$ 偶对称,且 N 为奇数(Ⅰ型滤波器)

$$H(\omega)=\sum_{n=0}^{L-1}2h(n)\cos[(L-n)\omega]+h(L) \tag{8.50}$$

$$L=(N-1)/2$$

(2) $h(n)$ 偶对称,且 N 为偶数(Ⅱ型滤波器)

$$H(\omega)=\sum_{n=0}^{L}2h(n)\cos[(L-n)\omega] \tag{8.51}$$

(3) $h(n)$ 奇对称,且 N 为奇数(Ⅲ型滤波器)

$$H(\omega)=\sum_{n=0}^{L-1}2h(n)\sin[(L-n)\omega]+h(L) \tag{8.52}$$

(4) $h(n)$ 奇对称,且 N 为偶数(Ⅳ型滤波器)

$$H(\omega)=\sum_{n=0}^{L}2h(n)\sin[(L-n)\omega] \tag{8.53}$$

3. 四类滤波器的应用说明

1) Ⅰ型

$h(n)$ 偶对称,N 为奇数。Ⅰ型的幅频特性在 $\omega=0$ 和 $\omega=\pi$ 处的取值无任何限制,所以可用来做低通滤波器、高通滤波器、带通滤波器和带阻滤波器。

2) Ⅱ型

$h(n)$ 偶对称,N 为偶数。Ⅱ型的幅频特性在 $\omega=\pi$ 处取值必为零,这就限制了它应用范围,因此它只能用来做低通滤波器和带通滤波器。

3) Ⅲ,Ⅳ型

$h(n)$奇对称。由于系数是反对称的,这就意味着其直流分量为零,即拒绝直流分量通过。Ⅲ型还可拒绝高频分量通过。它们在零频率处的相位为 90°,故可用来对信号作某些变换。

8.3.2 用窗函数法设计 FIR 滤波器

1. 设计步骤

(1)根据实际问题选择要设计的滤波器类型;
(2)根据给定的技术指标,确定期望滤波器的理想频率特性;
(3)求期望滤波器的单位脉冲响应 $h_d(n)$;
(4)求数字滤波器的单位脉冲响应 $h(n)=h_d(n)w(n)$;
(5)应用:将 $h(n)$ 向相反的方向时移 $N/2$,得零相位滤波因子

$$y(n) = x(n) * h(n) = \sum_{m=-N/2}^{N/2} x(m)h(n-m) \tag{8.54}$$

2. 窗函数

1)常用的窗函数

(1)矩形(rectangular)窗:

$$w(n)=R_N(n)=\begin{cases}1, & 0\leqslant n\leqslant N-1\\0, & 其他\end{cases} \tag{8.55}$$

(2)三角窗(Bartlett)窗:

$$\omega(n)=\begin{cases}\dfrac{2n}{N-1}, & 0\leqslant n\leqslant\dfrac{N-1}{2}\\2-\dfrac{2n}{N-1}, & \dfrac{N-1}{2}<n\leqslant N-1\end{cases} \tag{8.56}$$

(3)汉宁(Hanning)窗:

$$w(n)=\left(0.5-0.5\cos\frac{\pi n}{N-1}\right)R_N(n) \tag{8.57}$$

(4)海明(Hamming)窗:

$$w(n)=\left(0.54-0.46\cos\frac{2\pi n}{N-1}\right)R_N(n) \tag{8.58}$$

(5)布莱克曼(Blackman)窗:

$$w(n)=\left(0.42-0.5\cos\frac{2\pi n}{N-1}+0.08\cos\frac{4\pi n}{N-1}\right)R_N(n) \tag{8.59}$$

(6)凯塞(Kaiser)窗:

$$w(n)=\frac{I_0\{\beta\sqrt{1-[2n/(N-1)]^2}\}}{I_0(\beta)}R_N(n) \tag{8.60}$$

$$I_0(x) = 1+\sum_{m=1}^{+\infty}\left[\frac{(x/2)^m}{m!}\right]^2$$

式中 $I_0(x)$——零阶 Bessel 函数。

当 $x=0$ 时,凯塞窗与矩形窗一致;当 $x=5.4414$ 时,凯塞窗与海明窗结果相同;当 $x=8.885$ 时,凯塞窗与布莱克曼窗结果相同。

2)加窗处理对滤波器理想频率响应的影响

下面以矩形窗设计低通滤波器为例,来分析这一问题。

(1)设低通滤波器的截止频率为 ω_c,滤波因子 $h(n)$ 的长度为 N。

(2)给定期望滤波器的理想频率特性。

振幅特性

$$|H_d(e^{j\omega})| = \begin{cases} 1, & 0 \leqslant \omega \leqslant \omega_c \\ 0, & \text{其他} \end{cases}$$

相位特性

$$\phi(\omega) = -\frac{N-1}{2}\omega$$

即

$$H_d(e^{j\omega}) = |H_d(e^{j\omega})| e^{j\phi(\omega)} = e^{-j\frac{N-1}{2}\omega}$$

(3)求期望滤波器的单位脉冲响应 $h_d(n)$

$$h_d(n) = \mathscr{F}^{-1}[H_d(e^{j\omega})] = \frac{1}{2\pi}\int_{-\omega_c}^{\omega_c} e^{-j\omega(N-1)/2} e^{j\omega n} d\omega = \frac{1}{2\pi}\int_{-\omega_c}^{\omega_c} e^{j[n-(N-1)/2]\omega} d\omega$$

$$= \frac{1}{\pi[n-(N-1)/2]} \cdot \frac{e^{j[n-(N-1)/2]\omega_c} - e^{-j[n-(N-1)/2]\omega_c}}{2j}$$

$$= \frac{\omega_c}{\pi} \cdot \frac{\sin\{[n-(N-1)/2]\omega_c\}}{[n-(N-1)/2]\omega_c} = \frac{\omega_c}{\pi}\text{Sa}\{[n-(N-1)/2]\omega_c\} \tag{8.61}$$

(4)求数字滤波器的单位脉冲响应 $h(n)$

$$h(n) = h_d(n)w(n) \tag{8.62}$$

其中,$h(n)$ 为有限长序列;$h_d(n)$ 为无限长序列;$w(n)$ 为有限长序列,起截短作用。

时域两信号相乘,对应于频域为两信号褶积

$$H(e^{j\omega}) = e^{-j[(N-1)/2]\omega} H(\omega) \tag{8.63}$$

$$H(\omega) = \frac{1}{2\pi}\int_{-\pi}^{\pi} H_d(\theta) W(\omega - \theta) d\theta \tag{8.64}$$

为了观察褶积给 $H(\omega)$ 带来的影响,看几个特殊的频率点。

当 $\omega = 0$ 时,$H(0)$ 是图 8.15(a)与(b)两函数之积的积分;

当 $\omega = \omega_c$ 时,$H(\omega_c) = 0.5H(0)$,见图 8.15(c);

当 $\omega = \omega_c - 2\pi/N$ 时(其中 $2\pi/N$ 为半主瓣宽度),频响出现正肩峰,见图 8.15(f)右端和图 8.15(d);

当 $\omega = \omega_c + 2\pi/N$ 时,频响出现负肩峰,见图 8.15(f)右端和图 8.15(e);

当 $\omega > \omega_c + 2\pi/N$ 时,$H(\omega)$ 将围绕零值波动,见图 8.15(f)右端。

加矩形窗处理后,对理想频率响应产生以下几点影响:

(1)截止频率(间断点)处的频率响应变成了连续曲线,形成过渡带,过渡带宽度等于窗函数频率响应的主瓣(mainlobe)宽度 $4\pi/N$,即正肩峰与负肩峰之间的频率间隔。窗函数的主瓣越宽,过渡带越宽。

(2)在 $\omega = \omega_c \pm (2\pi/N)$ 处,所设计的数字滤波器的幅频特性出现最大肩峰,肩峰两侧形成起伏振荡。振荡幅度取决于旁瓣(sidelobe)的相对幅度,而振荡的多少与旁瓣的多少有关。

(3)改变 N,只能改变窗谱函数的主瓣宽度或过渡带宽度,不能改变波动幅度。当 N 变大时,主瓣宽度变小或过渡带变窄;当 N 变小时,主瓣宽度变大或过渡带变宽。

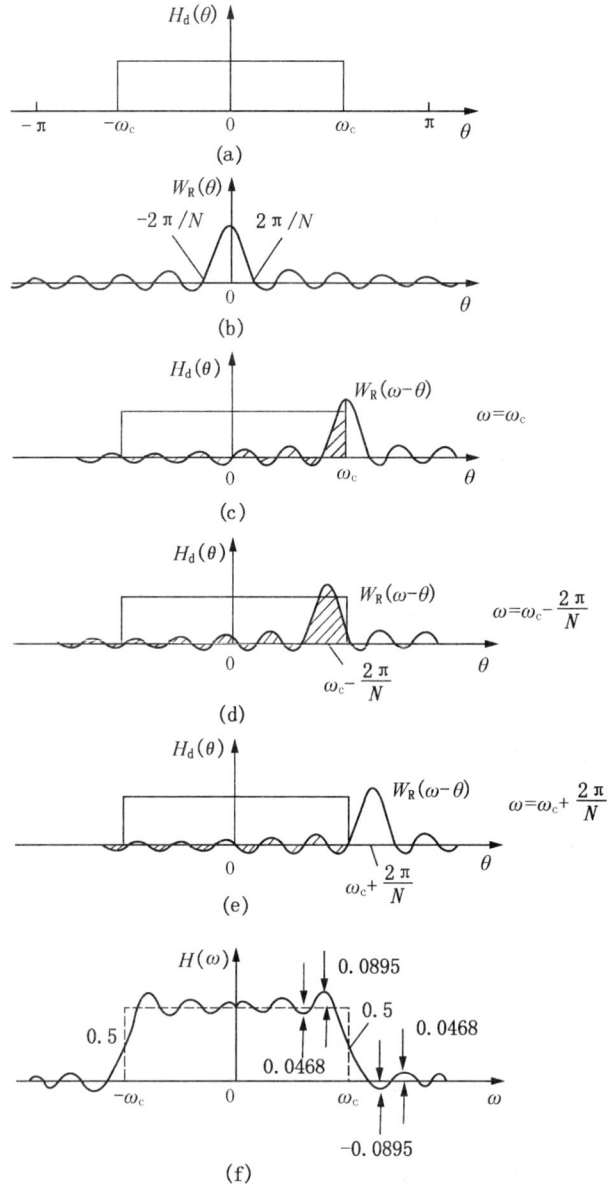

图 8.15　矩形窗对理想低通频域幅度特性的影响

(4)能否消除 Gibbs 现象,是由窗函数形状及窗函数端点是否具有封堵能力所决定的。

3)窗函数的选择标准

(1)主瓣宽度要尽可能地窄,以获取较陡的过渡带。

(2)最大旁瓣幅度要尽可能地小,以使能量集中在主瓣,使肩峰和波纹减小,增大阻带衰减。

这两项要求是不能同时满足的。当选用主瓣宽度较窄时,虽然得到较陡的过渡带,但通带和阻带波动增大;当选用较小的旁瓣幅度时,虽然能得到平坦的幅度响应和较小的阻带波纹,但过渡带变宽,使频率选择性能变差。实际选择窗函数时,是取它们的折衷。

4)常用窗函数的有关参数

常用窗函数的有关参数如表8.3所示。几种常见的窗函数时间特性如图8.16所示。图8.17是常用窗函数的时域波形及其幅频特性。窗函数的频谱特征见图8.18和表8.4。

表8.3 常用窗函数的基本参数对比

窗 类 型	旁瓣峰值,dB	主瓣宽度	最小阻带衰减,dB
矩形窗	−13	$4\pi/N$	−21
三角窗	−25	$8\pi/N$	−25
汉宁窗	−31	$8\pi/N$	−44
海明窗	−41	$8\pi/N$	−53
布莱克曼窗	−57	$12\pi/N$	−74

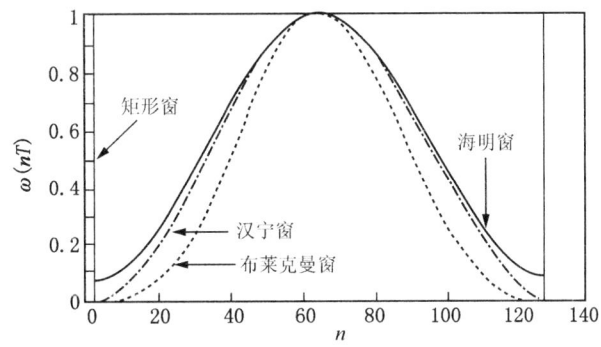

图8.16 常见窗函数的时间特性($N=128$)

表8.4 窗函数的频谱特征

窗函数	主瓣峰值增益 G_p	旁瓣峰值增益/主瓣峰值增益 G_s/G_p	旁瓣衰减 A_{sl},dB	主瓣半宽 W_m	达到 P_{SL} 时的主瓣半宽 W_s	6dB半宽 W_6	3dB半宽 W_3	高频衰减 D_s,dB/dec
矩形(rectangular)窗	1	0.2172	13.3	1	0.81	0.6	0.44	20
余弦(Cosine)窗	0.6366	0.0708	23	1.5	1.35	0.81	0.59	40
黎曼(Riemann)窗	0.5895	0.0478	26.4	1.64	1.5	0.86	0.62	40
三角(Bartlet)窗	0.5	0.0472	26.5	2	1.62	0.88	0.63	40
汉宁(Hanning)窗	0.5	0.0267	31.5	2	1.87	1.0	0.72	60
海明(Hamming)窗	0.54	0.0073	42.7	2	1.91	0.9	0.65	20
布莱克曼(Blackman)窗	0.42	0.0012	58.1	3	2.82	1.14	0.82	60
凯塞(Kaiser)窗($\beta=2.6$)	0.4314	0.0010	60	2.98	2.72	1.11	0.80	20

5)常用的理想滤波器

(1)理想高通滤波器=全通滤波器−低通滤波器:

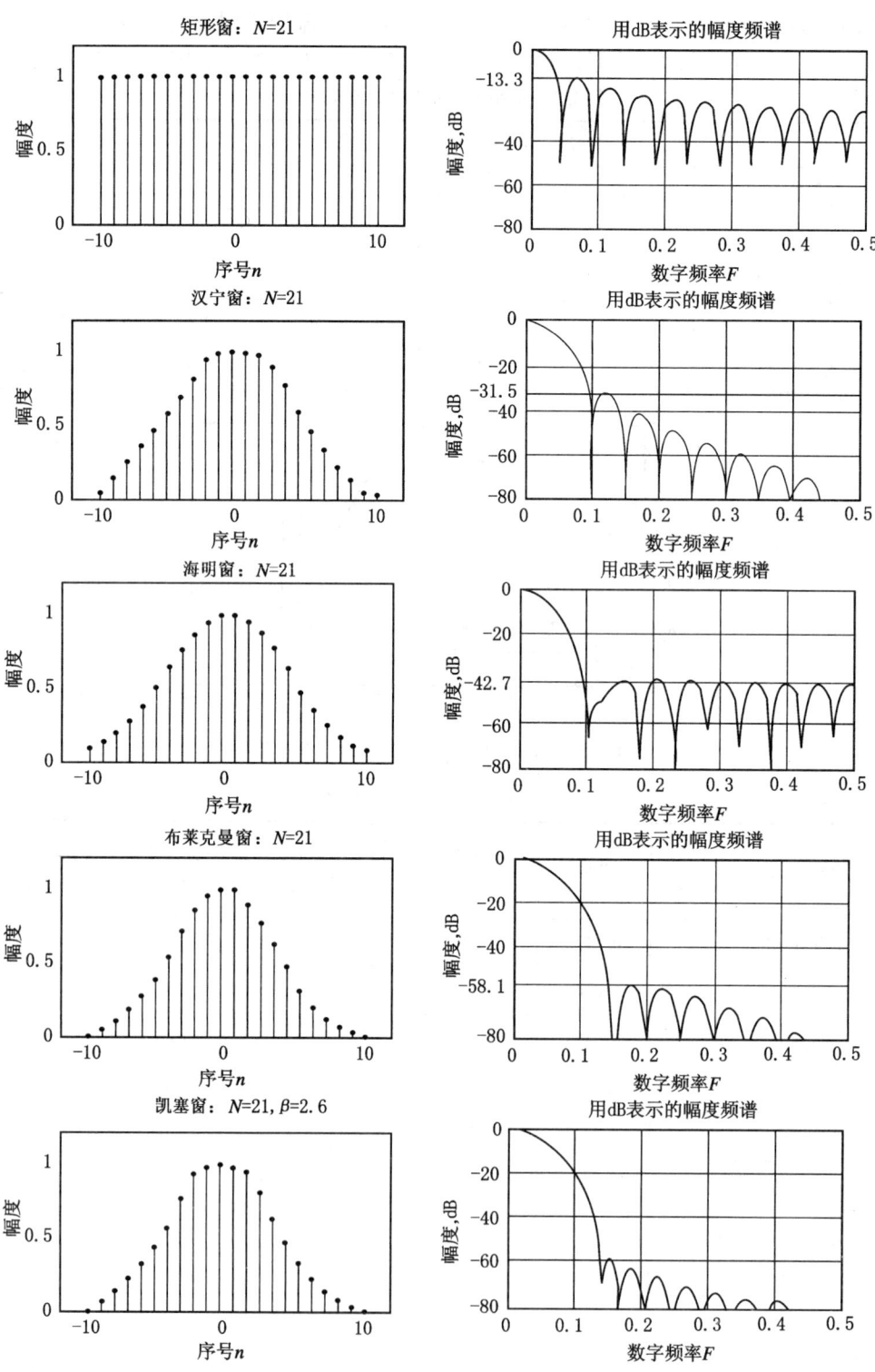

图 8.17 常用 DTFT 窗函数及其幅频特性

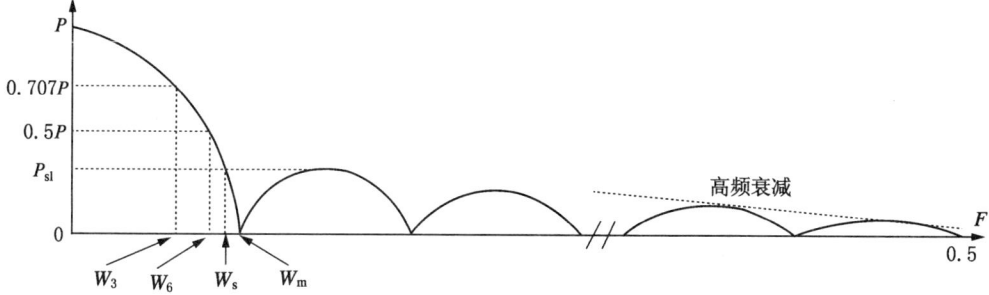

图 8.18 典型窗的 DTFT 幅度谱

$$h_{HP}(n) = \begin{cases} \dfrac{\sin[\pi(n-a)] - \sin[\omega_c(n-a)]}{\pi(n-a)}, & n \neq a \\ 1 - \dfrac{\omega_c}{\pi}, & n = a \end{cases} \quad (8.65)$$

$$a = (N-1)/2$$

式中 a——对称中心。

(2)理想带通滤波器＝低通滤波器 2－低通滤波器 1：

$$h_{BP}(n) = \begin{cases} \dfrac{\sin[\omega_{c2}(n-a)] - \sin[\omega_{c1}(n-a)]}{\pi(n-a)}, & n \neq a \\ \dfrac{\omega_{c2} - \omega_{c1}}{\pi}, & n = a \end{cases} \quad (8.66)$$

(3)理想带阻滤波器＝全通滤波器－带通滤波器：

$$h_{BS}(n) = \begin{cases} \dfrac{\sin[\pi(n-a)] + \sin[\omega_{c1}(n-a)] - \sin[\omega_{c2}(n-a)]}{\pi(n-a)}, & n \neq a \\ 1 - \dfrac{\omega_{c2} - \omega_{c1}}{\pi}, & n = a \end{cases} \quad (8.67)$$

(4)理想希尔伯特变换器(可用来求瞬时振幅、相位、频率)：

频率响应

$$H_{HT}(e^{j\omega}) = \begin{cases} -j, & 0 \leq \omega < \pi \\ +j, & -\pi \leq \omega < 0 \end{cases} \quad (8.68)$$

单位脉冲响应

$$h_{HT}(n) = \dfrac{1 - (-1)^{n-a}}{n-a} = \begin{cases} 0, & n-a \text{ 为偶数} \\ \dfrac{2}{n-a}, & n-a \text{ 为奇数} \end{cases} \quad (8.69)$$

图 8.19 至图 8.22 分别是用海明窗的低通滤波器、高通滤波器、带通滤波器和带阻滤波器的幅频特性。

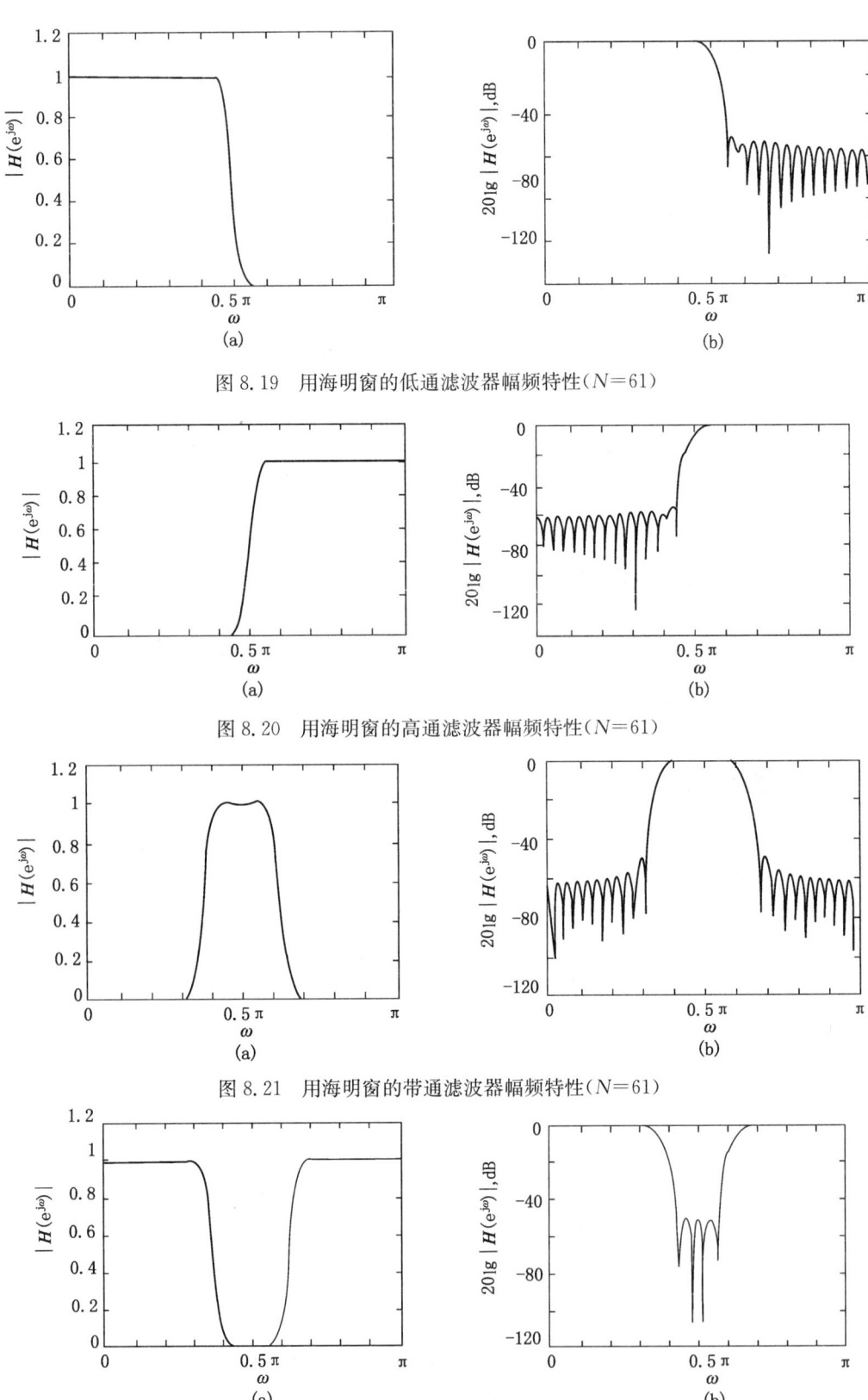

图 8.19 用海明窗的低通滤波器幅频特性($N=61$)

图 8.20 用海明窗的高通滤波器幅频特性($N=61$)

图 8.21 用海明窗的带通滤波器幅频特性($N=61$)

图 8.22 用海明窗的带阻滤波器幅频特性($N=61$)

8.3.3 用频率抽样法设计 FIR 滤波器

设 FIR 滤波器的频率响应为 $H_d(e^{j\omega})$,在 $0\sim 2\pi$ 范围对它进行等间隔抽样得 N 个频率域样值

$$H_d(k)=H_d(e^{j\omega})\Big|_{\omega=\frac{2\pi}{N}k}=H_d(e^{j\frac{2\pi}{N}k}) \quad (k=0,1,2,\cdots,N-1) \tag{8.70}$$

再对 $H_d(k)$ 作 IDFT,便可得单位脉冲响应

$$h(n)=\frac{1}{N}\sum_{k=0}^{N-1}H_d(k)e^{j\frac{2\pi k}{N}} \quad (n=0,1,2,\cdots,N-1) \tag{8.71}$$

1. $H_d(k)$ 值的基本原则

(1)在通带内令 $|H_d(k)|=1$ 并且赋一个相位函数,在阻带内令 $|H_d(k)|=0$;
(2)指定的 $H_d(k)$ 具有共轭对称性,以保证 $h(n)$ 为实数;
(3)由 $h(n)$ 求出的 $H_d(e^{j\omega})$,应具有线性相位。

2. 对频率抽样值的约束

(1)$h(n)$ 偶对称,且 N 为奇数

$$H_d(k)=H_d^*(N-k), \phi(k)=-k\pi\left(1-\frac{1}{N}\right) \tag{8.72}$$

(2)$h(n)$ 偶对称,且 N 为偶数

$$H_d(k)=-H_d^*(N-k), \phi(k)=-k\pi\left(1-\frac{1}{N}\right) \tag{8.73}$$

(3)$h(n)$ 奇对称,且 N 为奇数

$$H_d(k)=-H_d^*(N-k), \phi(k)=-k\pi\left(1-\frac{1}{N}\right)+\frac{\pi}{2} \tag{8.74}$$

(4)$h(n)$ 奇对称,且 N 为偶数

$$H_d(k)=H_d^*(N-k), \phi(k)=-k\pi\left(1-\frac{1}{N}\right)+\frac{\pi}{2} \tag{8.75}$$

3. 在过渡带内加样本值对通带波动和阻带衰减的影响

为了减小在通带边缘由于抽样点的突然变化而引起的起伏振荡,在理想频率响应的不连续点的边缘加上一些过渡的抽样点,从而增加过渡带,减小频带边缘的突变,也就减小了起伏振荡,增大了阻带最小衰减。表 8.5 和表 8.6 分别是加一个样本值和加两个样本值时的影响。

表 8.5 加一个样本值 T_1

T_1	A_p,dB	A_s,dB
0.5	0.3854	30
0.4	0.6467	40
0.3	0.9059	36
0.38	0.6987	44

表 8.6 加两个样本值 T_1 和 T_2

T_1	T_2	A_p,dB	A_s,dB
0.59	0.11	0.3176	65
0.60	0.11	0.2918	59
0.58	0.11	0.3433	59

4. 频率抽样的两种方法

根据 $H_d(k)$ 第一个采样点的不同,可分为两种抽样方法。

方法一:第一个采样点在 $\omega=0$ 处,要求 $h(n)$ 为实数,则振幅谱和相位谱应满足

$$\begin{cases} |H(k)| = |H(n-k)| \\ \phi(k) = -\phi(N-k) \end{cases} \tag{8.76}$$

1) N 为奇数

(1)若用 Ⅰ 型设计滤波器,则线性相应的约束条件为

$$\phi(k) = \begin{cases} -\dfrac{2\pi}{N}k\dfrac{N-1}{2}, & k=0,1,\cdots,\dfrac{N-1}{2} \\ \dfrac{2\pi}{N}(N-k)\dfrac{N-1}{2}, & k=\dfrac{N+1}{2},\cdots,N-1 \end{cases} \tag{8.77}$$

(2)若用 Ⅲ 型设计滤波器,则线性相应的约束条件为

$$\phi(k) = \begin{cases} -\dfrac{2\pi}{N}k\dfrac{N-1}{2}+\dfrac{\pi}{2}, & k=0,1,\cdots,\dfrac{N-1}{2} \\ \dfrac{2\pi}{N}(N-k)\dfrac{N-1}{2}-\dfrac{\pi}{2}, & k=\dfrac{N+1}{2},\cdots,N-1 \end{cases} \tag{8.78}$$

2) N 为偶数

(1)若用 Ⅱ 型设计滤波器,则线性相应的约束条件为

$$\phi(k) = \begin{cases} -\dfrac{2\pi}{N}k\dfrac{N-1}{2}, & k=0,1,\cdots,\dfrac{N-1}{2} \\ \dfrac{2\pi}{N}(N-k)\dfrac{N-1}{2}, & k=\dfrac{N+1}{2},\cdots,N-1 \\ 0, & k=\dfrac{N}{2} \end{cases} \tag{8.79}$$

(2) 若用 Ⅳ 型设计滤波器,则线性相应的约束条件为

$$\phi(k) = \begin{cases} -\dfrac{2\pi}{N}k\dfrac{N-1}{2}+\dfrac{\pi}{2}, & k=0,1,\cdots,\dfrac{N-1}{2} \\ \dfrac{2\pi}{N}(N-k)\dfrac{N-1}{2}-\dfrac{\pi}{2}, & k=\dfrac{N+1}{2},\cdots,N-1 \\ 0, & k=\dfrac{N}{2} \end{cases} \tag{8.80}$$

方法二:第一个采样点在 $\omega=\dfrac{\pi}{N}$ 处,要求 $h(n)$ 为实数,则振幅谱和相位谱应满足

$$\begin{cases} |H(k)| = |H(N-k-1)| \\ \phi(k) = -\phi(N-k-1) \end{cases} \tag{8.81}$$

1) N 为奇数

(1)若用 Ⅰ 型设计滤波器,则线性相应的约束条件为

$$\phi(k) = \begin{cases} -\dfrac{2\pi}{N}\left(k+\dfrac{1}{2}\right)\dfrac{N-1}{2}, & k=0,1,\cdots,\dfrac{N-3}{2} \\ 0, & k=\dfrac{N-1}{2} \\ \dfrac{2\pi}{N}\left(N-k-\dfrac{1}{2}\right)\dfrac{N-1}{2}, & k=\dfrac{N+1}{2},\cdots,N-1 \end{cases} \tag{8.82}$$

(2) 若用Ⅲ型设计滤波器,则线性相应的约束条件为

$$\phi(k)=\begin{cases}-\dfrac{2\pi}{N}\left(k+\dfrac{1}{2}\right)\dfrac{N-1}{2}+\dfrac{\pi}{2} & ,k=0,1,\cdots,\dfrac{N-3}{2}\\ 0 & ,k=\dfrac{N-1}{2}\\ \dfrac{2\pi}{N}\left(N-k-\dfrac{1}{2}\right)\dfrac{N-1}{2}-\dfrac{\pi}{2} & ,k=\dfrac{N+1}{2},\cdots,N-1\end{cases} \quad (8.83)$$

2) N 为偶数

(1) 若用Ⅱ型设计滤波器,则线性相应的约束条件为

$$\phi(k)=\begin{cases}-\dfrac{2\pi}{N}\left(k+\dfrac{1}{2}\right)\dfrac{N-1}{2} & ,k=0,1,\cdots,\dfrac{N-1}{2}\\ \dfrac{2\pi}{N}\left(N-k-\dfrac{1}{2}\right)\dfrac{N-1}{2} & ,k=\dfrac{N+1}{2},\cdots,N-1\end{cases} \quad (8.84)$$

(2) 若用Ⅳ型设计滤波器,则线性相应的约束条件为

$$\phi(k)=\begin{cases}-\dfrac{2\pi}{N}\left(k+\dfrac{1}{2}\right)\dfrac{N-1}{2}+\dfrac{\pi}{2} & ,k=0,1,\cdots,\dfrac{N-1}{2}\\ \dfrac{2\pi}{N}\left(N-k-\dfrac{1}{2}\right)\dfrac{N-1}{2}-\dfrac{\pi}{2} & ,k=\dfrac{N+1}{2},\cdots,N-1\end{cases} \quad (8.85)$$

例 8.6 利用频率抽样法 1,设计一个Ⅰ型 FIR 数字高通滤波器

$$\omega_s=0.4\pi,\omega_p=0.6\pi,N=31$$

解: 因为 $\omega\in-\pi\sim+\pi$,且 $N=31$,所以 π 对应于 $k=15$。因此 $\omega_s=0.4\pi$ 位于 $k=6$,$\omega_p=0.6\pi$ 位于 $k=9$。

令 $T_1=0.1095,T_2=0.598$,分别放在 $k=7$ 和 8 处。

$k=0\sim6$	7	8	$9\sim15$	$16\sim22$	23	24	$25\sim30$
$H=7*0$	T_1	T_2	$7*1$	$7*1$	T_2	T_1	$6*1$
(7 个 0)			(7 个 1)	(7 个 1)			(6 个 1)

设计结果如图 8.23 所示。

例 8.7 利用频率抽样法 2,设计一个Ⅲ型 FIR 数字带通滤波器

$$\omega_{pl}=0.35\pi,\omega_{ph}=0.65\pi,\omega_{sl}=0.25\pi,\omega_{sh}=0.75\pi$$

解: 选择 $N=41,\omega_{sl}=0.25\pi$ 位于 $k=5,\omega_{pl}=0.35\pi$ 位于 $k=7,\omega_{ph}=0.65\pi$ 位于 $k=13$,$\omega_{sh}=0.75\pi$ 位于 $k=15$,将过渡带插入 $T_1=0.1095$,分别放在 $k=6,14,26,34$ 处,即:

$k=0\sim5$	6	$7\sim13$	14	$15\sim19$	20	$21\sim25$	26	$27\sim33$	34	$35\sim40$
$H=6*0$	T_1	$7*1$	T_1	$5*0$	0	$5*0$	T_1	$7*1$	T_1	$6*0$
(6 个 0)		(7 个 1)		(5 个 0)		(5 个 0)		(7 个 1)		(6 个 0)

设计结果如图 8.24 所示。

8.3.4 最小平方滤波

有时需要设计一个这样的滤波器,给定一个期望输出 $g(n)$,要求实际输出 $y(n)$ 与期望输出达到最小,完成这一目标的滤波器称为最小平方滤波器(least-squares)或维纳(Wiener filter)滤波器。

设输入信号为 x_i,滤波器的单位脉冲响应为 h_i,期望输出为 g_i,实际输出 $y_i=x_i*h_i$,求期望输出与实际输出误差能量达到最小时的滤波因子 h_i,即

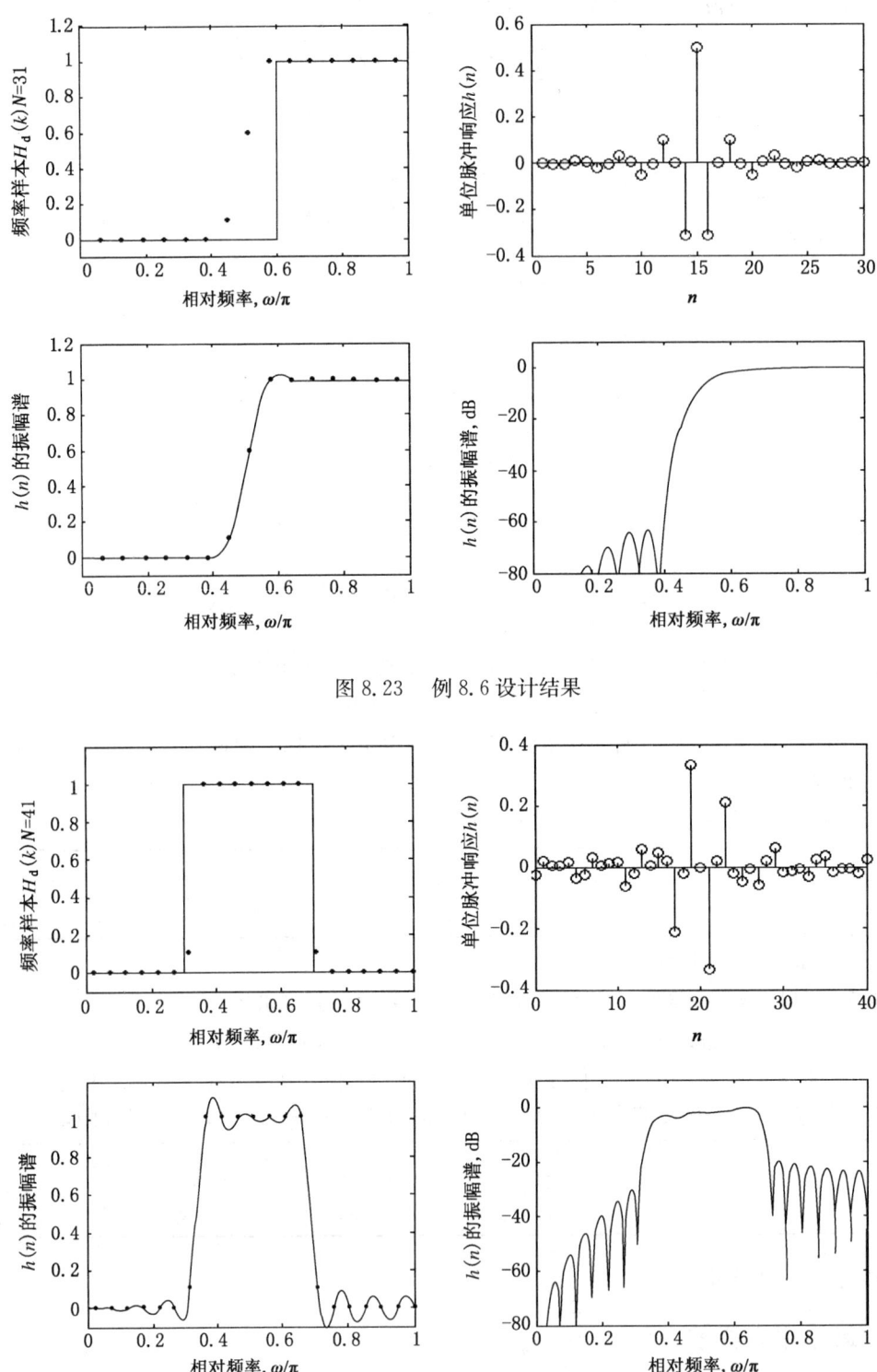

图 8.23 例 8.6 设计结果

图 8.24 例 8.7 设计结果

$$\frac{\partial}{\partial h_i}\sum_m (g_m - x_m * h_m)^2 = 0, i = 0,1,2,\cdots,n$$

或

$$\sum_m (g_m - x_m * h_m)(-2)\frac{\partial}{\partial h_i}(x_m * h_m) = 0 \tag{8.86}$$

将褶积用褶积和公式表示

$$\sum_m (g_m - \sum_k x_k h_{m-k})\frac{\partial}{\partial h_i}(\sum_k x_k h_{m-k}) = 0$$

在偏导数中,由于与 h_i 有关的输入项为 x_{m-i},即令 $i=m-k$,则 $k=m-i$,因此上式可写为

$$\sum_m (g_m - \sum_k x_k h_{m-k}) x_{m-i} = \sum_m (g_m x_{m-i} - \sum_k x_k x_{m-i} h_{m-k}) = 0$$

$$\sum_m g_m x_{m-i} = \sum_m \sum_k x_k x_{m-i} h_{m-k} \tag{8.87}$$

由互相关函数的定义

$$\begin{cases} r_{gx}(l) = \sum_k g_k x_{k+l} \\ r_{gx}(l) = r_{xg}(-l) = \sum_k g_k x_{k-l} \end{cases}$$

可知,式(8.87)左端为期望输出与输入信号的互相关。令右端 h 的下标为 $j=m-k$,则 x_k 变为 x_{m-j},于是式(8.87)变为

$$r_{gx}(l) = \sum_m \sum_j x_{m-j} x_{m-i} h_j = \sum_j h_j \sum_m x_{m-j} x_{m-i} \tag{8.88}$$

由自相关函数的定义

$$\begin{cases} r_{xx}(l) = \sum_k x_k x_{k+l} \\ r_{xx}(l) = r_{xx}(-l) \end{cases}$$

可知式(8.88)中

$$\sum_m x_{m-j} x_{m-i} = r_{xx}(i-j)$$

因此,最小平方滤波器的标准方程(normal equation)为

$$\sum_{j=0}^n r_{xx}(i-j) h_j = r_{gx}(i) \tag{8.89}$$

写成矩阵形式为

$$\begin{bmatrix} r_{xx}(0) & r_{xx}(-1) & \cdots & r_{xx}(-n) \\ r_{xx}(1) & r_{xx}(0) & \cdots & r_{xx}(1-n) \\ \vdots & \vdots & & \vdots \\ r_{xx}(n) & r_{xx}(n-1) & \cdots & r_{xx}(0) \end{bmatrix} \begin{bmatrix} h(0) \\ h(1) \\ \vdots \\ h(n) \end{bmatrix} = \begin{bmatrix} r_{gx}(0) \\ r_{gx}(1) \\ \vdots \\ r_{gx}(n) \end{bmatrix} \tag{8.90}$$

如果特征根为零,则矩阵是不稳定的(出现除以零的情况),加一点白噪声(0.5%~2%),可使特征根不为零。白噪声是均值为零、自相关函数含有冲激函数、功率谱为常数的随机信号。设计最小平方滤波器时,需要指定期望输出 g_i、滤波器长度 n、滤波器零时刻的位置和白噪声的大小。

例 8.8 设计一个最小平方滤波器,已知输入信号 $x(n) = \{3,1\}_0$,期望输出为

$$g(n) = \{1, 0.25, 0.1, 0.01, 0\}_0$$

求滤波因子长度为 4 的最小平方滤波器的系统函数及滤波信号 $y(n) = x(n) * h(n)$。

解：(1)求期望输出与输入信号的互相关函数

$$r_{gx}(m) = \{3.25, 0.85, 0.31, 0.03\}_0$$

(2)求输入序列的自相关函数

$$r_{xx}(m) = \{0, 0, 3, 10, 3, 0, 0\}_{-3}$$

(3)求 $h(n)$

$$\begin{bmatrix} r_{xx}(0) & r_{xx}(-1) & r_{xx}(-2) & r_{xx}(-3) \\ r_{xx}(1) & r_{xx}(0) & r_{xx}(-1) & r_{xx}(-2) \\ r_{xx}(2) & r_{xx}(1) & r_{xx}(0) & r_{xx}(-1) \\ r_{xx}(3) & r_{xx}(2) & r_{xx}(1) & r_{xx}(0) \end{bmatrix} \begin{bmatrix} h(0) \\ h(1) \\ h(2) \\ h(3) \end{bmatrix} = \begin{bmatrix} r_{gx}(0) \\ r_{gx}(1) \\ r_{gx}(2) \\ r_{gx}(3) \end{bmatrix}$$

$$\begin{bmatrix} 10 & 3 & 0 & 0 \\ 3 & 10 & 3 & 0 \\ 0 & 3 & 10 & 3 \\ 0 & 0 & 3 & 10 \end{bmatrix} \begin{bmatrix} h(0) \\ h(1) \\ h(2) \\ h(3) \end{bmatrix} = \begin{bmatrix} 3.25 \\ 0.85 \\ 0.31 \\ 0.03 \end{bmatrix}$$

$$\begin{bmatrix} h(0) \\ h(1) \\ h(2) \\ h(3) \end{bmatrix} = \begin{bmatrix} 0.1111 & -0.0370 & 0.0122 & -0.0037 \\ -0.0370 & 0.1233 & -0.0406 & 0.0122 \\ 0.0122 & -0.0406 & 0.1233 & -0.0370 \\ -0.0037 & 0.0122 & -0.0370 & 0.1111 \end{bmatrix} \begin{bmatrix} 3.25 \\ 0.85 \\ 0.31 \\ 0.03 \end{bmatrix}$$

$$h(n) = 0.3333 - 0.0276\delta(n-1) + 0.0422\delta(n-2) - 0.0097\delta(n-3)$$

$$H(z) = 0.3333 - 0.0276z^{-1} + 0.0422z^{-2} - 0.0097z^{-3}$$

$$y(n) = \{0.3333, -0.0276, 0.0422, -0.0097\}_0 * \{3, 1\}_0$$

$$= \{0.9999, 0.2504, 0.0989, 0.0132, -0.0097\}_0$$

习　　题

1. 利用脉冲响应不变法，将 $H_a(s) = \dfrac{s+1}{s^2+5s+6}$ 转换成等价的数字滤波器，取 $T = 0.1\text{s}$。

2. 利用双线性变换，将 $H_a(s) = \dfrac{s+1}{s^2+5s+6}$ 转换成等价的数字滤波器，取 $T = 1\text{s}$。

3. 已知模拟滤波器的系统函数为 $H_a(s) = \dfrac{1}{s+1}$，数字滤波器的抽样角频率 $\omega_s = 1000\text{rad/s}$，3dB 通带角频率为 100rad/s，用双线性变换法求数字滤波器的系统函数 $H(z)$。

4. 试用双线性变换法设计一数字低通滤波器。已知通带频率 $\Omega_p = 0.3\pi$，通带纹波 3dB，阻带频率 $\Omega_s = 0.7\pi$，阻带衰减 20dB。设选用巴特沃思逼近函数，在以下两种情况下求数字滤波器的系统函数 $H(z)$。

(1)在通带频率处幅度相等；

(2)在阻带频率处幅度相等，阻带衰减 20dB。

5. 用冲激响应不变法求相应的数字滤波器系统函数 $H(z)$。

(1) $H_a(s)=\dfrac{s+3}{s^2+3s+2}$ (2) $H_a(s)=\dfrac{s+1}{s^2+2s+4}$

6. (1) 用双线性变换法把 $H_a(s)=\dfrac{s}{s+a}(a>0)$ 变换成数字滤波器的系统函数 $H(z)$，并求数字滤波器的单位样值响应 $h(z)$（设 $T=2$）。

(2) 对(1)中给出的 $H_a(s)$ 能否用冲激不变法转换成数字滤波器 $H(z)$？为什么？

7. 要求通过模拟滤波器设计数字低通滤波器，给定指标：-3dB 截止角频率 $\omega_c=\dfrac{\pi}{2}$，通带内 $\omega_c=0.4\pi$ 处起伏不超过 -1dB，阻止带内 $\omega_s=0.8\pi$ 处衰减不大于 -20dB，用巴特沃思滤波器实现。

(1) 用冲激不变法，最少需要多少阶？

(2) 用双线性法，最少需要多少阶？

8. 已知低通滤波器系统函数 $H(s)$ 采用巴特沃思逼近，3dB 通带角频率 $\omega_p=10$krad/s，阻带角频率 $\omega_s=20$krad/s，阻带衰减 A_s 不小于 15dB，求 $H(s)$。

9. 要求从二阶巴特沃思模拟滤波器用双线性变换导出一低通数字滤波器，已知 3dB 截止频率为 100Hz，系统抽样频率为 1kHz。

10. 试导出从低通数字滤波器变为高通数字滤波器的设计公式。

11. 试导出从低通数字滤波器变为带通数字滤波器的设计公式。

12. 试导出从低通数字滤波器变为带阻数字滤波器的设计公式。

13. 用矩形加窗设计一线性相位带通 FIR 滤波器：

$$H_d(e^{-j\omega})=\begin{cases}e^{-j\omega\alpha}, & -\omega_c\leqslant\omega-\omega_0\leqslant\omega_c\\ 0, & 0\leqslant\omega<\omega_0-\omega_c, \omega_0+\omega_c<\omega\leqslant\pi\end{cases}$$

(1) 计算 N 为奇数时的 $h(n)$；

(2) 计算 N 为偶数时的 $h(n)$。

14. 用三角形窗设计一个 FIR 线性相位低通数字滤波器。已知 $\omega_c=0.5\pi$，$N=21$。求出 $h(n)$，并画出 $20\lg|H(e^{j\omega})|$ 的曲线。

15. 用汉宁窗设计一个线性相位高通数字滤波器

$$H_d(e^{j\omega})=\begin{cases}e^{-j(\omega-\pi)\alpha}, & \pi-\omega_c\leqslant\omega\leqslant\pi\\ 0, & 0\leqslant\omega<\pi-\omega_c\end{cases}$$

求出 $h(n)$ 的表达式，确定 α 与 N 的关系，并画出 $20\lg|H(e^{j\omega})|$ 的曲线（设 $\omega_c=0.5\pi$，$N=51$）。

16. 试用第一种和第二种频率抽样法设计一个 FIR 线性相位低通数字滤波器（已知 $\omega_c=0.5\pi$，$N=51$）。画出两种情况下的 $20\lg|H(e^{j\omega})|$ 的曲线。

第 9 章　二维信号分析

多维数字信号分析与处理是信号分析与处理的一个重要分支,它在雷达、声呐、通信、图像处理、生物医学工程、遥感探测、地震勘探、振动工程等领域有着广泛的、极其重要的应用价值。本章只讨论二维信号的分析与处理。

所谓"二维信号",指的是具有两个独立自变量的信号。实际工作中不少信号是二维的,一个典型的例子就是图像信号,包括各种摄影图像、气象图像、侦察图像、医疗图像、电子显微图像、生物分子结构图像等。在地球物理勘探领域中,地质和地震勘探数据记录也可以是二维信号。

早期的图像处理技术采用的是信号处理的方法,其中不少技术至今仍被广泛采用。后来人们发现,信号处理所得到的一张好图片并不一定能让人看着舒服,这是因为人的视觉对图像的感受和信号处理中所采用的质量指标并不协调。从 20 世纪 80 年代开始,图像处理技术从信号处理转向人工智能、模式识别等方法,形成了一个新的技术领域——计算机视觉。

本章只讨论二维信号的信号处理方法,这固然是因为由此而建立起来的许多技术还被广泛地应用,另外也因为它是计算机视觉的研究基础。二维信号的信号处理方法是可运用于任何二维信号的基础理论。从理论上来说,二维数字信号处理与一维数字信号处理在许多方面是相似的,它的许多方法是从一维方法中推广而来的,但并不是所有的一维处理技术都能推广到二维中来。对于二维系统理论,要研究的问题还有很多,既有基础理论方面的,又有实际应用技术方面的。本章介绍如何把一维信号处理中的时域和频域技术推广到二维中来,主要内容是介绍二维信号的定义、二维离散傅里叶变换、二维滤波等。

9.1　二维信号

只包含一个自变量 t 的函数所表示的信号称为一维信号。但需要指出的是,这里的自变量 t(通常称其为时间)是一种泛指,并不在意它表示的是时间、位置还是其他。

二维信号就是指具有两个独立自变量的信号,它是两个自变量 x 和 y 所表示的函数 $f(x,y)$。与一维信号相类似,这两个变量 x 和 y 可以是位置、时间,也可以是频率、波数等。这两个自变量若表示位置,则称为空间自变量,用它们表示的函数称为二维空间信号;这两个变量若一个表示时间,另一个表示位置,则它们表示的二维信号称为二维时空信号。但是,不管两个自变量是什么,它们的本质没有变,都是二维信号,且对它们进行分析和处理所采用的理论都一样。为了方便起见,在以后的论述中若无特别说明,都称其为二维空间信号。所谓维,可认为是为了表示信号的值所必需的自变量。为了方便,常常把 x 和 y 的方向分别定为水平方向和垂直方向。在变换域中,自变量分别对应两个频率自变量,故称为二维频率信号。

9.1.1　二维连续空间信号与模拟信号

如图 9.1 所示,自变量 x 和 y 都取连续值的二维信号 $f(x,y)$,称为二维连续空间信号。

在二维连续空间信号中,幅值取连续值的信号称为二维模拟信号;幅值取离散、多电平值的信号称为二维多电平信号。

下面给出几个典型的二维连续空间信号。

(1)二维单位脉冲信号:
$$\delta(x,y)=\delta(x)\delta(y) \tag{9.1}$$

式中 $\delta(x)$——一维单位脉冲函数。

(2)二维单位阶跃信号:
$$f(x,y)=\begin{cases}1, x\geqslant 0 \text{ 且 } y\geqslant 0\\ 0, \text{其他}\end{cases} \tag{9.2}$$

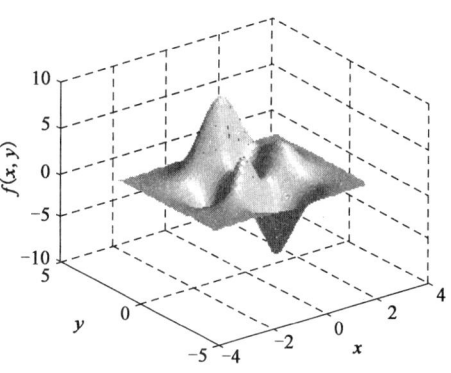

图 9.1 二维连续空间信号

(3)直线信号:
$$f(x,y)=\delta(y-\alpha x-\beta) \tag{9.3}$$

式中 α——斜率;
β——截距。

(4)方柱信号:
$$f(x,y)=\begin{cases}1, |x|\leqslant L_1 \text{ 且 } |y|\leqslant L_2\\ 0, \text{其他}\end{cases} \tag{9.4}$$

(5)圆柱信号:
$$f(x,y)=\begin{cases}1, \sqrt{x^2+y^2}\leqslant R\\ 0, \text{其他}\end{cases} \tag{9.5}$$

(6)指数函数:
$$f(x,y)=\begin{cases}e^{a_1 x+a_2 y}, \text{分离型}\\ e^{a\sqrt{x^2+y^2}}, \text{圆对称型}\end{cases} \tag{9.6}$$

(7)复指数函数:
$$f(x,y)=\begin{cases}e^{j(\varepsilon_1 x+\varepsilon_2 y)}, \text{分离型}\\ e^{jk\sqrt{x^2+y^2}}, \text{圆对称型}\end{cases} \tag{9.7}$$

9.1.2 二维离散空间信号与数字信号

自变量取整数 n_1 和 n_2 的二维信号 $\phi(n_1,n_2)$,称为二维离散序列,如图 9.2 所示。

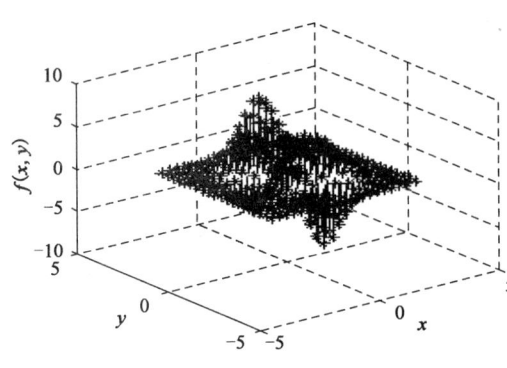

图9.2 二维离散空间信号

对二维连续信号 $\phi(x,y)$ 进行均匀离散采样，即将 x,y 变换成 n_1,n_2，便可得到相对应的离散空间信号。当然，为了能从离散信号中恢复出连续信号，要求离散采样时必须满足抽样定理。这里为了讨论问题的方便采用频率，而不采用角频率，则二维连续信号的抽样定理为：

设模拟信号 $\phi(x,y)$ 在频率域为带限信号，即其傅里叶变换 $\Phi(f_1,f_2)=0$（$|f_1|\geqslant f_{c1}$ 及 $|f_2|\geqslant f_{c2}$），抽样周期 T_1 和 T_2 则应满足

$$T_1 < \frac{1}{2f_{c1}}, T_2 < \frac{1}{2f_{c2}} \tag{9.8}$$

或者，抽样频率 f_1 和 f_2 应满足

$$f_1 > 2f_{c1}, f_2 > 2f_{c2} \tag{9.9}$$

在二维离散空间信号中，有一种情况是信号的幅值取其量化后的离散值，这种信号被称为二维数字信号；相应地，把信号幅值取连续值的信号称为二维抽样信号。二维数字信号处理是将数字信号作为输入并对其进行某种运算。但是，对数字信号进行数学描述是很麻烦的，所以除了特别的场合，并不考虑振幅离散化了的信号。但作为专用术语，"数字信号"通常代表离散空间信号。

下面给出几种典型的二维离散空间信号。

（1）单位脉冲信号：

$$\delta(n_1,n_2)=\begin{cases}1, n_1=n_2=0\\0, 其他\end{cases} \tag{9.10}$$

（2）单位阶跃信号：

$$f(n_1,n_2)=\begin{cases}1, n_1\geqslant 0 \text{ 且 } n_2\geqslant 0\\0, 其他\end{cases} \tag{9.11}$$

（3）方柱：

$$f(n_1,n_2)=\begin{cases}1, n_1\leqslant L_1 \text{ 且 } n_2\leqslant L_2\\0, 其他\end{cases} \tag{9.12}$$

（4）指数函数：

$$f(n_1,n_2)=\begin{cases}e^{a_1n_1+a_2n_2}, 分离型\\e^{a\sqrt{n_1^2+n_2^2}}, 圆对称型\end{cases} \tag{9.13}$$

(5) 复指数函数：

$$f(n_1,n_2) = \begin{cases} e^{j(\varepsilon_1 n_1 + \varepsilon_2 n_2)}, & \text{分离型} \\ e^{j\varepsilon\sqrt{n_1^2+n_2^2}}, & \text{圆对称型} \end{cases} \quad (9.14)$$

9.1.3 阵列信号

作为特例，在二维信号中，也有可以表示成 $\phi(t,v)$（其中 t 为连续自变量，v 为整数）的一类信号，如图 9.3 所示。例如，把等间隔排列着的传感器阵列所记录的一维地震波组合起来作为二维信号来描述时，就成为 $\phi(t,v)$。这时，v 表示传感器的位置，t 表示时间。这样的信号被称为阵列信号。

9.1.4 常见的二维信号

静止图像（图 9.4）是典型的二维信号。日常所见的图像多是连续型的，即模拟图像或欧氏图像（如成像照片，它在空间和值域上都是连续的），可以用二维连续函数 $\phi(\xi,\psi)$ 来表示。其中，ξ 和 ψ 可以代表二维空间中一个点的坐标，而 ϕ 则表示图像在点 (ξ,ψ) 的某种性质 Φ 的数值。例如，常用的图像一般是灰度值，这时 ϕ 表示灰度值，它常对应客观景物被观测到的亮度。需要指出的是，人

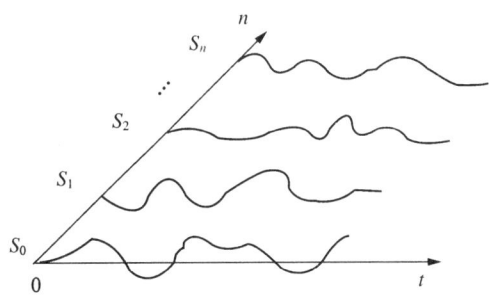

图 9.3 阵列信号

们一般是根据图像内不同位置的不同性质来认识图像的。为了能用计算机对图像进行处理，需要把连续图像在坐标空间及性质空间均进行离散化，即将模拟图像转化成数字图像。这一过程实际包括两部分：

(1) 将图像在空间上离散化，这一过程称为采样。

(2) 采样值实际上仍然是模拟量，还需要将其分成多个层，每一过程表示一个整数值，这一过程称作量化。一幅图像经过采样和量化后便可以得到一幅数字图像，通常可以用一个矩阵来表示。

图 9.4 静止图像——风景照（二维信号）

在地震勘探中,某一测线的各地震道上接收到的地震波动信号可以看作二维信号,如图 9.5 所示。在早期的地震勘探中,采用模拟磁带记录地震波,所以记录的地震波实际上是阵列信号,可用二维函数 $\phi(t,v)$ 来描述(v 表示传感器在测线上的位置,t 表示时间)。这时,为了进行数字化处理,还必须将时间轴进行离散化处理。随着计算机技术和数字化技术的发展,如今的地震勘探采用的都是数字化记录技术。这样,记录得到的信号是离散位置和离散时间的函数,因此是一个二维离散信号,也可以说是一个二维数字信号,称为二维时空信号。在对应的变换域中,自变量分别对应于频率和波数,故其变换域称为频率波数域。如果只在乎二维信号的本质(而不在乎它们具体表示什么),可以统称为二维空间信号。因为下面所述的原理和方法同样适用于时空信号,为了叙述方便,除非特别说明,在原始域都用空间变量,在变换域都用频率变量,所以二维信号的讨论也就只在空间和频率两域中进行。

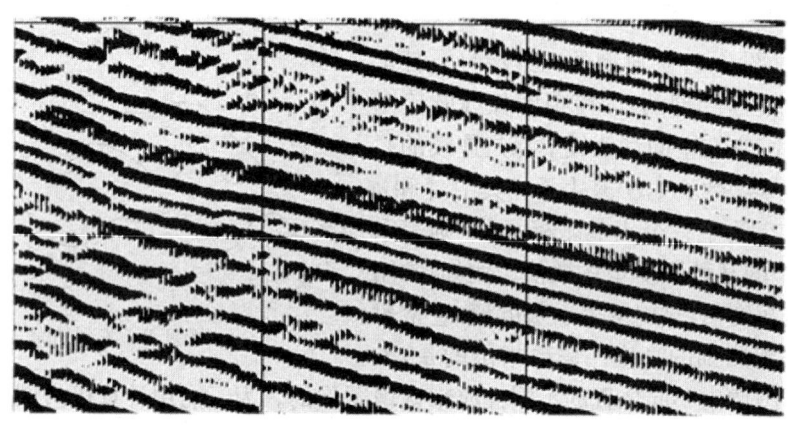

图 9.5 地震记录

9.2 二维离散变换

9.2.1 二维离散傅里叶变换

有限范围($0 \leqslant n_1 < N_1, 0 \leqslant n_2 < N_2$)内的序列 $f(n_1, n_2)$ 通常是个复数,该信号的二维离散傅里叶变换为

$$F(k_1, k_2) = \sum_{n_1=0}^{N_1-1} \sum_{n_2=0}^{N_2-1} f(n_1, n_2) e^{-j2\pi \left(k_1 \frac{n_1}{N_1} + k_2 \frac{n_2}{N_2} \right)} \quad (0 \leqslant k_1 < N_1, 0 \leqslant k_2 < N_2)$$

(9.15)

对应的反变换为

$$f(n_1, n_2) = \frac{1}{N_1 N_2} \sum_{k_1=0}^{N_1-1} \sum_{k_2=0}^{N_2-1} F(k_1, k_2) e^{j2\pi \left(k_1 \frac{n_1}{N_1} + k_2 \frac{n_2}{N_2} \right)} \quad (0 \leqslant n_1 < N_1, 0 \leqslant n_2 < N_2)$$

(9.16)

若记 $W_N = e^{-j\frac{2\pi}{N}}$,则有

$$e^{-j2\pi k_1 \frac{n_1}{N_1}} = W_{N_1}^{k_1 n_1}$$

(9.17)

$$\mathrm{e}^{-\mathrm{j}2\pi k_2 \frac{n_2}{N_2}} = W_{N_2}^{k_2 n_2} \tag{9.18}$$

$W_{N_1}^{k_1 n_1}$ 和 $W_{N_2}^{k_2 n_2}$ 称为变换因子,它们是具有整数频率 k_1 和 k_2 的离散复指数函数。这样,可将式(9.15)表示为

$$F(k_1, k_2) = \sum_{n_1=0}^{N_1-1} \sum_{n_2=0}^{N_2-1} f(n_1, n_2) W_{N_1}^{k_1 n_1} W_{N_2}^{k_2 n_2} \quad (0 \leqslant k_1 < N_1, 0 \leqslant k_2 < N_2)$$

$$\tag{9.19}$$

将式(9.16)表示为

$$f(n_1, n_2) = \frac{1}{N_1 N_2} \sum_{k_1=0}^{N_1-1} \sum_{k_2=0}^{N_2-1} F(k_1, k_2) W_{N_1}^{-k_1 n_1} W_{N_2}^{-k_2 n_2} \quad (0 \leqslant n_1 < N_1, 0 \leqslant n_2 < N_2)$$

$$\tag{9.20}$$

以上是二维离散傅里叶变换及其反变换的定义式,是二维 U(Unitary)变换的一个特例,并且是一种可分离的 U 变换。对于离散傅里叶变换,其信号的空间变量和变换后的频率变量都是有限区间的整数,其变换和反变换都能够利用加法和乘法来实现。因此,离散傅里叶变换是一种适合于计算机运算的傅里叶变换。为了减小傅里叶变换的计算量,导出了高效的计算离散傅里叶变换的算法,即快速傅里叶变换。离散傅里叶变换和数字滤波都是数字信号处理中最为重要的信号处理方法,其应用范围极为广泛。

9.2.2 频谱分析

将所给定的信号分解成几个简单成分信号之和的形式,是了解信号性质的基本手段。式(9.20)表示信号 $f(n_1, n_2)$ 可以表示成几个频率为 (k_1, k_2) 的复指数函数 $W_{N_1}^{-k_1 n_1} W_{N_2}^{-k_2 n_2}$ 的加权和,其中权系数 $F(k_1, k_2)$ 为复数,称为离散谱,它表示 $f(n_1, n_2)$ 所包含的频率为 (k_1, k_2) 的成分的大小(模)和相位,分别对应于振幅谱和相位谱。由此,就可以通过计算信号的傅里叶变换式来分析包含在信号中的频率成分的情况。

二维傅里叶变换的模和相位分别为

$$|F(k_1, k_2)| = \sqrt{\mathrm{Re}^2(k_1, k_2) + \mathrm{Im}^2(k_1, k_2)} \tag{9.21}$$

$$\phi(k_1, k_2) = \arctan \frac{\mathrm{Im}(k_1, k_2)}{\mathrm{Re}(k_1, k_2)} \tag{9.22}$$

式中,$\mathrm{Re}(k_1, k_2)$ 和 $\mathrm{Im}(k_1, k_2)$ 分别为 $F(k_1, k_2)$ 的实部和虚部。

9.2.3 二维离散傅里叶变换的例子

下面列举几个比较容易计算的二维离散傅里叶变换的例子。
(1) 单位脉冲:

$$f(n_1, n_2) = \begin{cases} 1, n_1 = n_2 = 0 \\ 0, 其他 \end{cases} \tag{9.23}$$

$$F(k_1,k_2)=1\times W_{N_1}^0 \times W_{N_2}^0 =1 \tag{9.24}$$

亦即对于任意的(k_1,k_2)，$F(k_1,k_2)\equiv 1$。

（2）直线信号 1：

$$f(n_1,n_2)=\begin{cases}1, & n_1=0\\ 0, & 其他\end{cases} \tag{9.25}$$

$$F(k_1,k_2)=\sum_{n_2=0}^{N_2-1}W_{N_2}^{k_2 n_2}=\begin{cases}N_2, & k_2=0\\ 0, & 其他\end{cases} \tag{9.26}$$

（3）直线信号 2。设 $N_1=N_2=N$，有

$$f(n_1,n_2)=\begin{cases}1, & n_1=n_2\\ 0, & 其他\end{cases} \tag{9.27}$$

$$F(k_1,k_2)=\sum_{n=0}^{N-1}W_N^{(k_1+k_2)n}=\begin{cases}N, & k_1+k_2=0 \text{ 或 } N\\ 0, & 其他\end{cases} \tag{9.28}$$

（4）直流信号：

$$f(n_1,n_2)=1,\ 0\leqslant n_1<N_1 \text{ 及 } 0\leqslant n_2<N_2 \tag{9.29}$$

$$F(k_1,k_2)=\sum_{n_1=0}^{N_1-1}\sum_{n_2=0}^{N_2-1}W_{N_1}^{k_1 n_1}W_{N_2}^{k_2 n_2}=\begin{cases}N_1 N_2, & k_1=k_2=0\\ 0, & 其他\end{cases} \tag{9.30}$$

（5）方柱形信号：

$$f(n_1,n_2)=\begin{cases}1, & 0\leqslant n_1<L_1<N_1 \text{ 及 } 0\leqslant n_2<L_2<N_2\\ 0, & 其他\end{cases} \tag{9.31}$$

$$F(k_1,k_2)=\sum_{n_1=0}^{L_1-1}\sum_{n_2=0}^{L_2-1}W_{N_1}^{k_1 n_1}W_{N_2}^{k_2 n_2}$$

$$=\begin{cases}L_1\dfrac{1-W_{N_2}^{k_2 L_2}}{1-W_{N_2}^{L_2}}=L_1 W_{N_2}^{k_2(L_2-1)/2}\dfrac{\sin\dfrac{\pi k_2 L_2}{N_2}}{\sin\dfrac{\pi k_2}{N_2}}, & k_1=0 \text{ 且 } k_2\neq 0\\[2ex] L_2\dfrac{1-W_{N_1}^{k_1 L_1}}{1-W_{N_1}^{L_1}}=L_2 W_{N_1}^{k_1(L_1-1)/2}\dfrac{\sin\dfrac{\pi k_1 L_1}{N_1}}{\sin\dfrac{\pi k_1}{N_1}}, & k_1\neq 0 \text{ 且 } k_2=0\\[2ex] W_{N_1}^{k_1(L_1-1)/2}\dfrac{\sin\dfrac{\pi k_1 L_1}{N_1}}{\sin\dfrac{\pi k_1}{N_1}}W_{N_2}^{k_2(L_2-1)/2}\dfrac{\sin\dfrac{\pi k_2 L_2}{N_2}}{\sin\dfrac{\pi k_2}{N_2}}, & 其他\end{cases} \tag{9.32}$$

(6)指数信号：

$$f(n_1,n_2) = a_1^{n_1} a_2^{n_2} \tag{9.33}$$

$$\begin{aligned}
F(k_1,k_2) &= \sum_{n_1=0}^{N_1-1} \sum_{n_2=0}^{N_2-1} a_1^{n_1} a_2^{n_2} W_{N_1}^{k_1 n_1} W_{N_2}^{k_2 n_2} \\
&= \sum_{n_1=0}^{N_1-1} a_1^{n_1} W_{N_1}^{k_1 n_1} \sum_{n_2=0}^{N_2-1} a_2^{n_2} W_{N_2}^{k_2 n_2} \\
&= \frac{1-(a_1 W_{N_1}^{k_1})^{N_1}}{1-a_1 W_{N_1}^{k_1}} \frac{1-(a_2 W_{N_2}^{k_2})^{N_2}}{1-a_2 W_{N_2}^{k_2}}
\end{aligned} \tag{9.34}$$

图 9.6(a)至图 9.6(f)是以上几种二维离散信号及其离散傅里叶变换的振幅谱,图中振幅的大小取相对值,左边是信号,右边是其对应的振幅谱。

9.2.4 二维离散傅里叶变换的性质

二维离散信号 $f(n_1,n_2)$ 及其傅里叶变换 $F(k_1,k_2)$ [记为 $f(n_1,n_2) \overset{\mathscr{F}}{\leftrightarrow} F(k_1,k_2)$] 具有如下的性质。

1. 可分离 U 变换

二维离散傅里叶变换及其反变换是可分离的 U 变换。式(9.19)及式(9.20)可以写成如下的分离形式

$$F(k_1,k_2) = \sum_{n_1=0}^{N_1-1} W_{N_1}^{k_1 n_1} \left[\sum_{n_2=0}^{N_2-1} f(n_1,n_2) W_{N_1}^{k_1 n_1} W_{N_2}^{k_2 n_2} \right] \quad (0 \leqslant k_1 < N_1, 0 \leqslant k_2 < N_2) \tag{9.35}$$

$$f(n_1,n_2) = \frac{1}{N_1 N_2} \sum_{k_1=0}^{N_1-1} W_{N_1}^{-k_1 n_1} \left[\sum_{k_2=0}^{N_2-1} F(k_1,k_2) W_{N_2}^{-k_2 n_2} \right] \quad (0 \leqslant n_1 < N_1, 0 \leqslant n_2 < N_2) \tag{9.36}$$

由上述这些分离形式可知,一个二维傅里叶变换可以通过连续两次运用一维傅里叶变换来实现。

2. 周期性

二维离散傅里叶变换的周期性可表示为

$$F(k_1+p_1 N_1, k_2+p_2 N_2) = F(k_1,k_2) \tag{9.37}$$

式中 p_1, p_2——任意整数。

3. 共轭对称性

二维离散傅里叶变换的共轭对称性可表示为

$$f^*(n_1,n_2) \overset{\mathscr{F}}{\leftrightarrow} F^*([-k_1]_{N_1}, [-k_2]_{N_2}) \tag{9.38}$$

式中 $[k]_N$——数 k 关于模 N 的余数,例如$[7]_6=1$,$[-7]_6=5$。

若 $f(n_1,n_2)$ 为实函数,则它的傅里叶变换具有共轭对称性

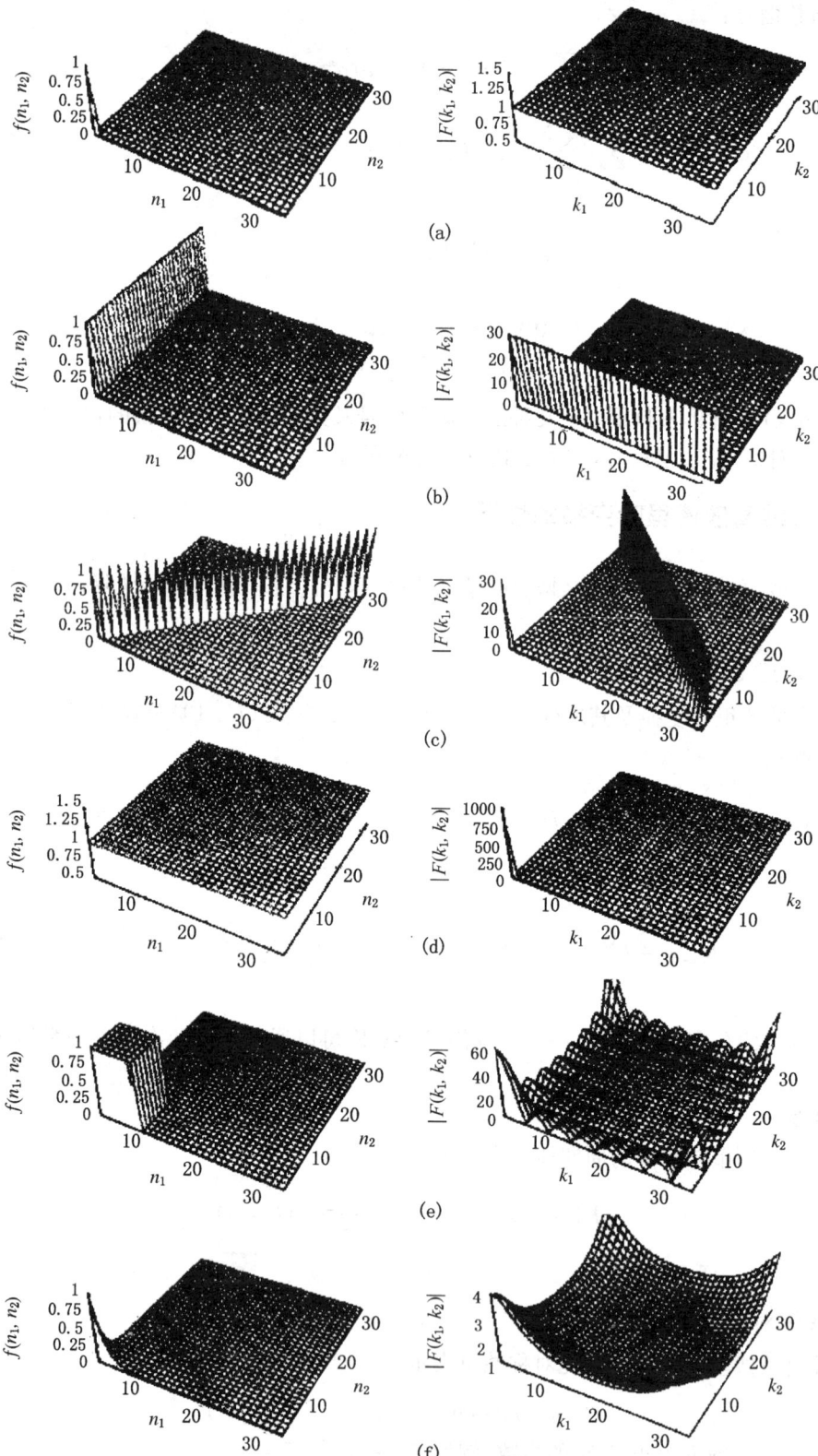

图 9.6 二维离散信号及其振幅谱
(a)单位脉冲信号及其振幅谱;(b)直线信号 1 及其振幅谱;(c)直线信号 2 及其振幅谱;
(d)直流信号及其振幅谱;(e)方柱信号及其振幅谱;(f)指数信号及其振幅谱

$$F(k_1,k_2)=F^*(-k_1,-k_2) \tag{9.39}$$

故有

$$\begin{cases} \mathrm{Re}[F(k_1,k_2)]=\mathrm{Re}[F(-k_1,-k_2)] \\ \mathrm{Im}[F(k_1,k_2)]=-\mathrm{Im}[F(-k_1,-k_2)] \\ |F(k_1,k_2)|=|F(-k_1,-k_2)| \\ \arg[F(k_1,k_2)]=-\arg[F(-k_1,-k_2)] \end{cases} \tag{9.40}$$

4. 线性

二维离散傅里叶变换的线性性质可表示为

$$ax(n_1,n_2)+by(n_1,n_2) \overset{\mathscr{F}}{\leftrightarrow} aX(k_1,k_2)+bY(k_1,k_2) \tag{9.41}$$

5. 尺度变换(缩放)

二维离散傅里叶变换的尺度变换(缩放)性质可表示为

$$f(an_1,bn_2) \overset{\mathscr{F}}{\leftrightarrow} \frac{1}{|ab|}F\left(\frac{k_1}{a},\frac{k_2}{b}\right) \quad (a\neq 0,b\neq 0) \tag{9.42}$$

6. 平移

傅里叶变换对的平移性质可写成

$$f(n_1,n_2)\mathrm{e}^{\mathrm{j}2\pi\left(k_{10}\frac{n_1}{N_1}+k_{20}\frac{n_2}{N_2}\right)} \overset{\mathscr{F}}{\leftrightarrow} F(k_1-k_{10},k_2-k_{20}) \tag{9.43}$$

$$f(n_1-n_{10},n_2-n_{20}) \overset{\mathscr{F}}{\leftrightarrow} F(k_1,k_2)\mathrm{e}^{-\mathrm{j}2\pi\left(k_1\frac{n_{10}}{N_1}+k_2\frac{n_{20}}{N_2}\right)} \tag{9.44}$$

式(9.43)表明:将 $f(n_1,n_2)$ 与一个指数项相乘就相当于把其变换后的频域中心移动到一个新的位置;类似地,式(9.44)表明:将 $F(k_1,k_2)$ 与一个指数项相乘就相当于把其反变换后的空域中心移动到一个新的位置。另外,由式(9.43)可知,对 $f(n_1,n_2)$ 的平移不影响其傅里叶变换的幅值谱,只影响相位谱。

7. 变量可分离序列

可以分解成两个一维序列相乘的二维序列称为可分序列。可分序列的傅里叶变换等于对应的两个一维序列的傅里叶变换之积,也就是说,若 $f(n_1,n_2)$ 为可分序列, $f(n_1,n_2)=f_1(n_1)f_2(n_2)$,且 $f_1(n_1)\overset{\mathscr{F}}{\leftrightarrow}F_1(k_1)$ 及 $f_2(n_2)\overset{\mathscr{F}}{\leftrightarrow}F_2(k_2)$,则

$$f(n_1,n_2)=f_1(n_1)f_2(n_2) \overset{\mathscr{F}}{\leftrightarrow} F(k_1,k_2)=F_1(k_1)F_2(k_2) \tag{9.45}$$

8. 旋转性质

为了说明二维离散信号的性质,先来看二维连续信号的性质。

如果二维连续信号 $f(x,y)$ 旋转了一个角度 θ ,那么对应的傅里叶变换 $F(u,v)$ 也旋转了相同的角度 θ ;类似地,如果傅里叶变换 $F(u,v)$ 旋转了一个角度 θ ,那么对应的傅里叶反变换 $f(x,y)$ 也旋转了相同的角度 θ 。引入极坐标

若
$$\begin{cases} x=r\cos\theta \\ y=r\sin\theta \end{cases} \quad 及 \quad \begin{cases} u=\omega\cos\varphi \\ v=\omega\sin\varphi \end{cases}$$

$$f(x,y) \to f(r,\theta), F(u,v) \to F(\omega,\varphi)$$

则有

$$f(r,\theta+\theta_0) \overset{\mathscr{F}}{\leftrightarrow} F(\omega,\varphi+\theta_0) \tag{9.46}$$

类似地，二维离散信号也有同样的性质。如果二维离散信号 $f(n_1,n_2)$ 旋转了一个角度 θ，那么对应的傅里叶变换 $F(k_1,k_2)$ 也旋转了相同的角度 θ；如果傅里叶变换 $F(k_1,k_2)$ 旋转了一个角度 θ，那么对应的傅里叶反变换 $f(n_1,n_2)$ 也旋转了相同的角度 θ。

9. 初始值与平均值

分别把 $k_1=0,k_2=0$ 和 $n_1=0,n_2=0$ 代入式(9.35)和式(9.36)得

$$f(0,0) = \frac{1}{N_1 N_2} \sum_{k_1=0}^{N_1-1} \sum_{k_2=0}^{N_2-1} F(k_1,k_2) \tag{9.47}$$

$$F(0,0) = \sum_{n_1=0}^{N_1-1} \sum_{n_2=0}^{N_2-1} f(n_1,n_2) \tag{9.48}$$

对于一个二维离散信号，其平均值可用式(9.49)表示

$$\overline{f(n_1,n_2)} = \frac{1}{N_1 N_2} \sum_{n_1=0}^{N_1-1} \sum_{n_2=0}^{N_2-1} f(n_1,n_2) \tag{9.49}$$

比较式(9.48)和式(9.49)可得

$$\overline{f(n_1,n_2)} = \frac{1}{N_1 N_2} F(0,0) \tag{9.50}$$

10. 褶积

与一维信号的情况相类似，二维信号的傅里叶变换也分为三种情况，分别对应于三种不同的褶积，满足褶积定理：信号在空间域的褶积与频域(也称"变换域")的乘积相对应；信号在空间域的乘积与频域(也称"变换域")的褶积相对应。此时，三种情况下对应的褶积是不同的：

(1) 二维连续信号(非周期无穷区间信号)对应连续线性褶积。

(2) 二维离散信号(非周期无穷信号)对应离散线性褶积。

(3) 二维有限离散信号(有限区间离散信号拓展成周期离散信号后)对应离散循环褶积。

前两种褶积是线性褶积，本章只讨论第三种情况，即离散循环褶积(而非线性褶积)。

在多数信号的处理中，通常需要进行线性褶积的计算。在遵循离散傅里叶循环褶积定理的前提下，可以把循环褶积校正为通常的线性褶积，或者说消除因循环褶积作用而引起的与所要的线性褶积之间的重叠误差。

第5章已经介绍了一维信号的循环褶积，循环褶积起因于离散傅里叶变换和反变换的周期性，先来回顾一维情况。一维信号序列 $f(n)$ 和 $g(n)$ 的长度分别为 A 和 B。假设 $f(n)$ 和

$g(n)$具有周期M,则褶积的结果具有相同的周期性。可以证明,只有当$M \geqslant A+B-1$时,褶积的周期才不会重叠,否则褶积结果就会产生重叠误差。当$M=A+B-1$时,周期是相邻接的;当$M > A+B-1$时,周期分离且其距离与M和$A+B-1$的差成正比。

可以对上面的两个序列的后面补加一些零,得到长度为$(M \geqslant A+B-1)$的扩展序列

$$f_e(n) = \begin{cases} f(n), & 0 \leqslant n < A-1 \\ 0, & A \leqslant n \leqslant M-1 \end{cases} \quad (9.51)$$

$$g_e(n) = \begin{cases} g(n), & 0 \leqslant n < B-1 \\ 0, & B \leqslant n \leqslant M-1 \end{cases} \quad (9.52)$$

这时,扩展后的信号$f_e(n)$和$g_e(n)$的循环褶积就等于这两个信号的线性褶积,也等于原信号$f(n)$和$g(n)$的线性褶积。

线性褶积可定义为

$$f_e(n) * g_e(n) \sum_{m=0}^{M-1} f_e(m) g_e(n-m) \quad (9.53)$$

只要利用补零后的$f_e(n)$和$g_e(n)$以避免重叠误差,补零后形成的循环褶积就等于线性褶积,在频域对应的是扩展序列的离散傅里叶变换的乘积。

以上讨论很容易推广到二维情况。为求二维的离散褶积,$f(n_1, n_2)$和$g(n_1, n_2)$分别用尺寸为$A \times B$和$C \times D$、周期为M和N的离散数组表示。这里需要选择$M \geqslant A+C-1$和$N \geqslant B+D-1$以避免重叠误差。周期性扩展序列可构造为

$$f_e(n_1, n_2) = \begin{cases} f(n_1, n_2), & 0 \leqslant n_1 < A-1, 0 \leqslant n_2 < B-1 \\ 0, & A \leqslant n_1 < M-1, B \leqslant n_2 < N-1 \end{cases} \quad (9.54)$$

$$g_e(n_1, n_2) = \begin{cases} g(n_1, n_2), & 0 \leqslant n_1 < C-1, 0 \leqslant n_2 < D-1 \\ 0, & C \leqslant n_1 < M-1, D \leqslant n_2 < N-1 \end{cases} \quad (9.55)$$

二维离散信号的线性褶积可以定义为

$$f_e(n_1, n_2) * g_e(n_1, n_2) = \sum_{m=0}^{M-1} \sum_{n=0}^{N-1} f_e(m, n) g_e(n_1-m, n_2-n) \quad (0 \leqslant n_1 < M, 0 \leqslant n_2 < N)$$
$$(9.56)$$

这样,就可以借助扩展信号的循环褶积来计算普通的线性褶积。二维信号的褶积定理为

$$f(n_1, n_2) * g(n_1, n_2) \stackrel{\mathscr{F}}{\longleftrightarrow} F(k_1, k_2) G(k_1, k_2) \quad (9.57)$$

$$f(n_1, n_2) g(n_1, n_2) \stackrel{\mathscr{F}}{\longleftrightarrow} \frac{1}{MN} F(k_1, k_2) * G(k_1, k_2) \quad (9.58)$$

11. 相关

与褶积相对应,可以借助补零扩展后的信号来描述离散傅里叶变换的相关定理。

二维离散相关定义为

$$f_e(n_1,n_2) \circ g_e(n_1,n_2) = \sum_{m=0}^{M-1}\sum_{n=0}^{N-1} f_e(m,n) g_e^*(m-n_1,n-n_2) \quad (0 \leqslant n_1 < M, 0 \leqslant n_2 < N) \tag{9.59}$$

式中，∘表示相关。所对应的相关定理为

$$f(n_1,n_2) \circ g(n_1,n_2) \overset{\mathscr{F}}{\leftrightarrow} F(k_1,k_2) G^*(k_1,k_2) \tag{9.60}$$

$$f(n_1,n_2) g^*(n_1,n_2) \overset{\mathscr{F}}{\leftrightarrow} \frac{1}{MN} F(k_1,k_2) \circ G(k_1,k_2) \tag{9.61}$$

12. 帕斯瓦尔定理

与一维时的情况相类似，可以得到二维离散信号的内积表达式

$$\sum_{n_1=0}^{M-1}\sum_{n_2=0}^{N-1} f(n_1,n_2) g^*(n_1,n_2) = \frac{1}{MN} \sum_{k_1=0}^{M-1}\sum_{k_2=0}^{N-1} F(k_1,k_2) G^*(k_1,k_2) \tag{9.62}$$

及对应的信号能量为

$$\sum_{n_1=0}^{M-1}\sum_{n_2=0}^{N-1} f(n_1,n_2) f^*(n_1,n_2) = \frac{1}{MN} \sum_{k_1=0}^{M-1}\sum_{k_2=0}^{N-1} F(k_1,k_2) F^*(k_1,k_2) \tag{9.63}$$

即

$$\sum_{n_1=0}^{M-1}\sum_{n_2=0}^{N-1} |f(n_1,n_2)|^2 = \frac{1}{MN} \sum_{k_1=0}^{M-1}\sum_{k_2=0}^{N-1} |F(k_1,k_2)|^2 \tag{9.64}$$

9.3 二维滤波

9.3.1 空间域滤波

空间域滤波是在空间域借助模板进行邻域操作完成的，根据其特点一般可分为线性和非线性两类。线性系统的转移函数和脉冲函数或点扩散函数构成傅里叶变换对，所以线性滤波器的设计常基于对傅里叶变换的分析。非线性空间滤波器则一般直接对邻域进行操作。另外，各种空间域滤波器根据功能又主要分成平滑和锐化：

(1) 平滑可用低通滤波来实现，进一步又可以将其分为两类：一类是模糊，目的是在提取较大的目标前去除太小的细节或将目标内小间断连接起来；另一类是消除噪声，中值滤波就是一种非线性处理技术，它能有效地抑制信号中的噪声。

(2) 锐化则可以用高通滤波来实现，其目的是增强被模糊的细节。

空间滤波器的工作原理可以借助频域进行分析，它们的基本特点是让图像在傅里叶空间某个范围的分量受到抑制而让其他分量不受影响，从而改变输出的频率成分，以期达到增强信号的目的。

9.3.2 频率域滤波

褶积理论是频率域滤波技术的基础。设函数 $f(x,y)$ 与线性时不变算子 $h(x,y)$ 的褶积结

果是 $g(x,y)$，即 $g(x,y)=h(x,y)*f(x,y)$，根据褶积定理，在频率域中则有

$$G(u,v)=H(u,v)F(u,v) \qquad (9.65)$$

式中　$G(u,v),H(u,v),F(u,v)$——$g(x,y),h(x,y),f(x,y)$ 的二维傅里叶变换。

在信号与系统的相关理论中，$H(u,v)$ 被称为转移函数或系统的频率响应。

在具体的信号处理中，$f(x,y)$ 是给定的，所以 $F(u,v)$ 可以通过变换得到，需要确定的是 $H(u,v)$。这样具有所需特性的 $G(u,v)$ 就可由式(9.65)算出，进而得到

$$g(x,y)=\mathscr{F}^{-1}[H(u,v)F(u,v)] \qquad (9.66)$$

根据以上讨论，在频率域中进行滤波处理是相当直观的，其主要步骤有：

(1) 计算待分析信号的傅里叶变换；
(2) 将其与一个转移函数(根据需要设计)相乘；
(3) 再将结果傅里叶反变换以得到滤波后的信号。

常用的几种滤波有：低通滤波、高通滤波、带通滤波和带阻滤波，下面分别对它们进行介绍(此处仅限于介绍零相移滤波器)。

1. 低通滤波

低通滤波器的目的是滤除高频成分、保留低频成分，在频域中实现平滑处理。下面介绍常用的几种低通滤波器。

1) 理想低通滤波器

一个二维理想低通滤波器的转移函数满足下列条件

$$H(u,v)=\begin{cases}1, & D(u,v)\leqslant D_0 \\ 0, & D(u,v)>D_0\end{cases} \qquad (9.67)$$

$$D(u,v)=\sqrt{u^2+v^2}$$

式中　D_0——截断频率；

　　　$D(u,v)$——频率平面中原点到点 (u,v) 的距离。

这里的"理想"是指小于 D_0 的频率可以完全不受影响地通过滤波器，而大于 D_0 的频率则完全通不过。图 9.7 给出了理想低通滤波器转移函数三维图。

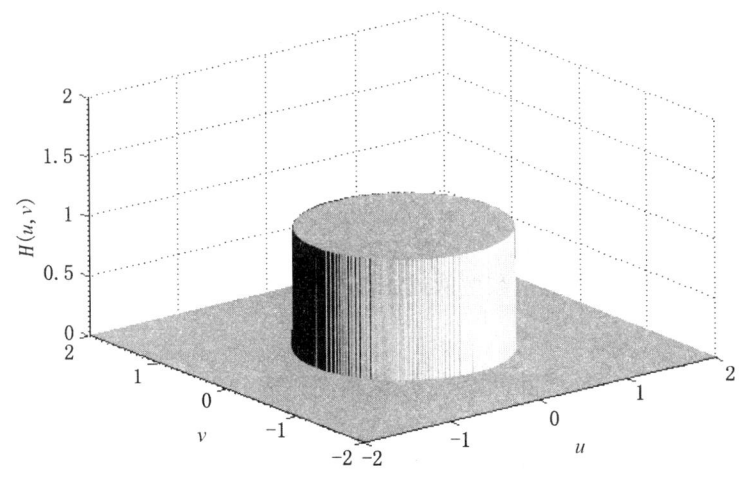

图 9.7　理想低通滤波器转移函数三维图

尽管理想低通滤波器在数学上的定义很清楚,在计算机模拟中也可以实现,但在截断频率处直上直下的理想滤波器是不能用电子器件实现的。理想低通滤波器特点为:

(1)振荡现象;

(2)滤除高频成分;

(3)物理上不可实现。

2)巴特沃思低通滤波器

物理上可以实现的一种低通滤波器是巴特沃思(Butterworth)低通滤波器。一个阶数为 n、截断频率为 D_0 的巴特沃思低通滤波器的转移函数为

$$H(u,v)=\frac{1}{1+(\sqrt{2}-1)\left[\frac{D(u,v)}{D_0}\right]^{2n}} \tag{9.68}$$

当 $D(u,v)=D_0$ 时,$H(u,v)$ 降为最大值的 $\frac{1}{\sqrt{2}}$。

图9.8给出了阶数 n 分别为1和3的巴特沃思低通滤波器转移函数三维图。由图可见,巴特沃思低通滤波器在高低频间的过渡比较光滑,所以得到的输出中振荡现象不明显。

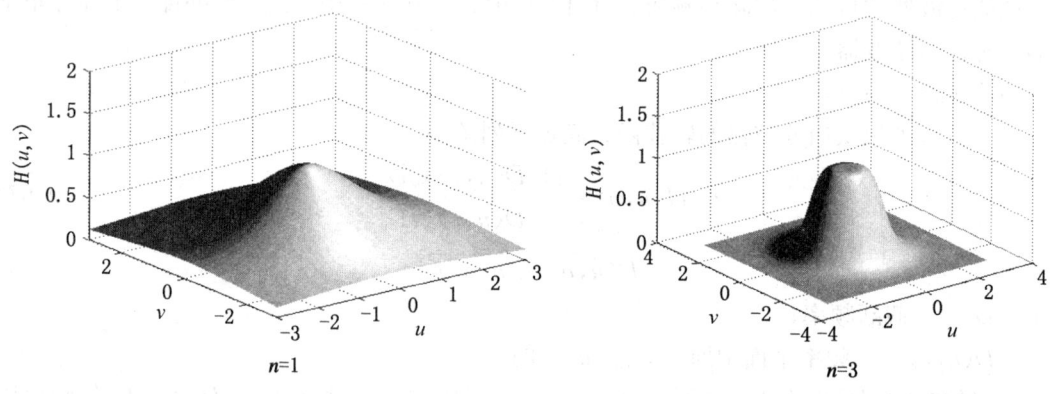

图9.8 巴特沃思低通滤波器转移函数三维图

3)指数型低通滤波器

一个阶数为 n、截断频率为 D_0 的指数型低通滤波器的转移函数为

$$H(u,v)=e^{\ln\frac{1}{\sqrt{2}}\left[\frac{D(u,v)}{D_0}\right]^n} \tag{9.69}$$

当 $D(u,v)=D_0$ 时,$H(u,v)$ 降为最大值的 $\frac{1}{\sqrt{2}}$。

阶数 n 分别为1和3时的阶指数型低通滤波器转移函数见图9.9。

2. 高通滤波

设计高通滤波器的目的是滤除低频成分、保留高频成分。一般地,高通滤波器可以采用

$$H_{HP}(u,v)=1-H_{LP}(u,v)$$

来实现。

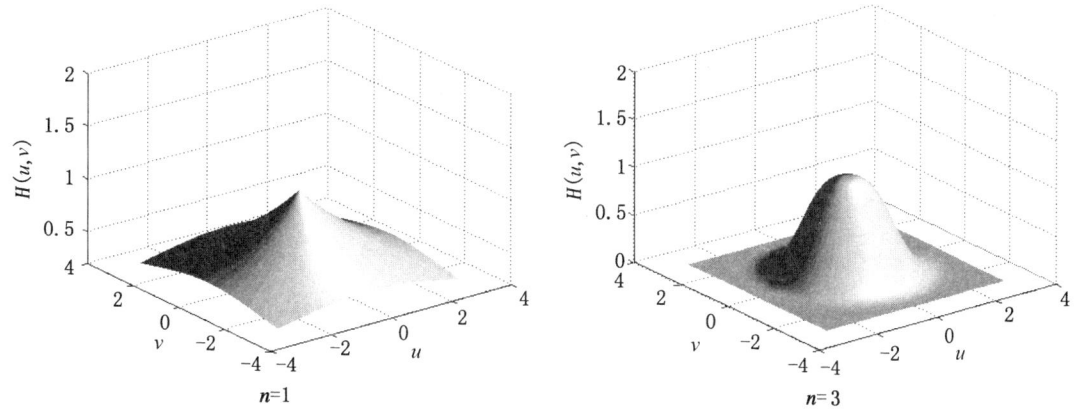

图 9.9　指数型低通滤波器转移函数三维图

1) 理想高通滤波器

一个二维理想高通滤波器的转移函数满足下列条件

$$H(u,v)=\begin{cases}0, & D(u,v)\leqslant D_0\\ 1, & D(u,v)>D_0\end{cases} \tag{9.70}$$

图 9.10 给出了理想高通滤波器转移函数三维图,它在形状上和前面介绍的理想低通滤波器的三维图正好相反。与理想低通滤波器一样,这种理想高通滤波器也是不能用实际的电子器件实现的。

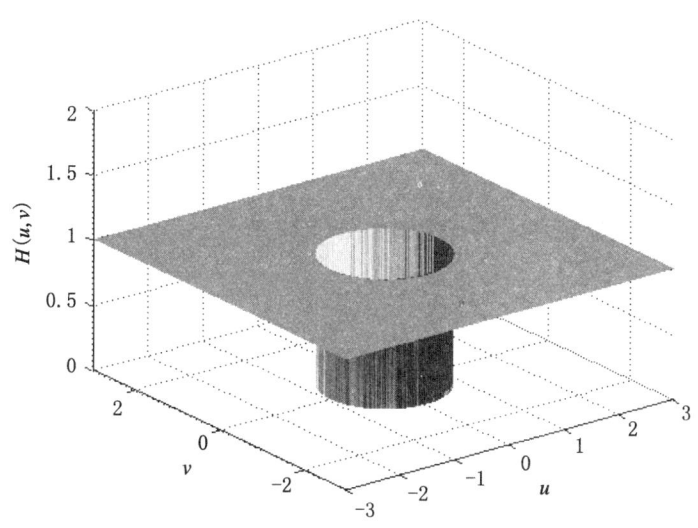

图 9.10　理想高通滤波器转移函数三维图

2) 巴特沃思高通滤波器

一个阶数为 n、截断频率为 D_0 的巴特沃思高通滤波器的转移函数为

$$H(u,v)=\frac{1}{1+(\sqrt{2}-1)\left[\dfrac{D_0}{D(u,v)}\right]^{2n}} \tag{9.71}$$

当 $D(u,v)=D_0$ 时，$H(u,v)$ 降为最大值的 $\frac{1}{\sqrt{2}}$。

图 9.11 给出了阶数为 3 的巴特沃思高通滤波器转移函数三维图。与巴特沃思低通滤波器类似，巴特沃思高通滤波器在通过和滤掉的频率之间也没有不连续的分界；由于在高低频间的过渡比较光滑，所以用巴特沃思滤波器得到的输出时其振荡效应不明显。

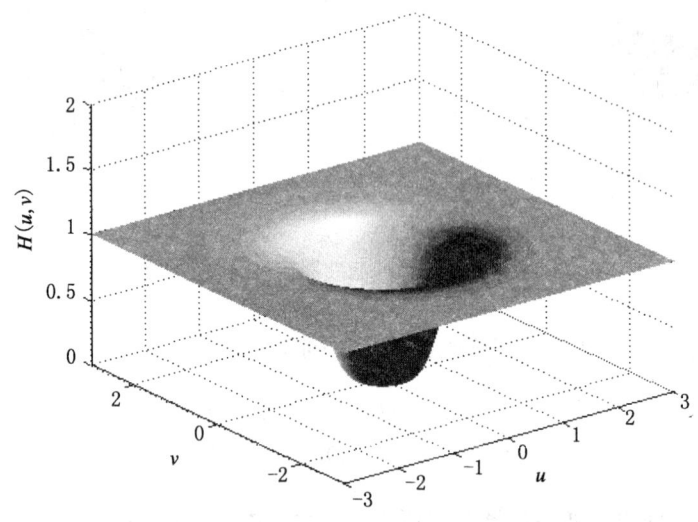

图 9.11　阶数为 3 的巴特沃思高通滤波器转移函数三维图

3) 指数型高通滤波器

一个阶数为 n、截断频率为 D_0 的指数型高通滤波器的转移函数为

$$H(u,v)=\mathrm{e}^{\ln\frac{1}{\sqrt{2}}\left[\frac{D_0}{D(u,v)}\right]^n} \tag{9.72}$$

当 $D(u,v)=D_0$ 时，$H(u,v)$ 降为最大值的 $\frac{1}{\sqrt{2}}$。

3 阶指数型高通滤波器转移函数三维图如图 9.12 所示。

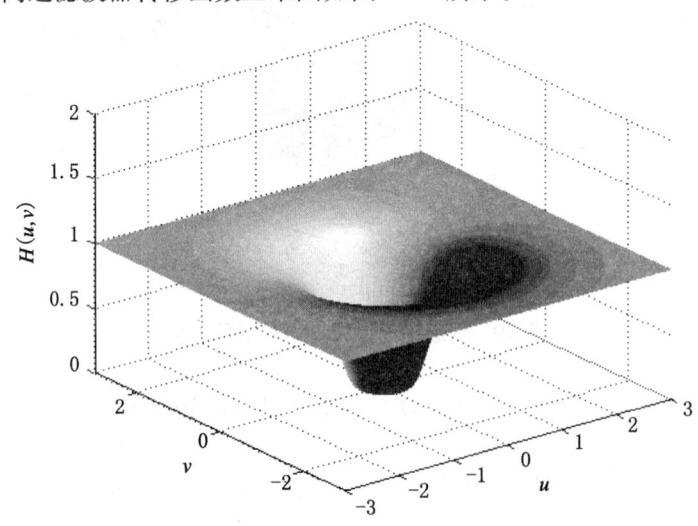

图 9.12　3 阶指数形高通滤波器转移函数三维图

3. 带通和带阻滤波

带通滤波器允许一定频率范围内的信号通过而阻止其他频率范围内的信号通过；与此相对应，带阻滤波器阻止一定频率范围内的信号通过而允许其他频率范围内的信号通过。一个用于消除以 (u_0, v_0) 为中心、D_0 为半径的区域内所有频率的理想带阻滤波器的转移函数为

$$H(u,v) = \begin{cases} 0, & D(u,v) \leqslant D_0 \\ 1, & D(u,v) > D_0 \end{cases} \tag{9.73}$$

式中

$$D(u,v) = \sqrt{(u-u_0)^2 + (v-v_0)^2}$$

考虑到傅里叶变换的对称性，为了消除不是以原点为中心的给定区域内频率，带阻滤波器必须是两两对称的，即需将式(9.73)改为

$$H(u,v) = \begin{cases} 0, & D_1(u,v) \leqslant D_0, D_2(u,v) \leqslant D_0 \\ 1, & \text{其他} \end{cases} \tag{9.74}$$

式中

$$D_1(u,v) = \sqrt{(u-u_0)^2 + (v-v_0)^2}$$

$$D_2(u,v) = \sqrt{(u+u_0)^2 + (v+v_0)^2}$$

图 9.13 是一个典型的理想带阻滤波器转移函数三维图。

带阻滤波器也可以设计成能除去以原点为中心的频率，这样一个放射状、对称的理想带阻滤波器的转移函数为

$$H(u,v) = \begin{cases} 1, & D(u,v) < D_0 - \omega/2 \\ 0, & D_0 - \omega/2 \leqslant D(u,v) \leqslant D_0 + \omega/2 \\ 1, & D_0 + \omega/2 < D(u,v) \end{cases} \tag{9.75}$$

式中　ω——带宽；

　　　D_0——放射中心。

类似地，n 阶放射对称的巴特沃思带阻滤波器的转移函数为

$$H(u,v) = \frac{1}{1 + (\sqrt{2}-1)\left[\dfrac{D(u,v)\omega}{D^2(u,v) - D_0^2}\right]^{2n}} \tag{9.76}$$

带通滤波器和带阻滤波器是互补的，所以，如果设 $H_{BR}(u,v)$ 为带阻滤波器的转移函数，则对应的带通滤波器为（图 9.14）

$$H_{BP}(u,v) = 1 - H_{BR}(u,v) \tag{9.77}$$

9.3.3 频率波数域滤波

1. 频率波数域滤波原理

频率波数域滤波又称 f-k 滤波，它是将傅里叶变换推广到二维函数 $g(t,x)$，这时每个频

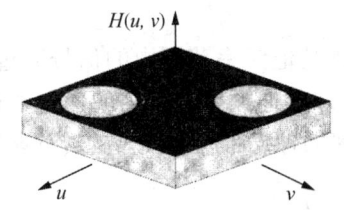
图 9.13 理想带阻滤波器
转移函数三维图

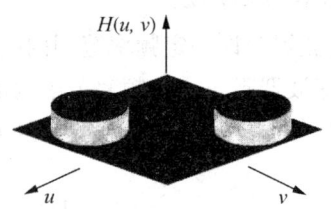
图 9.14 理想带通滤波器
转移函数三维图

率成分是时间和空间中无限的平面简谐波,具有单位振幅和圆频率 ω 的这种波沿测线以视速度 v 传播。把函数 $g(t,x)$ 与复变谱 $G(\omega,k)$ 联系起来的正傅里叶变换和反傅里叶变换公式表示为

$$G(\omega,k) = \iint g(t,x) e^{-j(\omega t - kx)} dt dx \qquad (9.78)$$

$$g(t,x) = \frac{1}{4\pi^2} \iint G(\omega,k) e^{j(\omega t - kx)} d\omega dk \qquad (9.79)$$

简谐振动的时间域参数周期 T 变换为圆频率 $\omega = \frac{2\pi}{T}$,视波长 λ 变换为圆波数 $k = \frac{2\pi}{\lambda}$,称 ω 为时间频率,k 为空间频率。

2. f-k 滤波的影响因素

对于地震资料处理来说,一般情况下影响 f-k 滤波的主要因素有振幅的变化、波形的变化、静态时移、随机噪声背景,因此要想得到预期的效果,要在 f-k 滤波前尽量保证将要压制的相干噪声满足上述条件。

1) 振幅和波形的变化影响滤波效果

用理论方法合成一个道间距时差为 10ms 斜率的线性同相轴,并在道间乘了一个 +1,-1 相间的序列,尽管这种波形的变化丝毫没有影响我们去识别这种斜率的同相轴,用一个道间时差 7~13ms 的滤波器来滤除时,发现这个同相轴几乎没有受到任何损失,这是由于这种波形的变化使谱至少在位置上发生了平移。

2) 频散对 f-k 滤波的影响

有一些面波,在空间—时间域,不是一些互相平行的同相轴,而是一些"扫帚"状的波列,这种面波在 f-k 谱空间不通过坐标原点,但却是具有明显的线性倾向的同相轴,往往伴随着频散,不同的频率有不同的相速度。这种频散波列不仅使 f-k 滤波的参数难以确定,而且也直接损害 f-k 滤波的效果。

3) 空间假频对 f-k 滤波的影响

实际资料处理过程中,有时会发现,当设计一个滤波器压制浅层某一区段的一个线性干扰时,结果在中深层区段内人为地引入了一些干扰,斜率相同,并且在记录的两侧端点,首尾对应相衔接一直折叠下去。这就是空间假频。这些人为引入的假同相轴相互平行,平行于扇形区的边界。这是一种严重的人为干扰,即使在反射信号很强的部位也是隐藏地存在,为了减弱这种效应,必须限定 f-k 滤波器的道数。因为 f-k 滤波器在空间方向或时间方向上过长时,这种效应会加强。

习 题

1. 什么是二维信号？举出二维信号的例子。举出二维连续信号和二维离散信号的例子。

2. 二维复指数函数 $e^{j(\varepsilon_1 t_1+\varepsilon_2 t_2)}$ 是个很重要的信号，它是本章所讲解的二维傅里叶变换的"核"，同时也是二维系统和滤波器的测试输入信号。对不同的 $(\varepsilon_1,\varepsilon_2)$，用图形表示其所对应的二维复指数函数的虚部 $\sin(\varepsilon_1 t_1+\varepsilon_2 t_2)$。

3. 求以下各序列的傅里叶变换。

(1) $x(m,n)=a^{2m+n}u(m,n),|a|<1$

(2) $x(m,n)=a^m b^n \delta(4m-n)u(m,n),|a|<1,|b|<1$

4. 试证明式(9.20)为式(9.19)的逆变换。

5. 试证明两个二维信号的循环褶积的离散傅里叶变换等于两个信号各自的离散傅里叶变换的乘积。

6. 计算下列各二维序列的 DFT，给出幅度谱和相位谱(上机作业)。

(1) $x(m,n)=\delta(m,n)$ $(0\leqslant m\leqslant 15,0\leqslant n\leqslant 7)$

(2) $x(m,n)=u(m,n)$ $(0\leqslant m\leqslant 15,0\leqslant n\leqslant 7)$

(3) $x(m,n)=e^{-0.1m}e^{-0.2n}$ $(0\leqslant m\leqslant 15,0\leqslant n\leqslant 7)$

(4) $x(m,n)=\cos\dfrac{m\pi}{16}\cos\dfrac{n\pi}{16}$ $(0\leqslant m\leqslant 15,0\leqslant n\leqslant 7)$

(5) $x(m,n)=\begin{cases}1,0\leqslant m\leqslant 3,0\leqslant n\leqslant 3\\ 0,4\leqslant m\leqslant 15,4\leqslant n\leqslant 7\end{cases}$

7. 分析二维傅里叶变换的分离性有什么实际意义。试举例说明二维傅里叶变换的周期性和共轭对称性的用途。

8. 试讨论连续褶积与离散褶积的不同。

9. 证明离散傅里叶变换和反变换都是周期函数。

10. 证明 $f(x)$ 的自相关函数的傅里叶变换就是 $f(x)$ 的功率谱(谱密度)$|F(u)|^2$。

参 考 文 献

[1] [美]ALAN V OPPENHEIM,ALAN S WILLSKY,HAMID S NAWAB.信号与系统.刘树棠,译.西安:西安交通大学出版社,1998.
[2] 郑君里,等.信号与系统.2版.北京:高等教育出版社,2000.
[3] 程乾生.信号数字处理的数学原理.2版.北京:石油工业出版社,1993.
[4] 董敏煜.地震勘探信号分析.东营:石油大学出版社,1989.
[5] 张白林.信号分析与处理基础.北京:石油工业出版社,1996.
[6] 邹云屏,林烨.信号与系统分析.北京:科学出版社,2003.
[7] 芮坤生,潘孟贤,等.信号分析与处理.2版.北京:高等教育出版社,2003.
[8] 李行一.数字信号处理.重庆:重庆大学出版社,2002.
[9] [美] 奥本海姆 A V,谢弗 R W.离散时间信号处理.2版.西安:西安交通大学出版社,2001.
[10] 程佩青.数字信号处理教程.北京:清华大学出版社,2001.
[11] [美]克利尔波特 J F.地球物理数据处理基础.北京:石油工业出版社,1983.
[12] 郑治真.波谱分析基础.北京:地震出版社,1979.
[13] 邹理和.数字滤波器.北京:国防工业出版社,1979.
[14] 张彦仲,等.快速傅里叶变换及沃尔什变换.北京:航空工业出版社,1989.
[15] [美]斯坦利 W D.数字信号处理.北京:科学出版社,1979.
[16] 冯康,等.数值计算方法.北京:国防工业出版社,1978.
[17] Kanasewich E R. Time Sequence Analysis in Geophysics. Alberta:The University of Alberta Press,1975.
[18] 陈大新.矩阵理论.上海:上海交通大学出版社,1991.
[19] 钱焕延.计算方法.上海:上海交通大学出版社,1987.
[20] 何振亚.数字信号处理的理论与应用.下册.北京:人民邮电出版社,1983.
[21] 杨宝俊.勘探地震学导论.长春:吉林科学技术出版社,1990.
[22] 吴律.层析基础及其在井间地震中的应用.北京:石油工业出版社,1997.
[23] [美]谢里夫 R E,[加]吉尔达特 L P.勘探地震学.北京:石油工业出版社,1999.
[24] 南京工学院数学教研组.积分变换.北京:高等教育出版社,1989.
[25] 陈生谭,等.信号与系统.2版.西安:西安电子科技大学出版社,2001.
[26] 吴大正.信号与线性系统分析.3版.北京:高等教育出版社,1998.
[27] 徐伯勋,等.信号处理中的数学变换和估计方法.北京:清华大学出版社,2004.
[28] 赵光宙,等.信号分析与处理.北京:机械工业出版社,2001.
[29] [日]川又政征,樋口龙雄.多维数字信号处理.薛培鼎,徐国鼐,译.北京:科学出版社,2003.
[30] 章毓晋.图像工程上册:图像处理和分析.北京:清华大学出版社,1999.
[31] 冈萨雷斯 R C,等. Digital Image Processing Using MATLAB.北京:电子工业出版社,2004.
[32] 勒中鑫.数字图像信息处理.北京:国防工业出版社,2003.
[33] Guust Nolet.地震层析技术.冯锐,郝锦绮,译.北京:石油工业出版社,1991.

[34] 吴律. τ-p 变换及应用. 北京:石油工业出版社,1993.
[35] 伊尔马兹. 地震资料分析:地震资料处理、解释和反演. 刘怀山,等译. 北京:石油工业出版社,2007.
[36] 牟永光. 地震数据处理方法. 北京:石油工业出版社,2007.
[37] 罗国安,高少武,魏庚雨,等. Chirp-z 变换谱分析压制地震记录单频干扰. 石油地球物理勘探,2009,44(2):166-172.
[38] 赵录怀,高金峰,刘崇新. 信号与系统分析. 北京:高等教育出版社,2003.